环境污染源头控制与生态修复系列丛书

石油污染修复技术

——吸附去除与生物降解

党　志　郭楚玲　蓝舟琳　著
卢桂宁　彭　丹　李静华

科学出版社

北京

内 容 简 介

本书是一部关于石油污染修复技术之吸附去除与生物降解研究的成果专著。全书共 7 章，在简单介绍环境中石油迁移转化特性及石油污染修复技术与材料的基础上，系统总结了作者研究团队在基于吸附原理的石油吸附材料研制和基于生物降解原理的石油降解菌剂开发方面的研究成果；这些研究成果可为有效控制与修复石油污染水体及土壤提供科学依据与技术手段。

本书可供环境科学与工程、农业资源利用、地球化学、微生物学等学科的科研人员、工程技术与管理人员，以及高等院校相关专业的师生参考。

图书在版编目(CIP)数据

石油污染修复技术：吸附去除与生物降解/党志等著.—北京：科学出版社，2018.6

（环境污染源头控制与生态修复系列丛书）

ISBN 978-7-03-058041-2

Ⅰ. ①石… Ⅱ. ①党… Ⅲ. ①石油污染-吸附 ②石油污染-生物降解 Ⅳ. ①X530.5

中国版本图书馆CIP数据核字(2018)第132779号

责任编辑：万群霞　耿建业　孙静惠 / 责任校对：彭　涛
责任印制：师艳茹 / 封面设计：耕者设计工作室

科学出版社 出版
北京东黄城根北街 16 号
邮政编码：100717
http://www.sciencep.com

艺堂印刷(天津)有限公司 印刷
科学出版社发行　各地新华书店经销

*

2018 年 6 月第 一 版　开本：720×1000 1/16
2018 年 6 月第一次印刷　印张：18
字数：359 000

定价：158.00 元
（如有印装质量问题，我社负责调换）

第一作者简介

党 志 1962年生,陕西蒲城人,中国科学院地球化学研究所和英国牛津布鲁克斯大学(Oxford Brookes University)联合培养环境地球化学专业理学博士,华南理工大学二级教授,工业聚集区污染控制与生态修复教育部重点实验室主任,享受国务院政府特殊津贴。主要从事金属矿区污染源头控制与生态修复、重金属及有机物污染场地/水体修复理论与技术、毒害污染物环境风险防控与应急处置等方面的研究工作;先后主持承担国家重点研发计划重点专项项目、国家自然科学基金重点项目和重点国际(地区)合作研究项目、广东省应用型科技研发专项等科研项目60余项;在国内外期刊发表论文400余篇,授权发明专利20余项;获得国家科学技术进步二等奖、广东省科学技术一等奖、全国优秀环境科技工作者奖等。

序

  2010年4月，英国石油公司在美国墨西哥湾租用的钻井平台"深水地平线"发生爆炸，导致大量石油泄漏，酿成一场经济和环境惨剧，成为美国历史上最严重的一次漏油事故。2014年，我国环境保护部和国土资源部发布的《全国土壤污染状况调查公报》显示，全国土壤环境状况总体上不容乐观，耕地土壤的环境质量堪忧，其中石油组分多环芳烃(PAHs)属于第二大类有机污染物。在石油开采、冶炼、运输和使用过程中，每年进入水体和土壤环境的石油类化合物有成千上万吨，一方面造成了资源的浪费，另一方面又严重破坏了人类赖以生存的生态环境，对生态安全和人类健康造成潜在的威胁。石油导致的环境污染问题越来越为人们所关注。因此，石油污染的治理和修复对保护生态环境与人类健康具有重要意义。

  石油污染治理与修复技术主要包括物理法、化学法、生物法及三种方法的集成。在石油泄漏事故的处理时，利用吸油材料除油是经常采用的一种简单有效的方法。现有的石油污染修复技术中，物理和化学修复技术存在着一定的局限性，很难完全达到修复要求，主要表现在修复效果不彻底且容易造成二次污染。生物修复技术因具有投入成本低、对生态环境破坏作用小、无二次污染和可操作性强等优点，正逐步成为石油污染治理领域的一个具有广阔应用前景的研究方向。但总体而言，单一的修复技术都难以达到令人满意的修复效果，研究高效、经济的集成处理技术、开发不同工艺的有效组合，是石油污染水体及土壤修复的主要发展方向，其中采用物理和化学技术作为预处理(修复)手段、生物技术作为最终修复手段将是一条经济、高效的可行途径。

  华南理工大学党志教授及其研究团队十多年来围绕着石油污染水体与土壤的治理及生态修复问题，基于水体中石油的吸附去除和生物降解原理，开展了近岸水体、场地土壤等介质中石油污染治理与修复的一系列研究。基于废物资源化利用的原则，对农业废弃物(如玉米秸秆、稻草秸秆等)进行有效的生物和化学改性，制备出一系列具有优良吸附性能的生物质吸附材料，可用于吸附去除近海海域及河流水体中的石油；针对石油中复杂混合组分，利用菌群之间协同作用以提高石油烃类的生物降解效率，研发出可高效降解石油组分烷烃和芳香烃的混合菌剂，并以秸秆作为固定材料，开发出用于场地石油污染修复的高效固定化菌剂；针对污染水体中缺氧状态，利用微藻能为细菌提供丰富的O_2，细菌代谢污染物产生的CO_2能被微藻利用于生长的协同作用，研发出可高效降解水体中石油的藻菌共生体系。这些研究成果为水体/土壤环境石油污染的治理与修复提供了理论依据和技术支持。

该书是一部关于农业废弃物资源改性吸附和高效菌生物降解治理及修复石油污染水体与土壤的专著。书中介绍了农业废弃物的生物及化学改性方法制备石油吸附材料，以及用农业废弃物作为微生物的固定载体来提高降解效率的研究成果；并有针对性地研究缺氧污染环境中藻菌共生体系及组分复杂石油污染的高效混合降解菌剂对石油污染水体和土壤的修复技术。该书的出版将对石油污染水体及土壤的治理和修复具有重要意义。

中国工程院院士
2018 年 1 月

前　言

石油及石油产品主要是由烷烃、环烷烃和芳香烃等烃类组成的混合物，其中石油芳香烃中又以多环芳烃(PAHs)、苯的同系物和各种高分子量、难降解、有毒物质为主。这些污染物大多在环境中非常稳定、滞留时间很长，同时具有强烈的致癌、致畸和致突变作用，属于持久性有毒污染物。由于其低水溶性和高亲脂性，一旦进入环境，容易分配到生物体内，并通过食物链进入人体，从而对人类健康和整个生态系统的安全构成很大的危害。因此，有针对性地开发石油及石油产品污染水体和土壤的修复理论与技术已成为关系国家和地区经济和社会发展的亟待研究的重要课题。

我国农业生产中每年均会产生大量的秸秆类农业废弃物。秸秆主要组成成分是纤维素、半纤维素、木质素，同时含有一些活性物质(如单宁、黄酮醇、果胶质等)，具有孔隙度高、比表面积大等特点，因此，可作为吸附材料用于环境污染治理。将废弃的秸秆材料应用于环境治理领域，既能实现废弃秸秆的资源化利用，又可改善生态环境质量，达到变废为宝的目的。近年来，国内外学者利用秸秆开发了一系列可用于吸附重金属和毒害有机物的材料。然而，吸附过程只是将环境中的污染物转移到吸附材料上，并没有完全清除污染物。一些功能性细菌和藻类等微生物，对环境中的毒害有机物具有生物降解和转化的作用，因而为彻底清除环境介质中的毒害有机物提供了可能。基于上述理解，近十几年来笔者及其团队在国家高技术研究发展计划(863 计划)、广东省自然科学基金、广东省和广州市科技计划等项目的资助下，以石油污染水体和土壤的治理及生态修复为核心，基于废物资源的有效利用，开展了秸秆改性制备吸附材料去除石油的研究，并研发了高效混合降解菌剂和藻菌共生体系，丰富了石油污染修复理论成果与技术体系。本书是对上述研究成果的归纳与总结。

本书是笔者及生态修复团队其他老师及所指导的数届博士和硕士研究生的共同研究成果，本书内容由研究团队已开展的科学实验的成果、学位论文及共同发表的科研论文组成。全书共 7 章，第 1 章介绍石油污染及石油特性，包含了唐霞、彭丹、朱超飞、蓝舟琳、何丽媛等的部分工作；第 2 章总结石油污染修复技术与材料，包含唐霞、彭丹、朱超飞、蓝舟琳等的部分工作；第 3 章介绍秸秆吸附材料的化学改性，包含张思文、朱超飞等的部分工作；第 4 章介绍秸秆吸附材料的生物改性，包含彭丹、蓝舟琳等的部分工作；第 5 章介绍高效石油降解菌的筛选驯化、生物强化及固定化，包含贾群超、何丽媛和李静华等的部分工作；第 6 章介绍藻菌共生体系的构建及其对原油的降解性能,主要的研究工作由唐霞完成;第 7 章介绍石油污染土壤的生物修复,包含李静华和何丽媛的部分研究工作。全书由党志、郭楚玲、蓝舟琳和卢桂宁负责总体设计、统稿及审校工作,参与本书资料收集与整理工作的还有李琦、姜梦戈、万晶晶、谢莹莹、唐婷、黄开波、王瑾和姚谦等。

  本书的研究成果是在国家 863 计划项目子课题"农田有机复合污染修复用生物制剂的研制"(2012AA101403)、广东省自然科学基金研究团队项目"石油污染土壤的微生物-植物-化学联合修复的关键理论与技术"(9351064101000001)和重点项目"土壤石油污染微生物原位修复技术的基础研究"(05103552)、广东省科技计划国际合作项目"港口石油污染的生物修复技术"(2007A050100023)、广州市科技计划项目"农田土壤石油污染的原位生态修复技术"(12C62081569)和"土壤石油污染微生物原位修复技术的关键问题研究"(2007Z2-E0231)、广州市环境保护局科技成果应用示范项目"石油污染土壤的化学-生物联合修复示范"等资助下完成的,特此感谢。

  由于作者水平有限,书中难免存在疏漏之处,恳请广大同行和读者批评指正。

  最后,特别感谢杨志峰院士为本书作序。

党 志

2017 年 12 月

目　录

序
前言

第一部分　石油污染修复技术的理论基础

第1章　石油及石油污染特性 3
1.1　石油的性质、存在形态及迁移转化规律 3
1.1.1　石油及其制品的基本性质 3
1.1.2　石油的存在形态及迁移转化规律 5
1.2　石油污染的现状及危害 7
1.2.1　石油污染的现状 7
1.2.2　石油污染的危害 9

第2章　石油污染修复技术与材料 11
2.1　石油污染的修复技术 11
2.1.1　水体石油污染的修复技术 11
2.1.2　土壤石油污染的修复技术 13
2.2　石油吸附材料及其应用 16
2.2.1　吸附材料的分类 16
2.2.2　吸附材料的吸附机理 18
2.2.3　吸附能力的影响因素 20
2.2.4　秸秆吸附材料及改性 21
2.3　石油降解微生物及其应用 29
2.3.1　石油降解微生物的种类 29
2.3.2　微生物降解石油烃机理 30
2.3.3　微生物降解石油烃的影响因素 31
2.3.4　石油降解微生物的筛选利用 33
2.3.5　石油污染的生物强化修复技术 33
2.3.6　石油污染的固定化生物修复技术 36

第二部分　基于吸附原理的石油污染去除

第3章　秸秆吸附材料的化学改性 43
3.1　天然秸秆吸附材料 43

3.1.1 天然秸秆吸附材料的表征 ·· 43
3.1.2 天然秸秆吸附材料的吸油性能 ·· 45
3.2 脂肪酸改性玉米秸秆吸附材料 ·· 46
3.2.1 脂肪酸改性方法 ·· 46
3.2.2 脂肪酸改性玉米秸秆吸附材料的表征 ··································· 46
3.2.3 脂肪酸改性玉米秸秆吸附材料的吸油性能 ··························· 47
3.3 H_2O_2/NaOH 改性秸秆吸附材料 ··· 48
3.3.1 H_2O_2/NaOH 改性方法 ·· 48
3.3.2 H_2O_2/NaOH 改性秸秆吸附材料的表征 ····························· 49
3.3.3 H_2O_2/NaOH 改性秸秆吸附材料的吸油性能 ······················ 52
3.3.4 H_2O_2/NaOH 改性秸秆吸附材料的组分变化 ······················ 52
3.4 苯乙烯接枝改性玉米秸秆吸附材料 ·· 53
3.4.1 苯乙烯接枝改性方法 ·· 54
3.4.2 苯乙烯改性玉米秸秆吸附材料的表征 ·································· 54
3.4.3 苯乙烯改性玉米秸秆吸附材料的吸油性能 ··························· 56
3.5 苯乙烯-甲基丙烯酸酯复合接枝改性玉米秸秆吸附材料 ················ 61
3.5.1 苯乙烯-甲基丙烯酸酯复合接枝改性方法 ····························· 62
3.5.2 苯乙烯-甲基丙烯酸酯改性玉米秸秆吸附材料的表征 ············ 62
3.5.3 苯乙烯-甲基丙烯酸酯改性玉米秸秆吸附材料的吸油性能 ····· 64

第4章 秸秆吸附材料的生物改性 ·· 67
4.1 秸秆材料的生物降解 ·· 67
4.1.1 纤维素分解酶及其应用 ·· 67
4.1.2 纤维素降解菌及其应用 ·· 69
4.1.3 木质素降解菌及其应用 ·· 70
4.2 纤维素分解酶改性玉米秸秆吸附材料 ··· 71
4.2.1 纤维素分解酶改性方法 ·· 72
4.2.2 纤维素分解酶改性玉米秸秆吸附材料的表征 ······················· 73
4.2.3 纤维素分解酶改性玉米秸秆吸附材料的吸油性能 ················ 77
4.2.4 纤维素分解酶改性玉米秸秆吸附材料的组分变化 ················ 80
4.3 纤维素分解酶与化学方法改性玉米秸秆吸附材料的比较 ·············· 81
4.3.1 不同纤维素分解酶改性方法 ··· 81
4.3.2 不同纤维素分解酶改性玉米秸秆吸附材料的表征 ················ 85
4.3.3 不同纤维素分解酶改性玉米秸秆吸附材料的吸油性能 ········· 89
4.3.4 不同纤维素分解酶改性玉米秸秆吸附材料的吸附机理 ········· 91
4.4 纤维素降解菌改性玉米秸秆吸附材料 ··· 97
4.4.1 纤维素降解菌改性及酶活测定方法 ······································ 98

4.4.2　黑曲霉改性玉米秸秆吸附材料 ··· 100
　　4.4.3　适于黑曲霉改性的吸附材料选择 ··· 105
　　4.4.4　适于改性玉米秸秆吸附材料的菌种选择 ··· 112
4.5　木质素降解菌改性吸附材料 ··· 115
　　4.5.1　木质素降解菌改性及酶活测定方法 ··· 115
　　4.5.2　木质素降解菌改性吸附材料 ··· 117
　　4.5.3　木质素降解菌改性吸附材料的特征 ··· 119
　　4.5.4　木质素降解菌改性吸附材料的吸油性能 ··· 125
4.6　真菌改性吸附材料的吸附特性及机理 ··· 128
　　4.6.1　吸附材料投加量的影响 ··· 129
　　4.6.2　初始油量的影响 ··· 130
　　4.6.3　吸附动力学行为 ··· 131
　　4.6.4　吸附等温线拟合 ··· 134

第三部分　基于生物降解的石油污染修复

第5章　高效石油降解菌的筛选驯化、生物强化及固定化 ································· 141
5.1　稠油降解菌的筛选鉴定及降解性能 ··· 141
　　5.1.1　稠油降解菌的筛选鉴定和降解性能研究方案 ····································· 141
　　5.1.2　稠油降解菌的筛选鉴定结果 ··· 143
　　5.1.3　环境条件对稠油降解菌降解性能的影响 ··· 143
5.2　单菌株原油降解性能的驯化 ··· 149
　　5.2.1　驯化及降解性能研究方案 ··· 149
　　5.2.2　菌株原油降解性能驯化结果 ··· 153
　　5.2.3　驯化菌株的降解性能 ··· 154
5.3　高效混合菌群的构建及其降解性能 ··· 157
　　5.3.1　菌群的构建及降解性能研究方案 ··· 157
　　5.3.2　高效混合菌群的构建 ··· 158
　　5.3.3　环境条件对混合菌 G8 降解性能的影响 ·· 162
5.4　固定化混合菌的构建及其降解性能 ··· 168
　　5.4.1　混合菌 G8 的固定化及降解性能研究方案 ·· 168
　　5.4.2　固定化混合菌 G8 的降解性能 ·· 169

第6章　藻菌共生体系的构建及其对原油的降解性能 ··· 173
6.1　微藻的分离鉴定与培养 ··· 174
　　6.1.1　微藻的分离鉴定与培养方法 ··· 174
　　6.1.2　微藻分离培养结果 ··· 177
6.2　单种藻降解原油性能的初步研究 ··· 181

  6.2.1 单种藻降解原油性能的研究方案 ··· 181
  6.2.2 单种藻的原油降解性能 ·· 183
 6.3 微藻对原油的耐受性能研究 ·· 185
  6.3.1 微藻的原油耐受性能研究方案 ·· 186
  6.3.2 微藻的原油耐受性能 ·· 187
 6.4 单种藻体系生物多态性研究 ·· 193
  6.4.1 PCR-DGGE 研究方案 ··· 193
  6.4.2 单种藻体系生物多态性 ·· 197
 6.5 单种颤藻体系的原油降解过程研究 ·· 205
  6.5.1 单种颤藻原油降解过程研究方案 ··· 205
  6.5.2 单种颤藻的原油降解过程 ·· 206
 6.6 石油组分降解菌构建人工藻-菌体系 ··· 213
  6.6.1 人工藻-菌体系构建及其降解性能测定方法 ······································· 214
  6.6.2 人工藻-菌体系的构建结果及降解性能 ··· 215
 6.7 人工藻-菌体系降解原油过程研究 ·· 223
  6.7.1 人工藻-菌体系降解原油过程研究方案 ··· 223
  6.7.2 人工藻-菌体系降解原油过程 ··· 223
  6.7.3 人工藻-菌体系生物多态性变化 ·· 229

第7章 石油污染土壤的生物修复 ··· 231
 7.1 石油污染土壤的生物修复技术方案 ·· 231
  7.1.1 修复土壤及材料选择 ·· 231
  7.1.2 土壤修复方案设计 ··· 234
  7.1.3 修复效果分析方法 ··· 237
 7.2 石油污染土壤的生物修复效果 ·· 239
  7.2.1 表面活性剂的筛选结果 ··· 239
  7.2.2 单菌株的筛选结果 ··· 241
  7.2.3 正交试验修复结果及应用 ·· 243

参考文献 ·· 252

第一部分　石油污染修复技术的理论基础

第 1 章 石油及石油污染特性

近年来,随着社会经济的不断发展,能源的需求日益紧张,石油开采及其加工行业水涨船高。在石油开采、冶炼、运输和使用过程中,每年因抛洒或漏油事故泄漏到水环境中的原油就有成千上万吨,既造成资源的浪费,又严重破坏了人类赖以生存的生态环境(Bayat et al., 2005; Gonzalez et al., 2006; Zhu et al., 2011),由此所带来的一系列环境污染问题越来越被人们关注。进入水体中的溢油不仅能导致水质恶化、水生生物和海洋摄食鸟类的死亡,而且威胁到海洋渔业、水产养殖业及旅游业等的正常运行(Banerjee et al., 2006; Lim et al., 2007),因此,治理石油类污染势在必行。研究环境中石油污染物的去除方法和防治措施,有必要熟悉石油的组成和性质,随之了解石油污染物在水体中的迁移、转化规律,进而把握石油污染现状及其产生的影响。

1.1 石油的性质、存在形态及迁移转化规律

1.1.1 石油及其制品的基本性质

1. 原油

石油是一种复杂的多组分混合物,主要由碳和氢元素组成,其次是氧、硫、氮。碳、氢元素的含量一般为 96%~99%,其中碳元素占 83%~87%,氢元素占 11%~14%,其余三种元素的含量很少,一般仅占 0.5%~5%(夏文香,2005)。如无特别说明,本书中所指的石油即为原油。

在不同产地、不同种类的原油中,各族烃类的比例相差很大,其组成成分均可以归为饱和烃、芳烃、胶质和沥青质四类。饱和烃主要包括烷烃和环烷烃两个族组分;芳烃包括单环芳烃(苯和苯的同系物)及多环芳烃;胶质和沥青质被称为非烃物质,其分子式中除了碳、氢之外还含有氧、硫、氮元素。饱和烃和芳烃是所有原油的主要成分,而非烃只占很小的部分(Colwell et al., 1977)。

烷烃分子式为 C_nH_{2n+2},分为直链烷烃和支链烷烃。原油中已鉴别出了 $C_1 \sim C_{40}$ 的各种直链烷烃,还有少数超过 C_{40} 的直链烷烃。在大多数原油中,高碳数的直链烷烃含量随碳原子数增加有规律地减少。支链烷烃以植烷(C_{17})、姥鲛烷(C_{19})为代表,相对于直链烷烃而言,支链烷烃较难被生物降解,且支链越多,降解难

度越大。

环烷烃分子式为 C_nH_{2n}，通常环己烷、环戊烷及其衍生物是石油的主要组分，特别是甲基环己烷和甲基环戊烷的含量较高。原油中各种环烷烃的丰度随分子量（即碳原子数）的增加有规律地减少。

单环芳烃主要由烷基苯组成，即苯环的长链烷基取代物，有时也有二甲苯等。多环芳烃则主要由萘、芴、菲及其一系列的甲基取代物等组成（De Oteyza et al., 2004, 2006）。

石油中包含多种被美国国家环境保护局（EPA）列为优先污染物的成分，如苯、甲苯、乙苯、萘、菲、蒽、荧蒽、芘、䓛等（Okoh et al., 1996）。

2. 石油制品

石油制品是指利用石油组分沸点不同的特点，通过加热蒸馏将原油分割成不同沸点所得的馏分，常见的石油制品有液化石油气、汽油、煤油、柴油、润滑油等。表 1-1 列出了石油馏分的名称、沸点范围和主要烃类的碳原子个数（刘金雷等，2006）。

表 1-1　石油馏分组成的分类

	馏分名称	沸点范围/℃	碳原子个数
轻馏分	液化石油气	<35	1~4
	汽油	50~200	5~10
中质馏分	煤油	130~250	11~13
	柴油	180~350	14~17
重馏分	润滑油	350~500	18~35
	渣油	>500	30~50

1）液化石油气

液化石油气是以碳原子数为 3 和 4 的烷烃为主要成分的气体燃料，受冷或加压后容易液化。20℃时，液体丙烷和丁烷的密度分别为 0.50 kg/L 和 0.58 kg/L，气化后的体积约为液体体积的 250 倍，密度为空气的 1.5~2 倍，遇火会发生爆炸。

2）汽油

汽油的主要成分是沸点为 200℃以下的液态石油馏分，在常温和常压下有一定的挥发性。可分为两类，一类为高辛烷值的高级汽油，另一类是普通的常规车用汽油。

3) 煤油

煤油的燃点在 40℃以上，250℃以下的石油馏分占 95%。常温和常压下性质比较稳定，但略有挥发。

4) 柴油

柴油的燃点在 50℃以上，350℃以下的石油馏分占 90%。常温和常压下性质稳定，挥发性很低。

5) 润滑油

润滑油主要用于减小机器零件的磨损和发热。燃点高，受热时能长久地保持最初的性质，不容易生成沉淀，也不易挥发。

从低沸点的汽油到高沸点的润滑油，其燃点、黏滞性、密度和化学稳定性逐渐增加，除低碳的石油液化气在常温和常压下呈气态以外，其他油品主要呈液态。

1.1.2 石油的存在形态及迁移转化规律

1. 水体中石油的形态及其迁移转化

在港口水域或海洋环境中常见的石油污染物的存在形态有三种：①漂浮在水表面上的油膜，即石油进入水域的初始状态。②溶解分散态，包括溶解和分散状态。③凝聚态的残余物，包括海面漂浮的焦油球和沉积物中的残余物。

石油污染物在水体中的迁移转化主要包括蒸发、光化学氧化、溶解、乳化、颗粒物质的吸附沉降，以及微生物降解等(李言涛，1996；陈勇民，2002)。

(1) 蒸发和光化学氧化：进入海洋的石油，在阳光的照射作用下，其沸点低于 37℃的石油馏分一般几天内就可以完全蒸发掉。新鲜原油在 2~3 天能够蒸发掉 25%~30%。而不易蒸发的高沸点组分残留在海上，这些细小的残油颗粒相互凝集，最后形成焦油球。石油污染物在阳光的照射下还会发生自由基链式的氧化反应，即光化学反应，产生一些极性的、水溶性的和氧化的碳氢化合物产物，这些光氧化产物对生物具有明显的毒性。总之，在太阳光的作用下，一方面海面上的石油因蒸发而减少；另一方面，石油蒸发组分由于光氧化而生成各种复杂的化合物，这些物质有些随着降雨返回海洋，有些随风漂移落入陆地造成各种不同的危害(赵云英等，1997)。

(2) 溶解作用：石油污染物在蒸发的同时，也有部分物质溶解进入水体。石油不同组分的溶解度不同，低碳石油烃、低碳芳香烃物质相对溶解度比较大，其他组分在水中的溶解度则很低。石油组分在海水中的溶解量，除与溶解度有关外，还与低碳石油烃、低碳芳香烃等溶解度大的物质在石油中的质量分数成正比。另外，随着石油在海面上漂浮的时间增加，溶解量也会增加。一般认为原油的蒸发量与溶解量相差 2~3 个数量级(严志宇等，2000)。

(3) 乳化作用：乳化作用是指一种液体分散到另外一种不相溶的液体中的过程。乳化作用主要受海面水动力如风浪、涡动、湍流等因素的影响，一般是在溢油后几小时才发生。因为刚发生溢油时油膜较厚，一般的水动力条件破坏不了油膜；当油膜扩展到一定程度，风浪的能量足以打碎油膜时，乳化物才开始形成。原油在海水中可以形成两种乳化物(李言涛，1996)：一种是水包油乳化，这种乳化类型有利于油的生物和化学氧化分解作用的进行；另一种是油包水乳化，其含水率可达 80%，且往往漂浮在水面，彼此聚集在一起，形成"巧克力奶油冻"，这样不仅增加了原来油的体积，还阻碍了油的进一步扩散和蒸发，对石油污染物的降解和回收非常不利。

(4) 吸附沉降作用：海水中的悬浮物质，如浮游生物残骸的碎片和黏土矿物，能与油类物质相互黏结并沉入海底，同时海水蒸发或温度下降使得油滴密度增大，也可以造成沉降作用。在低温、缺少氧气和营养盐类的海底环境中，石油污染的降解十分缓慢，底质中油污量还随着石油烃的慢性污染而增加。

(5) 微生物降解作用：海洋环境中存在大量可降解石油污染物的微生物，其中细菌是主要降解者，在降解过程中，产生 CO_2、水及中间产物。在近海，环境中降解微生物的数量与污染物的存在有着密切关系。一般认为石油降解细菌数量和环境中含油量成正比。在受石油污染程度比较高的地方，石油降解菌的数量比较多；在经常有石油源污染的开阔海域里，石油降解菌的数目可以达到 $10\sim10^3$ 个活细胞/mL(田立杰等，1999)。在远洋，石油降解微生物的数量和石油的多少无关，而与细菌数量有关，即海水中养分多，则细菌数量多，相应地石油降解微生物也多。在营养贫乏的外洋，石油降解微生物很少，一旦受到污染，不容易消除，后果较为严重。

2. 土壤中石油的形态及其迁移转化

石油污染土壤主要集中在石油化工企业的生产活动(包括采油区、炼油厂、化工厂、加油站、储存罐/输送管线等)和溢油事故现场及附近。石油类污染物进入土壤环境的形态多种多样，主要包括以下形式(Bossert et al., 1984；任磊等，2000；李静华，2017)：

(1) 含油固体废弃物(如含油岩屑和含油泥浆等)。石油类物质被固体废物吸附或夹带而与土壤颗粒混合，进入土壤环境。

(2) 落地原油。包括在采油过程中没进入输管线而散落在采油区地面、从石油集输管线中泄漏出或油井一些设备从井下取出时散落在地面的石油，以及石油管线和采油井口设备发生跑、冒、滴、漏等现象使石油泄漏到地面。落地原油进入土壤后进一步发生横向和纵向迁移，并随雨水产生径流和扩散。我国作业一口井残留在地面的落地油平均约 1 t，目前，我国石油企业每年产生落地油约 700 万 t（刘五星等，2011）。据报道，大庆油田和华北油田的采油井周边土壤中石油污染比较严重，含油量达 $4.8 \times 10^4 \sim 7.7 \times 10^4$ mg/kg。其中大庆油田的石油开发区污染土壤面积达到 75%左右，农业开发区的污染面积可能超过 20%（毛丽华等，2006）。

(3) 含油废水。原油以乳化的形态分散在水体中，一旦排放到环境中发生下渗，油粒通过扩散、吸附、沉淀和截留等方式与土壤颗粒接触，随着水动力的作用，可能会进一步造成地下水石油类有机物质的污染。

(4) 溢油突发事故。除了油轮倾覆和钻井平台出现故障会对近海岸的生态环境造成破坏，内陆地区也会发生原油泄漏，且对环境的污染和人类的健康构成严重的威胁。

石油进入土壤后，会经历蒸发、水洗、迁移扩散、生物降解和光氧化等一系列的转化，部分石油类化合物会持久性地存在于土壤环境中（Blumer et al., 1972; Doick et al., 2005; Peacock et al., 2005）。

1.2 石油污染的现状及危害

1.2.1 石油污染的现状

石油在开采、运输、储存、加工和生产过程中，可经跑、冒、滴、漏等途径进入环境，进而对水体和土壤环境造成影响。

石油进入水体，形成含油废水。含油废水的来源很多，其主要来源于石油工业、机械制造工业、运输工业和餐饮业等。每年有大量原油通过泄漏方式进入大海；此外，工程油污废水排放使河流、湖泊、海洋的污染日益严重（Inagaki et al., 2002），在此过程中泄漏进入海洋的石油威胁着海洋生物的生存和生态系统的平衡（Al-Majed et al., 2012）。每年由各种途径进入海洋的石油烃约 600 万 t，排入我国沿海的石油烃约 10 万 t。据统计，日本沿岸海域油污染事故占海洋污染事件总数的 83%，美国每年发生的海洋污染事故中约有 3/4 是石油污染（Albaiges et al., 2006）。表 1-2 列举了一些溢油事件（朱超飞，2012），可见溢油事件发生后溢油量大，持续时间较长，若不对溢油污染进行及时有效的处理，将对环境和经济造成巨大的危害和损失。

表 1-2 超过 10 万 t 的溢油事件

溢油平台/船舶	地点	时间	最小溢油量/t	最大溢油量/t
加利福尼亚州拉克维尤油田	美国加利福尼亚克恩县	1910年3月24日~1911年9月10日	1230000	1230000
"深水地平线"钻井平台	美国墨西哥湾	2010年4月20日~2010年7月15日	492000	627000
"伊克斯托克-I"深井溢油	墨西哥坎佩切湾	1979年6月3日~1980年3月23日	454000	480000
"Atlantic Empress"号/"Aegean Captain"号	特立尼达和多巴哥（拉丁美洲岛国）	1979年7月19日	287000	287000
费尔干纳盆地	乌兹别克斯坦	1992年3月2日	285000	285000
海湾战争溢油	伊拉克波斯湾	1991年1月23日	270000	820000
诺鲁齐油田平台	伊拉克波斯湾	1983年2月4日	260000	260000
"ABT Summer"号	安哥拉海岸附近海域	1991年5月28日	260000	260000
尼日尔河三角洲	尼日利亚尼日尔三角洲	1976~1996年	258000	328000
Castillo de Bellver	南非萨尔达尼亚湾	1983年8月6日	252000	252000
"Amoco Cadiz"号	法国布列塔尼	1978年3月16日	223000	227000
"MT Haven"号	意大利地中海地区	1991年4月11日	144000	144000
"Odyssey"号	加拿大新斯科舍附近	1988年11月10日	132000	132000
"Sea Star"号	伊朗阿曼湾	1972年12月19日	115000	115000
"Urquiola"号	西班牙拉科鲁尼亚	1976年5月12日	100000	100000
"Irenes Serenade"号	希腊低勒斯	1980年2月23日	100000	100000

泄漏到环境中的石油会随着水体及大气循环进入土壤造成污染；另外，石油生产、炼化过程中排放的固体废弃物等均可导致土壤污染，这将影响农业生产，甚至威胁到人类健康和生态系统的可持续发展 (Zhang et al., 2010)。全世界每年约有 $8×10^6$ t 石油进入环境，而我国约有 $6×10^5$ t 进入环境，并有约 480 hm² 的土地中石油含量可能超过安全值（焦海华等，2012）。世界各地进入环境的石油可带来不同程度的土壤污染。加拿大来自地面油库的渗漏造成土壤石油烃浓度达到约 1000 mg/kg，烃类物质引起污染场地估计约 22000 处，需要数十亿美元的修复费用 (Gomez et al., 2013)。印度一个被汽油污染了 15 年的地下停车场，土壤中石油烃浓度达到 11500 mg/kg(Khan et al., 2013)。而在国内，刘健等 (2014) 对胜利油田不同年代开采油井的调查研究表明，油井周边土壤（距井口 100 m 内）均受到不同程度的石油污染，其石油烃含量大多高于土壤石油污染临界值 (500 mg/kg)，且老油井周边土壤污染水平更高，最高可达到 11270 mg/kg。在污染更为严重的地方，如沈抚灌区长期引用含油污水灌溉，干渠上游污染最严重的样点中总石油烃 (TPH) 含量高达 52131.37 mg/kg（李慧等，2005）。

2014年4月17日，环境保护部和国土资源部发布的《全国土壤污染状况调查公报》显示，全国土壤环境状况总体上不容乐观，部分地区土壤污染较为严重，耕地土壤的环境质量堪忧。从污染物超标情况看，多环芳烃点位超标率已经达到1.4%，在超标有机污染物中仅次于农药滴滴涕(国土资源部等，2014)。

1.2.2 石油污染的危害

石油是一种复杂的有机混合物，由各种极性和非极性的烷烃、环烷烃和芳香烃等物质组成。石油烃种类繁多，表现出极大范围的物理化学性质和生物影响特性，因此造成的污染也各不相同；其中包含的多种物质按毒性由烷烃、烯烃和芳香烃逐渐增强，并具有致癌、致畸和致突变的潜在特性(郑西来等，1999)。大量石油类物质被排放到环境中，若超出环境的自净能力，必然威胁人类的健康和生产活动。由石油泄漏所造成的危害，可分为三类，包括对生态环境的影响、对社会经济的影响和对人体的影响。

1. 对生态环境的影响

水体中溢油污染的影响程度取决于多种因素，包括溢油的数量、溢油的类型、油与水的接触时间、地理特征、水文气象条件等。当石油泄漏到水面时，其组分中的挥发性有机化合物在开放环境中部分蒸发，进入大气环境中(Payne et al.，1985)；小部分可溶性有机化合物将溶于水；一些残留的油会分散在水体中或与水形成厚厚的乳状泡沫；还有部分石油组分与悬浮颗粒物一起下沉；其余的最终凝结成黏稠焦油球。因此，水体中的石油泄漏，会严重影响海洋生物及海鸟的生存，其中潜水鸟和壳鱼对此的应对能力尤为脆弱。然而，在处理水体溢油过程中，最常用的控制泄漏的化学分散剂，也会杀死海洋生物，在某些情况下比溢油本身产生的危害更大，但常被人们忽略。研究者发现，在海洋食物链中，被海洋生物吸收的石油烃类有机物，化学性质一般十分稳定，能在食物链中不断循环而不被分解，并且能在海洋食物链中不断沉积浓缩(Paul，2002)。另外，漏油也会对海滩和海岸线造成污染(Wan et al.，2004)，石油溶入海水使其二氧化碳和有机物含量升高，石油降解菌为降解石油需消耗大量的溶解氧。据估算，1 L石油完全被降解，需要消耗40万L海水中的溶解氧。水体中溶解氧的降低会直接影响海洋生物的存活，导致鱼贝藻类死亡，海鸟饲饵消失，海滨生态结构遭到破坏。

石油若进入土壤，可破坏土壤的组成和结构，影响其通透性，从而降低土壤质量。土壤颗粒因吸附了疏水性石油类物质而不易被水浸润，使其透水性、透水量均下降。石油进入土壤后随着地表扩散，未附着在土壤颗粒上的有机物将渗入地下，引起地下水污染；而被土壤吸附的有机物将影响植被的生长，黏附在植物根系上的石油污染物会影响植被呼吸与吸收作用，被根部吸收进入植物体内的石油有机物会转移到叶子和果实中而不断积累。

2. 对社会经济的影响

漏油事件对经济的影响往往比对生态环境的影响更明显,特别是对旅游业的影响。当在海岸线发生大型的溢油事故时,随着电视、报纸和互联网的新闻迅速蔓延,依赖于旅游业发展的酒店、餐厅及其他业务将受到很大的冲击。除了旅游业,漏油事件对渔业的影响也尤为严重,水面上的漏油会污染渔民用来捕鱼的渔船和渔具,在此期间他们也失去了谋生的方式。

3. 对人体的影响

人体对原油的接触限值为 10 mg/m^3,原油可以通过吸入或者皮肤接触的方式进入人体。当吸入大量的油蒸气时,能引起人的神经麻痹。石油中的硫化氢、苯和汽油等烃类,可引起人急性中毒或者慢性中毒,甚至引发癌症或者直接导致人员死亡。

第 2 章　石油污染修复技术与材料

2.1　石油污染的修复技术

2.1.1　水体石油污染的修复技术

水体泄漏石油的清除与泄漏地域、天气条件和其他因素有关，选择修复技术时要充分考虑各种因素。常规处理溢油的方法有生物修复(bioremediation)、原位燃烧(*in situ* burning)和机械抽取(mechanical extraction)(Bayat et al., 2005；Lin et al., 2005；Zhu et al., 2011)，又可细分为机械回收法、吸附法、化学分散法、沉降法、生物降解法和燃烧法等(谷庆宝等，2002)。但总体而言，水体石油污染的基本修复技术可以分为三类，即物理修复、化学修复和生物修复，这三种基本类型的处理方法比较如表 2-1 所示。而对于常用的海上溢油事故处理方法，表 2-2 对其优缺点进行了比较。

表 2-1　三种处理石油污染的基本方法比较(柳婷婷等，2006)

处理方法	物理修复	化学修复	生物修复
对生态环境影响	无二次污染	会二次污染	无二次污染
油的回收	可回收	难以回收	不可回收
处理速度	较快	快	慢
适用范围	浮油、分散油、油-固体物	浮油、分散油	乳化油、溶解油

表 2-2　溢油事故的各种处理方法比较(柳婷婷等，2006)

治理方法	适用条件	主要优点	主要缺点
围栏法	水面平静的海洋浮油溢油	设备简单，投资小，易操作	最终回收的油水都需要采取进一步的分离措施
吸附法	处理小规模溢油、海岸港口领域	吸油效果好	不易生物降解
分散剂	大规模溢油	更有利于油粒被水中溶解氧氧化或被微生物降解，不受气象条件影响	破坏生态环境
燃烧法	海洋溢油	除油快，有助于消除沿海区较长期的污染损害	污染大气环境
激光处理法	海岸溢油	不产生附加产物，保持生态平衡	装置价格昂贵，处理工程复杂
微生物分解石油	海洋溢油	无二次污染、可生物降解	降解过程缓慢

若海上发生溢油事故,先使用溢油回收器还是先使用吸附材料,应根据溢油量而定,或根据气象和海面情况而定。如果海面较平静,首先用围栏将溢油围住,阻止其向海面扩散,再设法回收。若溢油油层仅有几毫米则优先采用吸附材料;如果溢油量较大,溢油油层厚度达到几厘米,则优先使用溢油回收器。重大溢油事故发生后,使用溢油回收器和吸附材料能去除大部分溢油,经处理溢油油层一般小于 1 mm,这时存在于水体中的油大部分为乳化油和溶解油,可采用油处理剂和生物法去除。

1. 物理修复

物理修复措施主要是指采用专门的机械设备对海上和海岸线上的石油进行围栏回收、油水分离或吸附清理(Choi et al., 1992;Adebajo et al., 2003;Chu et al., 2012)。围栏能防止油扩散,便于再次处理、回收,具有滞油性能。分散剂、撇乳器、水油分离器能清除大量的漏油。然而,这些技术的限制是高能耗和对极微量的油效果不佳。吸附材料是一种经济、高效的用于清除陆地和海洋中漏油的方法。吸附材料包括高分子材料、无机矿物物质和木质纤维材料等,将这些材料分撒在污染水域表面吸附溢油,达到饱和时回收吸油剂,能通过压榨回收吸附的石油。该方法一般可替代用于撇油器受限区域。目前,利用物理方法去除水面厚度为 0.5 cm 以上的油层石油污染较好,但对于厚度小于 0.3 cm 的薄油层效果较差。因此,该方法适用于海上溢油事故的大量溢油修复。并且,在多种物理修复技术中,材料吸附的方法是目前最为常见的一种修复技术。

2. 化学修复

化学修复措施包括燃烧法、乳化剂法、凝油剂法、集油剂法和沉降剂法。通过燃烧、分散油滴、凝聚溢油和吸附沉降油滴等途径,可除去水体漏油。燃烧法能在短时间内去除大量溢油,但是在不完全燃烧过程中会产生大量浓烟和芳香烃化合物,进而造成二次污染(Lin et al., 2005)。溢油分散剂是由表面活性剂和有机溶剂构成的混合物,能促进油溶于水,但是分散剂、乳化剂等化学试剂本身也具备毒性,使用时存在一定的环境风险。总而言之,在采取化学修复措施时存在化学剂量大、费用高、易产生二次污染等缺点。

3. 生物修复

生物修复是指利用生物(特别是微生物)降解泄漏原油,减少或最终消除泄漏原油对水体环境污染的受控或自发的过程(Maden, 1991)。海洋中存在着大量能够降解石油的微生物,利用微生物进行海洋石油污染的生物修复是新兴的环境污染治理生物工程技术。在 20 世纪 80 年代末,Exxon Vadez 油轮在美国的阿拉斯加因触礁发生石油泄漏，当时就采用了生物修复技术，成功地清除了石油污染，这成为生物修复成功应用的开端，也开创了生物修复在治理海上石油污染中的应用先例(Chu et al., 2012)。目前海上石油的生物修复技术，大多数是通过分离筛选海洋微生物降解石油、人工复氧、投加生物表面活性剂和放养水生植物等原位修复技术来处理海洋石油污染。生物修复技术与化学修复方法、物理修复方法相比，对人和环境造成的影响较小，并且修复费用仅为传统物理、化学修复费用的30%～50%；由于具有上述优势，生物修复技术被视为具有较好的应用前景的环境治理方式(Chen et al., 2013)。然而，生物修复受多因素(如石油降解菌种类及含量、温度、pH等)影响，并且修复周期长，适用于低浓度油污的治理。

2.1.2 土壤石油污染的修复技术

石油污染土壤的修复技术研究已成为当前环境领域的一个研究热点。石油污染土壤的修复方法按照修复原理，可分为物理修复方法、化学修复方法和生物修复方法，以及越来越受人们青睐的联合修复方法(Gan et al., 2009)。按照对土壤的处理方式，即修复地点，又可分为原位修复和异位修复。

早期人们修复石油污染土壤的方法主要是物理化学方法，如焚烧法(适用于小面积严重污染的土壤，且需收集焚烧中可能产生的有毒气体，成本较高)和换土法(用未受污染的土壤替换或部分替换原来污染的土壤，使污染物浓度降低，以增加土壤污染物容量，包括翻土、客土和完全换土)等。传统的物理方法由于操作烦琐、低效、污染物得不到彻底去除和成本较高等不足而逐渐被淘汰，一些新兴的、高效和环境友好的技术，如电动修复、表面活性剂修复、生物修复及联合修复等技术，越来越受到人们的青睐，逐渐得到开发和应用(李静华，2017)。

1. 物理修复

常见的物理修复包括电动修复法、热脱附(微波)修复法和气相抽提法等。

电动修复(electrokinetic remediation)兴起于20世纪90年代，是通过将反应电极(一般是石墨棒)插入污染土壤或地下水待修复的区域，并施加微弱电流，在电动力的作用下，污染物在电场中定向迁移，使得污染物得到富集并进行集中高效地处理(Virkutyte et al., 2002；Wick et al., 2007；章慧，2013)。电动修复具有可提高污染物移动速率、增加传质效率、修复速度快和易自动化控制等优点，但是在实际应用中也存在缺点，如有机污染物脱附力弱、污染物溶解性较差和对非极性的污染物去除效果不理想等(Mary et al., 2002)。近年来，人们越来越青睐将电动修复技术与其他技术联合进行污染物的修复，研究较多的是在电动修复过程中，加入微生物、表面活性剂或Fenton氧化剂等(Gonzini et al., 2010；Wan et al., 2011；Gomes et al., 2012)。

热脱附(thermal desorption, TD)指通过对土壤进行加热,使土壤中的某些有机污染物挥发,再收集挥发气体予以集中无害化处理,从而达到净化土壤的目的。近年来,采用微波技术进行土壤加热,辐射能可穿透土壤,能够加速整个修复过程(Li et al., 2008; Li et al., 2009; Chien, 2012)。

土壤气相抽提(soil vapor extraction, SVE),即土壤通风或真空抽提技术,是一种利用真空泵产生负压,驱使新鲜空气通过注射井注入土壤,流经土壤孔隙,带动土壤中挥发性或半挥发性有机组分流向抽提井并集中处理收集气体的一种原位修复方法(Albergaria et al., 2008; Soares et al., 2010)。SVE 具有设备简单和成本低廉等优点,具有较高蒸气压的污染物可能更适合该技术,但挥发性低的有机污染物需要其他辅助技术联合操作,如注射水蒸气而不是常温空气(Khan et al., 2004)。

2. 化学修复

对于高浓度石油污染的土壤,可以采取热脱附方法,但是该方法会改变土壤结构,破坏土壤有机质和生物体。对于中浓度石油污染的土壤,常常以垃圾填埋的方式处理。因而目前研究人员正在研究可替代热脱附和填埋方式的新型有前景的技术,如利用表面活性剂洗脱、生物炭分离和原位化学氧化(*in situ* chemical oxidation, ISCO)等技术对石油污染土壤实施生物修复的前处理。常见的化学修复方法包括原位化学氧化法及溶液萃取和淋洗法等方法。

原位化学氧化比热脱附节能,尤其适合难以生物降解的高分子量的 PAHs,快速有效,近十年越来越受到人们的重视。ISCO 主要是通过在土壤的水饱和区和非饱和区注入氧化剂,与有机污染物发生化学作用,使其转化为无害的化合物(如 CO_2)(Rivas, 2006; Tsitonaki et al., 2010; Yap et al., 2011; Venny et al., 2012; Cheng et al., 2016)。然而,化学处理过程中,污染物有迁移的风险,只能够在风险较小的小范围场地中采用。但是,考虑到地下水流动,在实地修复时仍具有较大风险。

溶剂萃取土壤淋洗(solvent extraction/soil washing, SE/SW)是根据相似相溶原理,利用洗脱液将有机污染物从土壤基质中解吸至溶液中。石油类中的有些成分,如高分子量的 PAHs,疏水性较强,与土壤颗粒黏附,难以被去除,需要添加洗涤剂将其洗脱下来,以增加其生物可利用性或化学可利用性。

3. 生物修复

进入环境中的有机物由于具有疏水性而易于沉积在土壤中,它们在环境中的行为主要有挥发、光氧化、化学氧化、植物吸收和微生物降解等。由于碳氢化合物可作为生物的碳源和能源,生物降解成为有机污染物在环境中去除的主要方式(Haritash et al., 2009)其中,生物修复(bioremediation)是利用生物(土著微生物或外源微生物)来降解有机污染物的方法。这种方法是环境中有机污染物得以去除的主要途径之一,具有经济、环境友好和无二次污染等优点,近年来得到人们的研究和应用。生物修复既可以在好氧条件下也可以在缺氧或厌氧条件下代谢有机污染物;既可以原位处理待修复的土壤(如耕作、堆肥、生物刺激、生物强化和植物修复等)(Kuppusamy et al., 2016a),也可以异位处理(Kuppusamy et al., 2016b),如生物反应器,可以更好地控制生物体代谢污染物所需要的条件(温度、水分、压力、含氧量和营养等);既可以利用微生物降解污染物,也可以利用植物体、根际微生物和动物体吸收转化和降解污染物,甚至联合微生物-植物-动物进行环境修复。

根据人工干预的程度,常常将微生物修复分为自然衰减(natural attenuation, NA)、生物刺激(biostimulation)和生物强化(bioaugmentation)。

(1) 自然衰减。自然衰减是指没有人工干预,检测到污染物浓度的降低或污染物的质量流率(从初始场地迁移到地下水或其他环境介质),属于污染场地风险管理的范畴。由于其对环境干扰少,无需大量人力、物力、财力和无二次污染等优点,如今 NA 已在欧美国家得到广泛的重视和应用,尤其是在线监测自然衰减法(monitored natural attenuation, MNA)。

(2) 生物刺激。原油污染的土壤往往含有大量的碳源,缺乏可利用的氮、磷。因此,向污染的土壤中添加微生物可利用的营养物质(N、P 和微量元素等)、共代谢基质(易生物降解的生物燃油、城市污泥和植物油等)或调节合适的 pH、含水率、含氧量和温度等,以刺激可利用污染物为碳源的土著微生物生长和繁殖,最终达到快速修复的目的。营养物质(如 KNO_3、NH_4NO_3 和 K_2HPO_4 等)可以水溶、缓释或亲油型的形态加入土壤中(Mohan et al., 2006;Tomei et al., 2013)。

(3) 生物强化。向土壤中添加高效降解菌或菌剂,以加速污染物的去除,既可以是好氧降解菌也可以是缺氧或厌氧菌。添加的菌剂主要包括:①活性土壤,即从污染场地取一小部分土样在实验室富集驯化,再作为菌剂重新加入修复场地;②人工筛选得到的高效降解菌群,既可以是土著菌群也可以是外源高效降解菌群,或者是细菌-真菌混合菌群等,是目前研究较多的一种方式(Rahman et al., 2002);③可产降解酶的菌剂或将胞外酶固定在合适的载体上(Fan et al., 1995;Alcalde et al., 2006);④可产生物表面活性剂也可降解污染物的菌剂(Pei et al., 2010);⑤基因工程改造过的超级细菌等(Pandey et al., 2005;Singh et al., 2011)。

4. 联合修复方法

土壤结构复杂,含有三相(固相、水相和气相),空间异质,污染物进入土壤后会发生一系列的物化和生物过程。纵观以上修复方法,人们常常从以下三个角度实施污染土壤的修复：①提高污染物的可利用性，由于石油类化合物的疏水性，污染物常常被土壤中的矿物质吸附，可利用性下降。为提高污染物的可利用性，常采取的措施是添加表面活性剂/共溶剂、加热、电动、预氧化和混合搅拌等。②优化污染物的转化或降解产物，即通过微生物、植物、根际微生物、胞外酶和化学氧化剂等，衍生出相应的修复类型。③改善土壤基质条件，以刺激污染物降解体的活性，包括翻耕、气提、营养添加和反应器完全控制等。因此，为了达到高效修复污染场地的目的，常常将上述三个方面综合起来，衍生出一系列的联合修复方法，或同时实施，或前后多进程实施。例如，电动-表面活性剂-微生物法(Lin et al., 2016)、热处理-化学氧化法(Usman et al., 2015)、洗涤-化学氧化-生物降解法(Haapea et al., 2006)、化学氧化-生物降解法(Valderrama et al., 2009)和微生物-植物法(Xu et al., 2014)等。总之，各种物理-化学、化学-生物、物理-生物、生物-生物和物理-化学-生物等的联合修复渐渐取代单个技术对污染土壤的修复，期望更高效、更彻底地达到净化环境的目的。

2.2 石油吸附材料及其应用

吸附材料可将溢油从液态转移到半固相，吸油过程完成后可将吸附材料收集，对其进行挤压回收石油以实现吸附材料的再利用，或通过焚烧的方式，将吸油后的吸附材料用于燃烧产热产能。材质松散的、亲油的、疏水的、能漂浮在水面的材料能用于选择性吸收碳氢化合物。吸附材料被应用于溢油修复后，必须及时从水体中转移到陆地上进行适当处理(王成彦等，2009)。可见，选择合适的吸附材料，对其进行必要的改性以增强其吸附能力，用于石油污染的修复治理，有助于转移和处理泄漏到环境中的石油，进一步减少环境中的石油污染。

2.2.1 吸附材料的分类

石油吸附材料根据不同的分类标准有多种分类。按其发展历程可分为传统吸附材料和高吸油性树脂吸附材料。传统吸附材料可分为无机吸附材料和有机吸附材料。有机吸附材料又可分为天然有机吸附材料和合成有机吸附材料(Abdullah et al., 2010)。高吸油性树脂吸附材料按单体不同分为丙烯酸酯类及甲基丙烯酸酯类、聚氨酯泡沫类和烯烃类(郝秀阳等，2009)。按其原料吸附材料可以分为无机吸附材料和有机吸附材料(Abdullah et al., 2010)，有机吸附材料又可以按其不同的获得途径分成天然和化学合成两大类，化学合成类又分成有机聚合物纤维、凝胶型聚合物和高吸油性树脂(杨锟，2007)。按吸附材料的吸油机理，吸附材料可分为吸藏型、凝胶型和吸藏凝胶复合型结合(付亚娟，2001，2002；张婉月，2012)。按吸附材料的产品外观,吸附材料可分为片状类、粒状固体类、粒状纸浆类、编织布类、包裹类、乳液类等(陆晶晶等,2002)。按其结构吸附材料可分为天然类、粉末类、纤维类、海绵状物、纸状物等(郑雯君,1987)。也有学者将其分为聚合体、天然材料和改性纤维素材料(Deschamps et al., 2003),或者无机矿物材料、有机合成材料和天然植物材料(Choi et al., 1992; Bayat et al., 2005)。

综合上述不同分类方法,以下将吸附材料分为无机吸附材料、有机吸附材料和复合型吸附材料三大类,其中有机吸附材料再分为天然有机吸附材料和合成有机吸附材料。

1. 无机吸附材料

无机吸附材料是最早一批用于吸油的传统型吸附材料,主要有火山灰、沸石、轻石、石墨、分子筛、活性炭、膨润土、粉煤灰、珍珠岩等,以及一些工业废弃物如矿渣粉末、磁性金属粉等(Teas et al., 2001; Nishi et al., 2002)。它们大多保油性差,吸油同时也吸水,吸油量小(一般小于 5 g/g),且多为粉状和粒状产品。其优点是价廉易得,不足之处则是在运输、使用和回收处理中成本偏高(谷庆宝等,2002)。然而也有例外,研究表明片状石墨可以吸附 86 g/g 的 A 级重油(Toyoda et al., 1998)和 76 g/g 的原油(Toyoda et al., 1998)。当然,针对无机吸附材料的缺点,可以通过适当的改性来提高材料的性能。

2. 有机吸附材料

虽然可以通过改性处理克服无机吸附材料的部分缺点,但真正得到广泛使用的还是有机吸附材料。有机吸附材料又可细分为天然有机吸附材料和合成有机吸附材料。天然有机吸附材料主要是天然植物类材料,有麦秆、木屑、稻草、芦苇、椰壳、棉花、纸渣、甘蔗渣等,还有一些羽毛和其他以炭为基质的产品(Husseien et al., 2009a, 2009b)。合成有机吸附材料可以简单分为三类:第一种是有机聚合物纤维,主要包括聚丙烯、聚氨酯泡沫、烷基乙烯聚合物等,此种吸附材料在市场中所占的份额最大;第二种是凝胶型,如二亚苄基山梨糖醇、金属皂、氨基酸衍生物等;第三种是高吸油性树脂,如聚甲基丙烯酸烷基酯(温和瑞等,1998)。

天然有机吸附材料主要依靠材料自身的孔隙,通过纤维表面和毛细管原理吸收油。纤维特性对其吸油性能有较大影响。纤维素中羟基多,有很好的亲水性,从而减弱了其吸油能力,也影响了其对油的保持能力。天然有机吸附材料的吸油量较小,受压时油会渗漏出来,同时易吸水,并且此种材料容易受潮和腐烂;优点是原料丰富、价格低、使用安全(温和瑞等,1998)。

合成有机吸附材料应用最多的是高吸油性树脂,它是以亲油性单体为基本单位,经适度交联构成的自溶胀型网络状聚合物,一般借助自身所具有的亲油基与油性分子之间形成范德华力而吸油，并且油性分子被包裹在树脂分子之间而不易释放出来(孙晓然等，2003)。根据聚合所用单体的不同，可把吸油树脂分为以丙烯酯类树脂为主要单体、以烯烃类为主要单体、以橡胶为主要单体及聚氨酯类等(Zhou et al.，2003；周洪洋等，2009)。其中，烯烃类中的烯烃分子不含极性基团，使该类树脂对油品的亲和力更强，尤其是长碳链烯烃对各种油品均有很好的吸收能力(张高奇等，2002)。高吸油性树脂材料作为一种新型的功能高分子材料有别于以往的普通吸附材料。自1990年日本触媒公司成功开发利用此材料以来，由于其具有吸油种类多、吸油速率快、吸油倍率和保油能力高，油水选择性好，不易重新漏油等特点，获得了广泛的发展(陆晶晶等，2002；徐萌，2007)。高吸油树脂不但可以代替传统的吸附材料，而且能有效回收水面浮油，净化水环境。

3. 复合型吸附材料

除了无机吸附材料和简单的有机吸附材料之外，还有一类是将各种不同材料进行混合所形成的复合型吸附材料，如无机与有机材料复合、天然有机与合成有机材料复合及其他新型复合材料(张相如等，1997)。这种材料可以克服单独种类吸附材料自身的不足，从而增加材料的特性。通过膨胀石墨与酚醛树脂基活性炭进行复合，利用两者的优势进行互补，能形成新的更大的"储油空间"，对生活类污油等有机大分子物质表现出更强的吸附能力(王勇等，2004)。

此外，人们在开发吸附材料时越来越倾向于采用环境相容的物质作为原料，以避免二次污染。可生物降解吸附材料正是顺应这一潮流而出现的新型环保吸附材料(谷庆宝等，2002)。

2.2.2 吸附材料的吸附机理

吸附材料的吸附机理可分为两类：吸收(absorption)和吸附(adsorption)。

吸收是指油分子在毛细管力和范德华力作用下进入吸附材料内部。良好的吸收剂主要是多孔性的海绵状材料，能把油吸入内部孔隙里，因而孔隙率是评价吸收剂的一个重要的性能。纤维质材料能够吸收大量的油，又可被压缩，有利于吸油性能的恢复和吸附材料的重复使用。当纤维质材料受外压时，其孔隙率降低，油能从材料里被提取出来(Suni et al.，2004)。

吸附材料是天然的或合成的具有微晶结构的材料，其表面易于被吸附物质选择性黏附，这种引力相对于形成化学键通常是较弱的和较不明确的。因此，吸附的选择性作用在接近材料表面的单分子层较为明显，但有时选择性可能持续到3~4个分子层的高度，吸附力随着吸附质的浓度增加而增大(Chiang et al.，1997)。

目前，关于吸附材料的吸附机理研究并不多，且不同的材料其吸油原理也不尽相同。当前，已知吸附材料能利用其表面、间隙及空腔的毛细管作用，或分子间的物理凝聚力形成的网络结构吸油(胡涛等，2006)。大部分研究者认为吸油机理基本上分为吸藏型、凝胶型和吸藏凝胶复合型(陆晶晶等，2002)：①吸藏型的吸附材料是具有疏松多孔结构的物质，它们可以利用吸附材料表面、间隙及内部空洞的毛细管力吸油，吸收的油保持在孔隙间，其特点为吸油速度快，保油性能差(路建美等，1995；付亚娟，2002；郝秀阳等，2009)。②凝胶型的吸附材料大多是低交联的亲油高聚物，它是依靠吸油分子之间或材料间的物理凝聚力的网络结构吸油，类似于高吸水性树脂的吸水机理，特点是吸油时需加热，冷却后形成胶体，吸油速度慢，但是吸附材料吸油倍率大，保油性好(付亚娟，2002；陆晶晶等，2002)。③吸藏凝胶复合型则为以上两种机理的结合。即在具有多孔结构的同时，吸油以后分子形成凝胶，特点是吸油量少，吸油速度慢，种类也少(郝秀阳等，2009；陆晶晶等，2002)。通用吸附材料的种类、吸油机理、应用领域及其优缺点归纳见表2-3(朱超飞，2012)。

表 2-3 吸附材料的分类及应用

分类			吸油机理	应用领域	优点	缺点
无机类		吸藏型	黏土、石灰、珠层铁、二氧化硅	利用其表面孔隙和空洞的毛细管力	漏油处理、工厂废油处理	安全，价格低	吸油量少，运送成本高，体积大，吸水，不可燃烧废弃
有机类	天然系	吸藏型	棉、纸浆、泥炭沼	利用表面毛细管作用力	漏油处理、工厂废油处理、油炸食品废油处理	安全，价格低，可燃烧废弃	吸水，体积大，受压漏油
	合成系	吸藏型	聚丙烯垫、聚苯乙烯垫、聚氨酯泡沫	利用自身疏水亲油和分子间的孔隙包藏吸油	漏油处理、流出油处理、工厂废油处理、含油废水处理	吸油速度快，可燃烧废弃	吸水，体积大，受压漏油
		凝胶型	金属皂类、氨基酸类、苄叉山梨糖醇	利用分子间和物质间的物理凝聚力	海上废油、废油处理、流出油处理	毒性低，体积小，可燃烧废弃	价格高，吸油时须加热
		吸藏凝胶复合型	聚降冰片烯树脂及其衍生物	利用毛细管作用力及分子间物理凝胶力	废油处理、漏油处理	可燃烧废弃体积小	价格高，吸油量小，吸油速度慢，不吸收油脂类
		自溶胀型	聚烯烃、烷基苯乙烯	亲油基与油分子之间的相互作用力	各种基材、油处理材料、橡胶改性剂、纸张添加剂等	不吸水，吸油量大，受压不漏油	体积小，价格高
复合型		吸藏型	有机包覆无机类	利用毛细管作用和分子间范德华力	废油处理、漏油处理	安全，价格低廉，吸油速度快	吸水，体积大，受压漏油

2.2.3 吸附能力的影响因素

吸附材料的吸附能力会随着吸附材料的物理化学性质差异而不同，主要影响因素包括吸附材料密度、孔隙率、选择性和保留性等内部影响因素(Rowell et al., 1997)。

1. 密度

针对吸收而言，密度有两种类型，即真密度和容积密度。真密度是固体材料最基本的物理参数。对于一个给定的材料，其真密度是一个定值。容积密度包括固体、微孔和孔隙体积，并且可能随着压紧的状态有所不同。对于纤维质材料，容积密度大多不一样，松散时的容积密度约等于真密度。

2. 孔隙率

孔隙率是衡量材料吸附能力的一个指标。纤维性材料孔隙率一般为90%~95%，而颗粒状材料的孔隙率仅为40%。与容积密度一样，孔隙率也取决于材料压紧的状态。孔隙率可用以下公式来表达：

$$P_R = \frac{V - V_S}{V} \tag{2-1}$$

式中，P_R 是孔隙率(%)；V 是系统的总容积；V_S 是固体的体积。

3. 选择性

选择性是指吸附材料优先吸收一种物质胜过另一种物质的能力。例如，许多农作物材料选择性地吸收油胜过水，这种特性有利于应用到油轮和海上石油钻机泄漏的溢油吸附中。吸附材料选择性受微孔尺寸、可湿性和毛细管力的影响。在漏油情况下，吸附材料是否优先吸收油而不是海水取决于吸附材料首先接触到油还是水。

4. 保留性

保留性是指饱和的吸附材料保持流体的能力。吸附材料在完成吸附后需从一个地方转移到另一个地方，保留性高的吸附材料能够转移更多流体。保留性很大程度上与毛细管作用有关，吸附材料的结构凹陷和变形使它能够释放出被黏附在孔隙里的油。在回收吸附材料的过程中，较轻的、黏性较小的油比较容易失去，浸透的吸附材料比没浸透的吸附材料容纳更多的流体，这是吸附系统的毛细管性质决定的。以秸秆材料为例,在流出期间,当毛细管系统的瓶颈足够小,以至于不同的压力在恰当的位置足以保持液体柱时,流体停止流动;在吸收期间,当液体进入吸附材料一直到达某个区域时,压力降不足以使吸附的液体持续停留在吸附系统里,因为秸秆的纤维变化很大,在吸附系统里吸附平衡点自始至终变化着。

总之,优良的吸附材料应具备以下特点:廉价、容易应用、高吸油能力、高吸油率、亲油疏水性、高度保油性,同时还具有好的回用性、可抗物理和化学能力。

2.2.4 秸秆吸附材料及改性

1. 秸秆吸附材料改性基础

天然吸附材料品种繁多,如稻草、玉米芯、泥炭藓、棉花、马利筋、木棉和羊毛纤维等都被作为溢油清除吸附材料应用于溢油修复中。这些天然吸附材料具有经济的优势和生物可降解性,但也有浮力特性、相对低亲油和弱疏水性的缺点。但是,它们也被证明,相较于大部分无机矿物吸附材料(如膨润土等),它们对石油具有更好的吸附能力,甚至比有机合成材料(如通常用于商业吸油剂的聚丙烯)更好(Lin et al., 2010; Lin et al., 2012)。另据报道,在油水混合体系和纯油体系中,马利筋和棉纤维的吸附原油能力显著高于人造聚丙烯网,其中马利筋吸附能力高达 40 g/g 原油(Rengasamy et al., 2011)。在室温下,红麻杆对 C 类油的吸附能力达到聚丙烯的吸附水平(Zaveri, 2004; Lee et al., 2008)。研究表明,吸附油的回收可由简单的机械自然压榨过程获取,说明此类吸附材料是可再生吸附材料,能多次应用于溢油清理中。因此,研究人员认为天然吸附材料可完全或部分替代商业合成吸附材料,这样有益于提高溢油清除的效率和整合其他优势,如生物降解性(Wang et al., 2012; Li et al., 2013a; Li et al., 2013b)。

作为农业废弃物之一,秸秆材料具备农业废弃物吸收各种各样污染物能力的潜质。这些材料的基本组成包括半纤维素、纤维素、木质素、脂类、单糖类、水、碳氢化合物、淀粉和各种各样的功能基团。它们因为独特的化学构成,在环境修复中可应用并且可再生,加上它们廉价的特点,是一个用来解决环境问题,同时减少预处理费用的有前景的选择(Ahmaruzzaman, 2008; Bhatnagar et al., 2010)。

1) 天然秸秆材料的组成

秸秆吸附材料,即农作物秸秆,是农业废弃物之一。它们主要由木质纤维素材料构成,其中三大组成成分分别是纤维素、半纤维素、木质素(Sun et al., 2001; Sun et al., 2002)。以玉米秸秆为例,纤维素含量最高,约占总量的45%,半纤维素次之,约为35%;木质素则约为15%,但是这些组分含量会因生长地域、作物种类而异(Mahvi, 2008; Husseien et al., 2009; Yang et al., 2009; Moreira et al., 2011; Zhao et al., 2011)。

(1)纤维素。

纤维素纤维具有异质性的特性,根据不同树种(如硬木与软木)、年轮(早材和晚材)和制浆条件(将纤维从木材中解放出来)性质有所差异(Ververis, 2004)。正如图 2-1 所示,纤维素是一种以(1→4)-β-吡喃葡萄糖为单位组成的线形均聚物(Geboers et al., 2010; van de Vyver et al., 2010; Op et al., 2013)。纤维二糖二聚体实际上是纤维素链的重复单元,但纤维素的聚合程度是根据单葡糖酐单元的数目来确定。此外,纤维素链是有方向的,这是因为链的末端基团是不同的,还原末端是脂族结构和羰基与环状半缩醛平衡,非还原性末端带有一个封闭的环结构(Sun et al., 2004; Sud et al., 2008)。

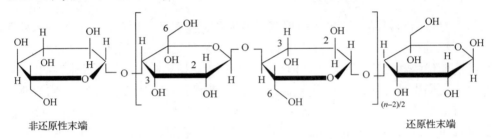

图 2-1　纤维素单体分子结构图

另外,纤维素的超分子化学结构是一个更为复杂的问题。已知纤维素有四个不同的多晶形态,命名为纤维素Ⅰ、Ⅱ、Ⅲ和Ⅳ。纤维素Ⅰ是在自然界中发现的形式,它存在于两个无定形体I_α和I_β中。纤维素Ⅱ是在与氢氧化钠水溶液重结晶或丝光作用后出现的结晶形态,它是热力学上最稳定的结晶形态。纤维素$Ⅲ_Ⅰ$和$Ⅲ_Ⅱ$分别是通过液氨处理纤维素Ⅰ和Ⅱ后获得的。纤维素Ⅳ是一种加热部分转变纤维素Ⅲ的结果。此外,纤维素在结晶区间是以部分非晶/微晶形态存在的。

纤维素Ⅰ和Ⅱ之间的区别表示在图 2-2 中。在两个多晶型物中主要的链内氢键均存在于 O-3⋯O-5,这使纤维素链坚韧,呈线形。不同的链间氢键结合表现:在纤维素Ⅰ中,O-6⋯O-3 占主导地位,而纤维素Ⅱ是 O-6⋯O-2 占主导地位。此外,纤维素Ⅱ存在反平行的链结构,而纤维素Ⅰ链是一个平行的方向。

纤维是由原纤维的聚集体组成,它本身是由纤维状束嵌入到木聚合物的基质中。除了从单个分子考虑,这些原纤维被认为是纤维素质纤维中的最基本的结构,它们构成了薄片状的初级细胞壁层。原纤维的直径是 25~45 Å,并几乎全部组成与长度平行取向方向的纤维素链。这种各向异性最终导致高的拉伸强度和刚度。

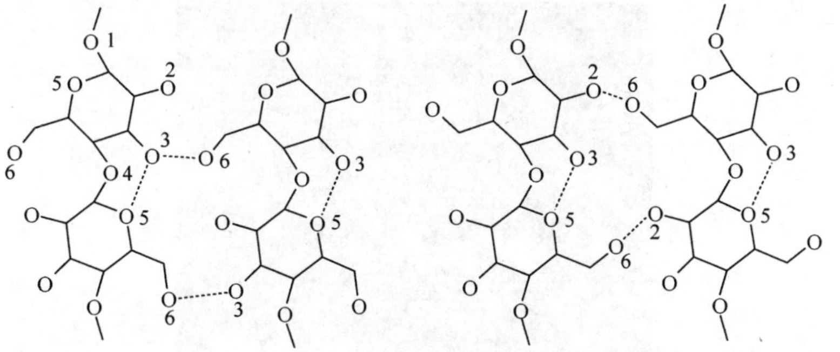

(a) 纤维素 I   (b) 纤维素 II

图 2-2   纤维素 I 和 II 超分子结构的区别(van de Vyver et al., 2010)

    纤维素原纤维排列在纤维状聚集体中,它的直径小于 30 nm,长度在几微米。这些聚合体是由一种无定形矩阵包裹在一起的,这种无定形矩阵主要由木质素和半纤维素组成(图 2-3)。木质素是一种支化相对较高的以苯丙胺为单体的聚合物,它的主要作用是支持纤维聚集体和防止褶皱。原纤维聚集体排列为层状,它们组成了纤维细胞壁,扫描电子显微镜图(SEM)如图 2-4 所示。

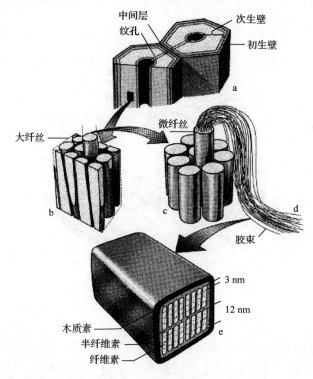

图 2-3   植物秸秆细胞壁的超分子结构模型示意(Geboers et al., 2010)
a. 植物秸秆细胞壁; b. 次生壁截面三维结构; c. 大纤丝截面三维结构; d. 胶束; e. 胶束截面三维结构

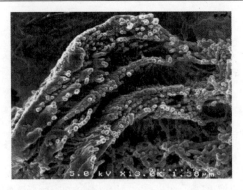

图 2-4　部分脱木素桦树纤维的高分辨 Cryo-FE-SEM 图

纤维细胞壁有三个主要的层：中间层(M)、主壁(P)和次生壁(S)。图 2-5 为细胞壁的每一层。虽然每一层环绕细胞轴，不同的层可以根据原纤维的取向和化学成分加以区分。中间层是管胞之间的素材，中间层的木质素含量为 55%~60%。主壁是由碳水化合物组成的一个粗糙的纤维网络，并与木质素包裹形成外壳，这一层的厚度是 0.1~0.3 μm。次生壁由三层组成：过渡 S_1 区；最内的 S_3 区靠近管腔，这些细胞层壁又由多个层组成；次生壁中最厚的部分是 S_2 层，它构成了约 80% 的木质纤维。

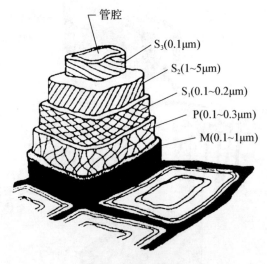

图 2-5　细胞壁结构

(2) 木质素。

木质素是地球上含量第二丰富的天然高分子化合物，仅次于纤维素。木质素占木材干重的 20%~30%，可见木质素在生态圈中所扮演的角色是十分重要的(Dizhbite et al., 1999；Pandey，1999；Suhas et al., 2007)。木质素归属于植物的二次代谢物,与能量的代谢、遗传信息的传递无关,但是在植物的支持组织和部分的运输组织中,木质素的填充对于细胞的次级生长却有不可或缺的功能,也能抵御外界病原菌的入侵(Hu et al., 1999; Dixon et al., 2001)。木质素主要由三种木质醇类单体(monolignol)聚合而成,即对香豆醇(p-coumaryl alcohol)、针叶醇(conifery alcohol)、芥子醇(sinapyl alcohol)经过聚合而形成三维空间网状巨分子化合物,此三种化合物的最大差别在于苯环上所带的甲氧基(methoxyl group)取代位置不同。此外,木质素又可以依不同的组成单元命名为:对羟基苯基本质素(p-hydroxyphenyl lignin, H lignin)、愈创木基木质素(guaiacyl lignin, G lignin)、紫丁香基木质素(syringyl lignin, S lignin),随着物种、组织、细胞形态、细胞壁组成与生活环境的不同,上述三种化合物的相对含量也不尽相同(图2-6),但是可以概括性地归纳出:裸子植物以G lignin为主要构成,而被子植物为G+S lignin,草本植物多为H+G+S lignin(Sederoff et al., 1999; Wenck et al., 1999)。近20年来,在许多研究团队的努力下,对于木质素的合成路径,特别是在木质素单体的生物合成方面,已得出其大致的轮廓。其中,氧甲基转移酶(O-methyl transferase, OMT)扮演了相当重要的角色(Ho et al., 1969)。由OMT基因所生成的酶,主要的功能为对苯基化合物进行甲基(methyl group)的转移。

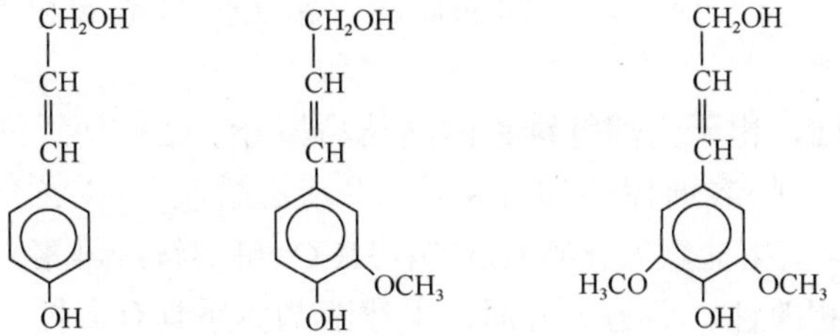

图2-6 木质素结构中三种典型聚合单体(Wang et al., 2012)

木质素可根据其结构单元的成分分为三大类,即软木、硬木和草木类。一个典型的软木木质素,也被称为愈创木酚或针叶木素,是由松柏醇单元组成。软木木质素由不同的分离方法和不同物种来源的结构都非常相似。硬质木材或双子叶被子植物木质素是由松柏醇和芥子醇单元组成,而一年生草本植物或单子叶被子植物木质素,则是由松柏、芥子和对香豆单位组成(Cathala et al., 2001; Cathala et al., 2003; Bouxin et al., 2010)。

2) 秸秆吸附材料改性方法

使用物理改性、化学改性和生物改性等方法对天然秸秆吸附材料进行改性,为获取具备较高吸油性能的秸秆吸附材料提供了可能。

(1) 物理改性。

物理改性方法是指通过研磨、汽爆及射线照射等改变木质纤维素材料结构,以达到提高材料吸附能力的目的。通过机械研磨后使材料的粒径降低，比表面积增大；借助微波、超声波或者射线照射，不仅可以改变原材料的物理化学结构，而且也能促进材料的化学接枝改性。

(2) 化学改性。

化学改性方法包括酯化改性、均相改性和接枝共聚改性等方式。

酯化改性是一类有机化学反应，是醇跟羧酸或含氧无机酸生成酯和水的反应。纤维素是一种多元醇(羟基)的化合物，这些羟基均为极性基团，在强酸液中，它们可被亲核基团或亲核化合物所取代而发生亲核取代反应，生成相应的纤维素酯。植物纤维经酸酐改性后，亲水的羟基被酰基取代，可以提高材料的疏水性。由于线形酸酐简单、安全且价格低廉，最初人们使用线形酸酐改性，尤其是乙酸酐的研究一直备受关注。乙酰化是最常用的改性办法(彭丹，2013)，具有低成本、高吸附容量、高吸收率和易于脱附的优势，因为乙酰秸秆明显疏水并很难被水沾湿，被吸附的石油可以通过简单压缩操作很容易从秸秆中回收利用，这样吸附材料能多次用于清除溢油。对水稻秸秆和其他生物降解材料(如脱脂棉、蔬菜产品的木质纤维、甘蔗制糖废渣、造纸废弃物和木材等)，乙酰化证明是非常经济的，且技术上是可行的，符合环保标准在溢油清除作业中的应用。另外，酯化反应需要使用催化剂来促进纤维素与醋酸酐之间的反应，常用的有硫酸和过氯酸等(徐萌，2007)。

均相改性方面，由于天然纤维素的高结晶超分子结构使纤维素不溶于水和普通有机溶剂，而一些溶剂体系如 LiCl/二甲基乙酰胺(DMAC)、二甲基甲酰胺(DMF)/N_2O_4 和一些熔盐氢氧化物($LiCO_4 \cdot 3H_2O$)可溶解纤维素，因而可对秸秆纤维素材料进行均相改性。但另一方面，上述溶剂体系具有毒性、不稳定、成本高和溶剂难以回收等缺点而难以广泛应用。以离子液体为基础的纤维素功能化反应中，无需催化剂，较短时间内就可获得可控制的高取代度且取代均匀的纤维素衍生物(黄昱等，2010)。

接枝共聚改性是采用合适的引发剂，将单体在材料表面直接接枝聚合。这种化学反应是由材料纤维素分子的自由基引发的。材料用含水的选择性离子溶液处理后，在高能放射下激发，然后，材料的分子相碰撞破裂形成原子基团，再用适当的溶液处理纤维的自由基部分，如用乙烯单体、丙烯腈、聚苯乙烯来处理。两者共聚合反应的结果是，材料既有纤维素分子的特性又含有接枝聚合物的特性。此种方法的缺点是处理比较复杂，不利于规模生产，但接枝纤维与基体树脂的相容性明显改善。常见的接枝的方法有游离基引发、光引发、辐射引发等。引发剂有 Ce^{4+}、V^{5+}、Mn^{3+} 及高锰酸钾、过硫酸盐等(熊建华等，2004)。

(3) 生物改性。

目前对秸秆材料进行生物改性制备高吸油性材料的研究报道较少，不过仍有一些其他的生物改性方法用以制备吸附材料。韩梅等(2001)利用淀粉或大米等可再生的天然资源,运用微生物发酵技术制得如 PHBV(β-羟基丁酸和 β-羟基戊酸的共聚体)等的可完全降解的新型环保高分子吸附材料。Cao 等(2008)使用玉米淀粉,在 α-淀粉酶和糖化酶质量比为 1∶3、酶用量 1.5%、pH 5.0、温度 55℃和时间 18 h 的条件下,制得吸油率较高的多孔粉。

2. 秸秆吸附材料改性方案

笔者实验室在前人研究的基础上,探究天然秸秆吸附材料的改性方法,以及改性秸秆吸附材料的特征及性能,以期获得具备良好吸油性能的改性秸秆吸附材料。

1) 材料选择与前处理

天然秸秆吸附材料,选择玉米秸秆、芦苇和玉米芯等材料;同时,选择木屑进行生物改性,以用于对比研究。

(1) 玉米秸秆粉末:玉米秸秆主要收集于广州大学城穗石村农田。初始材料用自来水和去离子水清洗干净,晾干之后用 FZ-102 微型植物粉碎机粉碎。接着,过 5 目、20 目、40 目、60 目和 80 目不锈钢筛网即可获得 5~20 目、20~40 目、40~60 目和 60~80 四种不同粒径的玉米秸秆,取相应目数的材料放入 60℃烘箱内烘干至恒重,并保存于干燥器内备用。

(2) 芦苇粉末:芦苇的制备与上述玉米秸秆粉末制备相同。

(3) 玉米芯粉末:玉米芯粉末来自美国能源环保公司,不需要经过清洗处理直接使用。

(4) 木屑:木屑是橡树木屑,来自宾夕法尼亚州立大学 Tien 的实验室,使用 Willy 粉碎机进行粉碎,经过粒径筛分后,取 20~40 目的材料使用。

供试原油样品来自于中国石油化工集团公司(广州)。在漏油的早期,轻质碳氢化合物在采取措施之前既已挥发,因此,实验前将原油样品置于通风橱内 48 h (Oh et al., 2001),去除轻质碳氢化合物以减少后续实验误差。在常温下测定原油样品的基本参数为:密度 0.85 g/cm^3、黏度 28.4 cP(1 P=10^{-1} Pa·s)和表面张力 25.2 mN/m。

2) 秸秆吸附材料改性

秸秆吸附材料改性主要采用化学或生物改性方法,研究改性条件对改性制得的吸附材料性能的影响,以获得适宜的秸秆吸附材料改性条件,使其达到较佳吸油性能。

3) 改性秸秆吸附材料表征

将原材料和改性后的样品经喷金之后,置于 10 kV 的扫描电子显微镜下进行表观形貌分析。

改性前后样品官能团的变化,通过溴化钾(KBr)压片制样,采用傅里叶变换红外光谱仪获得其红外光谱图谱,从而进行确定,扫描波段为 400~4000 cm^{-1}。

同时,可以分析材料的 X 射线衍射(XRD)图,计算结晶度(Crl)。对于结晶度的变化,可以用 X 射线的结晶指数来表示,计算方法如式(2-2)(Helmi et al., 1991)所示。

$$Crl = \frac{I_{22.5°} - I_{18.7°}}{I_{22.5°}} \quad (2-2)$$

式中,$I_{22.5°}$ 和 $I_{18.7°}$ 分别是 2θ 为 22.5°和 18.7°时所对应的峰的强度。

另外,采用全自动比表面积和孔隙度分析仪,测定吸附材料的比表面积;其中,样品量为 0.2 g,在 300℃抽真空预处理 2 h,以 N_2 作为吸附质,于–196℃进行测定,根据 BET 公式计算出比表面积。

4) 改性秸秆吸附材料组分测定

秸秆材料由于其产地不同、种类不同,自身所含各种成分的比例也随之发生变化。对于多重组分的物质进行改性时,首先要确定其成分构成和比例。因此首先根据文献报道,总结出分析玉米秸秆中各成分比例的方法,并测得具体的数据;使用经过适当的优化和调整的 Van Soest 法,测得农业秸秆材料的纤维素、半纤维素及木质素等组分含量(图 2-7)。

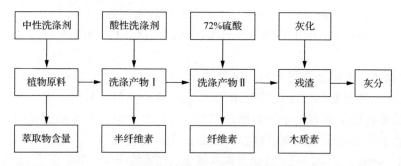

图 2-7 植物成分测定流程图

5) 改性秸秆吸附材料吸油性能

改性秸秆吸附材料制备好之后,需要检测其吸油性能,对于溶解于水中的少量或者溶解态的石油烃可以用红外法、紫外法、荧光法、浊度法及气相色谱法和遥感法等十余种方法进行测定。但是对于水面漂浮的大量石油烃,国内外普遍采用重量法作为标准分析方法(Sun et al., 2004a)。故本次研究将在探讨吸附材料最大吸油量的基础上,采用重量法,研究不同类型改性条件下材料的吸油性能。其中,吸油量的测定包括在无水体系和油水体系中吸油量的测定。无水体系中吸油量的测定方法如下。

(1) 在 250 mL 烧杯中装入 150 mL 废油,准确称取 0.2 g 改性后的吸油剂,并称量自制 200 目不锈钢网子的质量和将要放置吸油后网子的表面皿质量，分别记为 $m_1(g)$ 和 $m_2(g)$。

(2) 室温下，平铺玉米秸秆于网中，然后将网子向下移动浸没入油中。

(3) 1 h 后提起网子，静置 10 min 使无油滴流淌时将网子放进表面皿中，称重得到质量 $m_3(g)$。

(4) 计算材料的吸油量为

$$q(g/g) = \frac{m_3 - m_1 - m_2}{m_{材料}} \quad (2\text{-}3)$$

油水体系中吸油量的测定方法如下。

(1) 在 250 mL 烧杯中装入 150 mL 蒸馏水，再加入一定量的原油，形成一定厚度的油层，作为后续实验的吸油装置用。

(2) 准确称取 0.2 g 改性后的玉米秸秆，并称量自制 200 目不锈钢网子的质量和表面皿质量，分别记为 $m_1(g)$ 和 $m_2(g)$。

(3) 将网子置于烧杯上部(不接触油面)后，放入并平铺玉米秸秆，缓慢地将网子向下移动直至接触油水混合面。

(4) 室温下，将吸油装置置于摇床中，在 70～80 r/min 的转速振荡吸附 1 h 后取出。将网子和材料取出置于烧杯上部，与油水混合面分离，自然滴淌 10 min 后放进表面皿中称量。

(5) 将(4)中吸附后的材料连同网子和表面皿一同放进 60℃烘箱中，烘 4 h 至恒重，称重得到质量 $m_3(g)$。或者用 ASTM D4007-81 方法测定材料的吸油量。

(6) 利用上述公式，可计算得到单位质量材料的吸油量。

2.3 石油降解微生物及其应用

2.3.1 石油降解微生物的种类

大量的研究表明，石油降解微生物广泛分布于海洋环境中，到目前为止，已发现能降解石油的微生物有 200 种以上(张士璀等，1997)。

(1) 细菌：主要包括假单胞菌属(*Pseudomonas*)、弧菌属(*Vibrio*)、不动杆菌属(*Acinetobacter*)、黄杆菌属(*Flavobacterium*)、气单胞菌属(*Aeromonas*)、无色杆菌属(*Achromobacter*)、产碱杆菌属(*Alcaligenes*)、肠杆菌科(Enterobacteriaceae)、棒杆菌属(*Coryhebacterium*)、节杆菌属(*Arthrobacter*)、芽孢杆菌属(*Bacillus*)、葡萄球菌属(*Staphylococcus*)、微球菌属(*Micrococcus*)、乳杆菌属(*Lactobacillus*)、诺卡氏菌属(*Nocardia*)。

(2) 放线菌：常见的有诺卡氏菌属和分枝杆菌属。以诺卡氏菌(*Nocardia* sp.)为多，但它对烃类降解不彻底，常有中间物积累。

(3) 真菌：包括霉菌和酵母菌。常见的降解石油的霉菌有青霉属(*Penicillium*)、曲霉属(*Aspergillus*)、镰孢霉属(*Fusarium*)等属中的菌株；酵母菌有假丝酵母菌属(*Candida*)、红酵母菌属(*Rhodotorula*)、球拟酵母属(*Torulopsis*)和酵母属(*Saccharomyles*)。酵母菌中，以假丝酵母应用最为广泛，由于它所需营养要求不高，只需 NH_4^+ 或 NO_3^- 等无机氮元素存在，不需其他生长素类物质。

不同种属的微生物对石油类物质的降解能力不同，且降解的石油成分也不尽相同，即使同一属中的不同菌株对不同烃类的利用能力也有较大的差异。Ijah(1998)研究细菌和霉菌对石油降解能力，发现细菌 *Acinetobacter calcoaeticus* 只能降解 $C_{22}\sim C_{30}$ 的石油烃并对石油有乳化作用，而 *Serratia marcescens* 只降解 $C_{20}\sim C_{28}$ 的石油烃并且对石油有较大的吸附能力，霉菌 *Candida tropicalis* 能降解 $C_{12}\sim C_{32}$ 的石油物质，还具有较大的乳化石油的能力。

2.3.2 微生物降解石油烃机理

任何污染物的微生物降解都是需要多种酶参与的极其复杂的过程，某株菌或许能开始一个污染物降解的第一步，却不能进行后续的降解过程，仍需要其他菌株的参与。在目前的研究中，尤其对于成分复杂的石油污染物，其生物降解过程的机理并不清晰。在已知降解途径的石油污染典型物质降解过程中，一系列的加氧酶/羟化酶起着最重要的作用，它们一般作用于降解第一步的加羟基反应或后续的开环过程。而不同的脱氢酶、脱羧基酶、辅酶 A 连接酶等，对底物加氧后的代谢起着重要作用(黄艺等，2009；宋志文等，2004)。

对于脂肪烃类，其生物降解途径是通过加氧酶和其余脱氢酶将其氧化成为脂肪酸，脱去一个 CO_2 或者直接进入脂肪酸的代谢。正烷烃首先氧化成相应的伯醇，然后经由醛转化成脂肪酸。链烷烃也可以直接脱氢形成烯，烯再进一步氧化成醇、醛，最后形成脂肪酸；链烷烃也可氧化成为一种烷基过氧化氢，然后直接转化成脂肪酸。环烷烃没有末端甲基，和链烷烃的亚末端氧化相似，混合功能氧化酶氧化产生环烷醇，然后脱氢形成酮，进一步氧化得到内酯；或直接开环，生成脂肪酸。脂肪酸通过 β-氧化降解成乙酰辅酶 A，后者进入三羧酸循环，分解成 CO_2 和 H_2O，并释放出能量。

对于芳香烃类，苯与短链烷基苯在脱氢酶及氧化还原酶的作用下，经二醇的中间过程代谢成邻苯二酚和取代基邻苯二酚，后者可在邻位或间位处断裂，形成羧酸。

多环芳烃的降解首先也是通过加氧酶进行定位氧化反应。真菌产生单加氧酶，加氧原子到苯环上，形成环氧化物，然后加入 H_2O 产生反式二醇和酚。细菌产生双加氧酶，加双氧原子到苯环上，形成过氧化物，然后氧化成顺式二醇，脱氢产生酚。

2.3.3 微生物降解石油烃的影响因素

1. 石油理化性质及其组分

石油在水相中的分散状态影响着微生物对石油烃的提取。油在水中以油膜、溶解油、水包油等形态存在。油膜是石油进入水体的最初状态,降解石油的微生物主要在油水界面内活动,石油的分散程度决定着微生物与石油烃的接触面积。石油烃在进行乳化时,会形成微小液滴,类似溶解烃,增大与微生物细胞的接触面积,更易被微生物降解。可以通过添加表面活性剂或共溶剂等措施减少或者消除这方面的限制(田雷等,2000;贾群超,2011)。

石油作为微生物利用的底物,其所含石油烃的种类及其浓度也将对石油的降解起到重要作用。一般认为,在各石油组分中,饱和烃最容易降解,其次是低分子量的芳香族烃类化合物,高分子量的芳香族烃类化合物、树脂和沥青质则极难降解。不同烃类化合物的降解率模式是:正烷烃＞分支烷烃＞低分子量芳香烃＞多环芳烃(Perry,1984),但很多时候也不会严格遵循这个模式。

石油浓度对微生物的降解有显著影响。当石油的浓度过高时,营养、氧的传递限制或石油中有毒有害的烃类浓度相应提高,对微生物产生毒害作用,影响石油烃的降解(贾群超,2011)。谢鲲鹏(2005)通过实验发现,在原油浓度为 250 mg/L 之内时,微生物对原油降解随着原油浓度的升高而降低。有研究表明,少量的石油烃类污染会刺激微生物的生长(王辉等,2005)。因此,将石油浓度控制在一定范围内,有利于微生物对石油的降解。

2. 微生物自身因素

不同微生物种类对石油烃的降解性能有明显的差异,同一菌株对不同烃类的利用能力也有很大的差别。研究混合菌时也发现,萘比十六烷更容易被降解(Horowitz and Atlas, 1977)。Horowitz 等发现石油中各组分被同时降解的现象(甘居利,1998)。添加营养物质提高了烷烃降解菌的活性,但会抑制芳烃降解菌的活性和生长,使得芳烃的降解率极大降低(Horowitz and Atlas, 1977)。由此可见,对石油组分的降解还取决于微生物的种类。

很难找到一种菌株可以降解石油污染物中所有的混合物质,一般一种降解菌只能利用一种或者几种石油组分(Alxander,1994;Braggs et al., 1994),因而设计降解机理互补、协同作用好的混合菌剂对石油污染物的降解非常重要(黄艺等,2009)。

3. 环境因素

影响石油烃降解的环境因素主要有温度、营养盐、氧气等。

1）温度

温度能直接影响细菌的生长、繁殖和代谢。降解石油烃类化合物的微生物对温度适应范围很广，在 0～70℃范围内都有分布。温度能影响烃类的降解速率。其对石油烃类降解菌降解石油的影响包括两个方面：一方面是温度影响微生物细胞内的酶活性，影响细菌的生长、繁殖，有些细菌每低于最适宜生长温度 10℃，其世代时间延长 2～3 倍；另一方面是温度影响石油烃类在水相中的理化性质（阮志勇，2006），一般低温下有毒挥发物的滞留和高温下有毒化合物溶解度的增加，都会妨碍微生物的降解作用，因而只有适当的温度才有利于菌类对油类的降解。

2）营养盐

石油烃类中含有大量的碳底物，而土壤环境中的氮和磷含量较低，会严重限制微生物对石油污染物的降解速度。有研究发现，氮、磷营养物质的缺乏将直接限制石油烃的微生物降解，但添加过量也会产生抑制作用（何良菊等，1999）。只有调整好微生物生长所需的营养元素的比例，才能促进微生物对石油烃的降解。研究表明，C、N、P 的物质的量比为 100∶10∶1 时，最适合烃类的生物降解（李文利等，1999）。

3）氧气

氧气是影响微生物代谢石油烃非常重要的因素。尽管一些学者实验证明在厌氧条件下微生物也能降解烃类，但在大多数情况下，厌氧时烃类的生物降解作用要比好氧条件下慢得多。一般降解石油烃类的微生物都是好氧菌。石油中各组分完全生物氧化，需消耗大量的氧。据测算 1 g 石油被微生物矿化需 3～4 g 氧，即需消耗 2.1 L 以上的氧气。所以，在石油污染严重的海域，氧气可能成为石油降解的限制因子（宋志文等，2004）。

通常有两种方法保证氧气的供应：一种是采用定期搅动的方法，采取自然通风的方式满足微生物对氧气的需求；另一种是采用鼓风机强制通风的方法为微生物提供氧气。

4）盐度

盐度主要是通过影响微生物的数量进而影响石油烃的降解率。微生物群落不同，对周围环境的盐度要求也不同，微生物在适宜的盐度范围内可以达到对石油烃的最佳降解率，但是如果超过其适应极限，可能使其丧失降解活性。一般来说，随着盐度的增加，石油烃化合物的降解率下降，但是土壤中石油降解菌的数量不会急剧下降，这可能是由于盐度只是影响了微生物的代谢活性，使其代谢活性下降，导致降解石油的能力下降，但没有致死微生物（Walker et al., 1975）。

5) pH

pH 通过影响微生物细胞的生命活性来影响降解菌对石油的降解率，pH 对微生物的影响主要表现在以下几个方面：一是 pH 使细胞膜电荷发生变化，从而改变微生物细胞吸收营养物质的能力；二是改变蛋白质、核酸等生物大分子所带的电荷，进而使生物活性受到影响；三是使环境中营养物质的可给性和有害物质的毒性方式变化，影响生物的新陈代谢过程（张璐，2008）。微生物的代谢活动需要适合的 pH，通常在 pH 为 4~9 范围内微生物生长最佳，细菌和放线菌更适宜中性至微碱性环境，酵母菌和霉菌更喜欢酸性条件。

2.3.4 石油降解微生物的筛选利用

大量研究表明，当菌群处于石油污染环境中时，利用烃类化合物的微生物数量将急剧增长，石油烃能够刺激或诱发烃类微生物的生长和繁殖（丁明宇等，2001）。据 Atlas 报道，正常环境中石油降解菌只有微生物群落数量的 1%，但受到石油污染后环境中的降解菌比例可提高到 10%（李丽等，2001）。Pinholt 等（1979）研究发现，土壤中的石油降解菌在被污染 8 个月后数量增加了 10 倍，几乎达到菌总数的 50%。在遭受有机物污染后，环境中存在的各种各样微生物就会自然地存在一个被驯化选择的过程，一些特异的微生物在污染物的诱导下产生分解污染物的酶系，进而将污染物降解（廖有贵，2007）。Kiesele（1997）和 Sidorov 等（1997）就分别利用土著微生物强化处理了被焦油和原油污染的地下水和土壤，效果显著。然而土著微生物对石油的自然修复过程通常比较慢，为了提高降解速率并缩短适应期，常常从受污染的环境中分离并培养出降解速率较高的优势菌株，然后投入到环境中使其成为优势菌群，用于污染去除。

因此，为获得高效石油降解菌，本实验室通过以下筛选驯化方式获得高效石油组分降解菌，为采取进一步的石油污染生物强化修复技术及固定化技术的实施奠定基础。

(1) 从石油污染土壤中筛选鉴定高效的石油组分降解菌，如稠油降解菌 GS02 和 GS07（贾群超，2011）；

(2) 对石油组分降解菌，如 GS03、GP3、GY2B 等菌株（陈晓鹏等，2008；陶雪琴等，2006；吴仁人等，2009），进行驯化以提升其石油耐受性和降解率，从而获得高效的石油降解菌株。

2.3.5 石油污染的生物强化修复技术

自然的生物降解过程速率较慢，一旦出现大规模的石油污染，营养和氧气就会供应不足，抑制石油降解菌的生长，进而影响生物修复的效率。若采用生物强化技术，可通过增加具有降解作用生物的生物量，提高生物降解活性，从而加速降解反应,达到缩短处理时间、降低处理成本的目的。这些强化措施包括:投加表面活性剂促进微生物对石油烃的利用,提供微生物生长繁殖所需的条件(提供 O_2 或其他电子受体、施加营养),添加能高效降解石油污染物的微生物等。

1. 投加表面活性剂

微生物一般只能生长在水溶性环境中,但是很多石油烃在水中溶解度很低,且以油珠或油滴分离相形式存在,限制了微生物对石油烃的摄取和利用。通过添加表面活性剂,石油会形成微小颗粒,能增加与 O_2 及微生物的接触机会,从而促进生物降解。Churchill 等(1995)的研究结果表明,亲油性肥料 Inipol EAP22 能促进菲在水溶液中的分散,显著提高菲的生物降解速率。魏德洲等(1998)采用生物泥浆法治理石油污染土壤,发现阴离子型表面活性剂油酸钠能明显促进微生物对石油污染物的降解。

但某些化学合成表面活性剂的浓度超过临界胶束浓度(CMC)时,就会对微生物表现出毒性作用,因此现在越来越倾向于使用更安全有效的生物表面活性剂(Grimberg et al., 1996; Yuan et al., 2000)。生物表面活性剂是微生物在一定培养条件下分泌产生的具有一定表面活性的代谢产物。它可以增强非极性底物的乳化作用和溶解作用,还能形成大小适宜的油滴以帮助底物和养分向微生物细胞的输送,促进微生物生长,从而提高石油的降解速率(阿特拉斯,1991)。Harvey 等使用铜绿假单胞菌 SB30 产生的糖脂类表面活性剂,在 30℃以上时,使微生物对石油的降解能力提高了 2~3 倍(沈德中,2002)。

因此,生物表面活性剂对于促进疏水性烃类的降解是十分重要的。从国际石油污染处理的发展趋势看,以特定的方式加入或利用微生物自身产生的生物表面活性剂来增强烃类的降解极具发展潜力。与化学表面活性剂相比,生物表面活性剂具有高效、无毒、抗菌、经济及无二次污染等优点,将越来越受到重视并在实际应用中发挥重要作用。

2. 添加营养盐

利用微生物修复石油污染时,石油烃为微生物提供了大量碳底物,但环境中的 N、P 储量普遍偏低。当 C、N、P 的物质的量比达不到微生物代谢所需要的比例时,微生物代谢石油的速度就会受到限制。因此常常通过添加 N、P 等营养盐进行生物刺激,强化污染物的生物降解。何良菊等(1999)研究发现,N、P 营养物质的缺乏直接限制了石油烃的微生物降解,但添加过量也会产生抑制作用,因而需要寻找一个合适的添加量及添加比例。一般认为 N 和 P 的物质的量比以 5:1~10:1 比较合适,但需结合实际处理的污染环境来确定。使用营养盐的效果随地点不同而不同,在正式处理前必须先在实验室确定营养盐的形式、合适的浓度和比例。Oudot 等(1998)在法国 Brest 海湾添加缓释肥料对原油污染地进行生物修复实验，发现污泥中氮含量高于 100 μmol/L 时，生物修复所需的营养充足，无须添加外源营养物。在天然水体中，有限添加的氮源和磷源会被水体高倍稀释而难以支持微生物的生长。因此未来的研究应着重于开发亲油性的氮源和磷源，使其附着于石油烃类而维持菌体的持续生长。

3. 提供电子受体

微生物的活性除了受营养盐的限制，也受到污染物氧化分解的最终电子受体(O_2、H_2O_2 和其他一些离子等)的种类与浓度的显著影响(张甲耀等，1996)。好氧微生物一般以氧作为电子受体，有机物分解的中间产物和无机酸根也可作最终电子受体。通过一些物理、化学措施增加溶解氧，可以改善环境中微生物的活性和活动状况。生物修复时加入适量的 H_2O_2，一方面可以直接氧化一部分烃类污染物，另一方面可使溶解氧增多，并维持 pH 稳定，强化微生物对石油烃的氧化降解作用。但 H_2O_2 浓度过大会对微生物产生毒害作用。魏德洲等(1997)研究认为，当 H_2O_2 的浓度为 600 mg/L 时，土样中石油污染物的去除率比对照提高了近 3 倍。生物通风是通过真空或加压向被污染土壤或底泥中曝气，使氧气浓度增加从而促进好氧微生物的活性，提高降解效果(魏德洲等，1997)。

自 1991 年 Aeckersberg 等报道了硫酸盐还原菌能够厌氧矿化鲸蜡烷后，石油烃厌氧代谢逐渐受到人们的重视(何丽媛，2010)。石油烃的厌氧代谢需要提供 NO_3^-，SO_4^{2-}，Fe^{3+} 等电子受体，其应用有助于促进缺氧区和海洋沉积物中石油烃的降解。但厌氧生物降解作用要比好氧降解慢很多。

4. 投加高效降解菌群

用于生物修复的微生物有三类：土著微生物、外来微生物和基因工程菌。土著微生物有降解污染物的巨大潜力，在生物修复中直接利用土著微生物菌群处理石油污染物已有许多成功的事例。例如，Sidorov 等(1997)在被原油污染的土壤中接种土著微生物，两年后对含油为 60 m^3/km^2 的样地去除率达 78%，修复效果显著。Grosser 等(1991)从受多环芳烃污染的土壤中分离得到降解菌，培养 2 天后再接种到土壤中，使芘的降解速率提高了 55%。在实际应用时，应注意在污染环境中接种各类微生物，以刺激土著微生物中降解菌的生长。

但在天然受污染环境中，土著微生物菌群的驯化时间长、生长速度慢、代谢活性不高，并可能受到污染物毒害而导致微生物数量下降。因此，筛选一些降解污染物的高效菌种是生物修复的必然要求。目前用于生物修复的高效降解菌大多是多种微生物混合而成的复合菌群。复合菌群利用菌群之间的协同作用，对污染物具有很高的降解转化能力，而这种协同作用是广泛存在的(Coulon et al., 2005;

Trindade et al., 2005)。石油是一种复杂混合物,单个石油降解菌株只能代谢一定范围内不同种类的烃,而将具有各种酶活力的菌株进行混合培养对石油的降解效果明显高于单株菌培养。因为在步骤繁多的生物降解过程中包含许多酶和微生物,其中一种酶或微生物可能是另一种酶或微生物的底物(Atlas,1981),有利于促进生物降解过程。Rahman等(2002)从Bombay High原油污染的土壤中分离出5种优势降解菌组成菌群,经20天处理降解率达到了78%,而单个菌种最高只能达到66%。Lal等(1996)研究发现,将 *Acinetobacter calcoaceticus* S30和 *A. odorans* P20混合培养后,对石油降解速率比单独培养时得到了显著提高。赵荫薇等(1998)从石油污染地分离出10株除油菌后组合得到混合菌群MZ9402,除油率可达71.4%,而单菌株的除油率只有20%~50%。管亚军等(2001)利用气相色谱分析了处理油田污水的混合菌群中各组成菌在降解原油中的作用和效果,证实了关键菌株和辅助菌株的协同作用能使混合菌群高效降解原油。然而目前对混合菌群的构建大多只是把分离得到的单菌种简单地组合在一起,这样很难达到预期的目标,甚至会出现负面的效果。不同的菌株之间可能会产生竞争或拮抗作用,从而对混合菌降解石油产生负面影响。因此如何利用不同菌种间的相互作用,优化组合出合理、高效的降解菌群还有待进一步研究。

外源微生物投加到污染环境后,既要与土著微生物竞争,又要适应新的生长环境,还要经受环境污染物的毒性影响。这些压力使外源微生物的存活率很低、活性减弱,限制了它的实际应用。随着现代生物技术的发展,已能将降解污染物的基因转到同一种微生物细胞中形成具有广谱降解能力的超级细菌,从而避免产生此类问题。Char Krabarty研究发现,降解芳香烃、萜烃、多环芳烃的细菌的降解基因位于质粒上,利用基因工程手段将多种质粒嫁接到一种菌体内,使这种超级菌能降解四种石油组分,快速把原油中约2/3的烃类降解掉(何良菊等,1999)。但是学者对是否应该投入高效微生物及高效微生物是否在生物修复中起作用的意见分歧较大。欧美国家对基因工程菌的利用也有严格的立法控制,因此至今未见其在石油污染生物修复中实际应用的报道。

2.3.6 石油污染的固定化生物修复技术

传统的生物修复技术在实地修复石油污染时存在一定缺陷,如单位体积内优势菌浓度低、反应启动慢、菌体易流失、与土著菌竞争处于弱势、环境耐性差等(Westmeier et al., 1987;Bokhamy et al., 1994;邢新会等,2004)。近年来,人们开始采用生物固定化技术来解决这些缺点和不足。生物固定化技术是现代生物工程领域中的一项新兴技术。该方法通过一定的技术手段(如利用载体材料、包埋物质或合理控制水力条件等)使微生物固着生长,使微生物高度密集并保持其生物活性功能,有利于去除油类、氮、有机物或难以生物降解的物质,具有很强的处理能力(王建龙, 2002)。生物固定化技术是一种高效低耗、运转管理容易和十分有前途的污染治理技术,具有微生物密度高、反应迅速、微生物流失少、产物易分离、反应过程易控制的优点,在适宜的条件下还可以增殖以满足应用(高宝玉等,1999)。因此,生物固定化技术在修复石油污染时具有特殊的技术优势和广阔的应用前景。

1. 固定化方法

固定化方法按照固定载体与作用方式的不同可分为:吸附法、包埋法、交联法和共价结合法(曹亚莉等,2003;崔明超等,2003)。在实际应用中常常将这些方法结合起来使用,并在温和的条件下进行生物固定,以避免降低酶活性,从而保持微生物的活性。

吸附法又称载体结合法,是微生物细胞通过自然附着力(物理吸附、离子结合等)的方式,固定在不溶性载体上形成生物膜。该方法操作简单,对细胞活性的影响小,载体可重复利用,但微生物与载体间的吸附强度不够牢固(王新等,2005)。吸附法固定的微生物数量容易受所用载体的种类及表面积的限制,因此载体的选择是关键。一般要求固定化载体的内部孔多、比表面积大、传质性能良好、性质稳定、强度高、价格低廉等。物理吸附法实际上是将微生物细胞附着于固体载体上,细胞与载体不起任何作用,所用载体有硅胶、活性炭、多孔砖、瓷环、木屑、蔗渣、石英砂、纤维素、硅藻土片等。这些载体耐用耐压,适于工业应用,但在发酵过程中菌体易流失。离子吸附法是利用微生物在解离状态下的离子键合作用,将微生物固定于带有相反电荷的离子交换剂上。离子吸附法比物理吸附法牢固,但在使用中细胞会脱落,要经常补充新细胞,所以不适合连续培养用。常见的离子吸附载体是离子交换树脂,包括DEAE-纤维素、CM-纤维素等(高廷耀等,1999)。

包埋法是利用高分子聚合物的加裹作用将游离细胞截留在线形网状结构内,防止细胞渗出到周围培养基中,但底物仍能渗入与细胞发生反应(齐水冰等,2002)。包埋法的操作简单,固定化颗粒强度高,在废水处理中得到广泛应用。包埋固定化载体通常选择化学性能稳定且适合细胞生活的高分子材料,如琼脂、海藻酸钠、聚乙烯醇(PVA)、聚丙烯酰胺、聚乙烯乙二醇(PEG)、卡拉胶等(Li et al., 2005)。但包埋材料会一定程度地阻碍底物和氧的扩散,不适用于大分子底物。

交联法是使用2个以上多功能团的非水溶性交联剂与酶分子进行分子间交联的固定化方法。交联法固定微生物后,生物间结合强度高,稳定性好,能经受温度和pH等的剧烈变化。但固定化时反应条件剧烈,容易使酶的活性中心构造受到影响,导致酶活性降低(齐水冰等,2002)。交联法通常采用的载体为戊二醛、双重氮联苯胺等,但是这些交联剂大都较昂贵,导致交联法的应用受到一定限制。

共价结合法是利用微生物细胞表面功能团与载体表面基团之间形成化学共价键相连来固定微生物。因此该方法使微生物结合紧密、稳定性好，但是操作复杂、基团结合时反应激烈，过程难控制。

从表 2-4 可以看出，不同的固定化方法各有优缺点。在实际应用时采用何种固定化方法，应依据不同的污染情况及微生物种类而定。但是工业规模的微生物固定化要求具备载体价廉、固定化费用低的优点，这一点对于一次性固定化微生物尤为重要。

表 2-4　固定化方法的比较(王建龙，2002)

性能	吸附法	包埋法	交联法	共价结合法
制备难易	易	适中	适中	难
结合力	弱	适中	强	强
活性保留	高	适中	低	低
固定化成本	低	低	适中	高
适用性	适中	大	小	小
稳定性	低	高	高	高
载体再生	能	不能	不能	不能

2. 固定化载体的选择

不同的固定化方法对固定化载体有不同的要求。但理想的载体应具备以下条件：对生物细胞无毒，固定化后微生物活性损失少；传质性能好、结合强度和机械强度高、不易被生物降解；最好能再生并重复利用、制备工艺简单、价格低廉(王新等，2005)。

各种固定化方法都有一定的优缺点，因此在实际应用时常将各种固定化方法联合应用，即将各种固定化载体进行复合。如吸附在载体上的微生物结合不够牢固，或者包埋后的微生物不易漏出，就需要对微生物进行交联化处理，以改善这些缺陷。

3. 固定化技术在石油污染修复中的应用

目前应用生物法降解石油及固定化微生物技术处理有机污染物的实例很多。Wiesel 等利用固定化混合菌种降解多环芳烃，结果表明，固定化细胞具有较强降解能力，在培养 1 天、2 天和 15 天后均能彻底降解酚、萘、菲(沈耀良等，2002)。刘和等(2003)采用经苯酚驯化后的活性污泥制成的固定化微生物小球处理了含酚废水，6 h 后对苯酚及 COD 去除率就分别达到 89.1%和 84.6%，效果显著。

但是有关微生物固定化技术用于修复石油污染的报道却不多见。郭静仪等

(2005)利用木屑作为载体的固定化微生物 QK-1 对含油废水进行处理,原油去除率达到 75.5%~94.3%,大大高于单纯投加菌液或菌液和木屑的混合物。邵娟等(2006)用秸秆作载体固定嗜碱芽孢杆菌降解原油,效果要高于未固定化的游离菌,其原油去除率达到 73.9%。Quek 等用聚氨酯泡沫固定 *Rhodococcus* sp. F92 降解油类污染物并将其应用于公海环境污染,效果显著(Quek et al., 2006)。张辉等(2008)采用二次交联化学方法对 2 株细菌混合固定,在 120 h 后固定化混合菌对自然地表水中油的降解率达 94.5%。张秀霞等(2008)从石油污染土样中筛选和纯化了 2 株降解石油污染物的高效微生物菌株,然后将菌株用生物大分子仿生合成的纳米多孔 SiO_2 为载体进行表面吸附固定,结果发现 50 h 后该固定化微生物对石油的降解率高达 96.2%。

第二部分 基于吸附原理的石油污染去除

在我国，每年农业生产中均会产生大量的农业固体废弃物，秸秆材料正是其中的一大部分，将这些废弃的秸秆材料应用于环境中的石油污染修复工作，一来可以解决废弃的秸秆材料不断增多的处境，并使其资源化；二来可改善石油污染的环境，具有一定的应用意义。当然，由于秸秆材料本身的特性，需要对其进行适当改性，方可用于石油去除。所以本书第二部分(即第3、4章)通过对天然秸秆吸附材料进行改性，分析影响改性的因素及条件，研究改性秸秆吸附材料的表征和性能，以用于制备具有优良效果的改性秸秆吸附材料，以期为石油污染修复技术提供参考借鉴。

第3章 秸秆吸附材料的化学改性

鉴于华南地区作为玉米和水稻的主要产区,有着大量废弃的玉米秸秆、稻草和芦苇秸秆,为增加资源利用率,变废为宝,本章的研究将就地取材,以玉米秸秆和芦苇等农业废弃物为基材,使用不同的改性方法,对农业秸秆材料进行改性处理,制备复合型吸油剂。借助扫描电子显微镜(SEM)、傅里叶变换红外光谱(FT-IR)和 X 射线衍射(XRD)等测试手段对改性前后材料进行结构表征,同时研究不同影响因素条件下改性材料的吸油性能。

3.1 天然秸秆吸附材料

本研究选用的玉米秸秆和芦苇(主要收集于广州大学城穗石村农田)用自来水和去离子水清洗干净,晾干之后粉碎,过筛获得 5~20 目、20~40 目、40~60 目和 60~80 目四种不同粒径的玉米秸秆粉末和芦苇粉末,取相应目数的材料放入 60℃烘箱内烘干至恒重,并保存于干燥器内。

3.1.1 天然秸秆吸附材料的表征

玉米秸秆和芦苇材料,利用 FT-IR、SEM 和 XRD 进行表征分析。

玉米秸秆和芦苇的红外光谱表征见图 3-1。文献和有关资料分析显示(Schultz et al., 1986;Pandey et al., 2003;陈学榕等, 2006;Stark et al., 2007;陈广银等, 2010):玉米秸秆中包含大量的—OH,在 3325 cm^{-1} 处的—OH 的强吸收及 1028 cm^{-1} 处伯醇、仲醇的 C—O 键的强吸收,体现了植物纤维材料的这一共性;2920 cm^{-1} 属于纤维素中—CH$_2$—和—CH 官能团的伸缩振动吸收峰,2852 cm^{-1} 为芳香族化合物的—CH$_3$ 的 C—H 振动,1640 cm^{-1} 是苯环上的—C=C—和分子间或分子内形成氢键的羧酸中 C=O 的伸缩振动吸收峰,1371 cm^{-1} 和 1153 cm^{-1} 吸收峰分别是 C—H 键弯曲振动和 C—O 键非对称伸缩(Zheng et al., 2010),1245 cm^{-1} 是木质素和木聚糖中紫丁香基芳香环和 C—O 的伸缩振动峰,900 cm^{-1} 吸收峰是葡萄糖吡喃环振动峰。对比发现,玉米秸秆和芦苇的红外光谱吸收峰形态变化不大,但在吸收峰 2920 cm^{-1}、1738 cm^{-1} 和 1640 cm^{-1} 处明显强于芦苇。

由图 3-2 的玉米秸秆和芦苇 SEM 图可见,二者表面都比较粗糙,存在部分裂缝,且玉米秸秆表面存在部分孔隙。

由玉米秸秆和芦苇的 XRD 图(图 3-3)可看出,玉米秸秆和芦苇的衍射峰出现

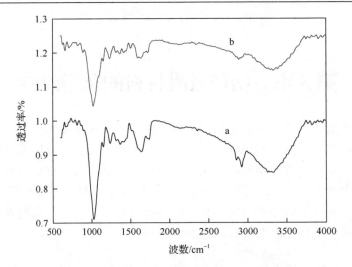

图 3-1　玉米秸秆(a)和芦苇(b)的红外光谱图

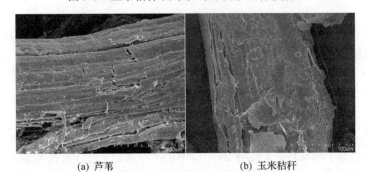

(a) 芦苇　　　　　　　　(b) 玉米秸秆

图 3-2　芦苇和玉米秸秆的 SEM 照片

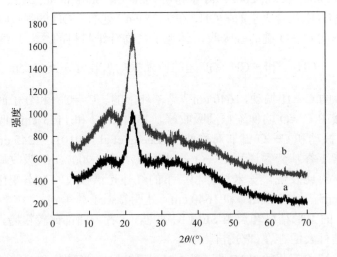

图 3-3　玉米秸秆(a)和芦苇(b)的 XRD 图

位置基本一致，二者均在衍射角 2θ 等于 18°及 22°附近出现衍射峰，且在 22°处出现一个极大峰值。上述两个衍射峰表现出明显的纤维素型结构。与玉米秸秆相比，芦苇的衍射峰更强，峰形更尖，这一现象表明芦苇比玉米秸秆有更高的结晶度。

3.1.2 天然秸秆吸附材料的吸油性能

在材料的吸油性能研究中，使用来自于中国石油化工集团公司(广州)的原油样品(已去除轻质碳氢化合物)，并采用重量法测定吸油量。

经过测定，四种不同目数的玉米秸秆(raw corn stalk，RCS)和芦苇(reed)的吸油结果如图 3-4 所示：不同粒径的玉米秸秆吸油量均优于同等粒径芦苇，这可能与玉米秸秆中存在大量玉米髓芯有关；同时，随着玉米秸秆粒径的减小，吸油量总体呈现增加的趋势，这是由于粒径减小，比表面积增大，从而导致吸油量增加。其中，20～40 目玉米秸秆的吸油量(4.33 g/g)比 5～20 目玉米秸秆(3.50 g/g)的提高了 24%，而 20～40、40～60 和 60～80 目的玉米秸秆吸油量分别为 4.33 g/g、4.37 g/g 和 4.40 g/g，差异不大。20～40 目芦苇吸油量(3.70 g/g)相对于 5～20 目芦苇吸油量(2.52 g/g)提高幅度较大。但 40～60 目和 60～80 目芦苇的吸油量分别为 3.63 g/g、3.47 g/g，呈现出减小的趋势。这可能是由于 40～60 目和 60～80 目芦苇粒径过小，芦苇的原有构造产生破坏，降低了其吸油能力。

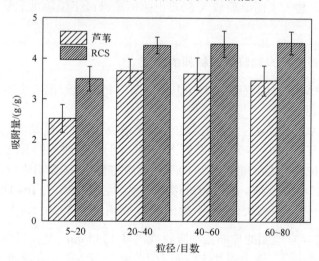

图 3-4 不同粒径玉米秸秆和芦苇吸油量

综合吸油性能及表征结果，可能由于玉米秸秆材料本身结晶度和表面形态的缘故，其更有利于玉米秸秆吸收油类，导致玉米秸秆不同粒径的吸油量均优于芦苇，考虑现实应用中，吸附量差异不大时，选择粒径较大的玉米秸秆做为最优选择，即 20～40 目玉米秸秆吸油效果最好。

3.2 脂肪酸改性玉米秸秆吸附材料

脂肪酸(fatty acid)是一类长链的羧酸化合物,由碳氢组成的烃类基团连接羧基构成,可以呈现饱和或不饱和状态。在利用脂肪酸来改性高分子生物质材料,制备石油吸附材料方面,已有一些研究成果,如 Ael-A 等(2009)、Sun 等(2002)、Banerjee 等(2006)分别利用硬脂酸、乙酸酐、油酸和正癸酸改性生物质材料甘蔗渣、稻草秸秆和木屑,提高了材料的疏水亲油性,取得了良好的吸油效果。

3.2.1 脂肪酸改性方法

分别利用硬脂酸、油酸、正癸酸三种脂肪酸,以粒径为 20~40 目的(RCS)为原材料(详见 3.1 节)进行改性制备吸油剂:硬脂酸改性玉米秸秆吸附材料(SACS)、油酸改性玉米秸秆吸附材料(OACS)、正癸酸改性玉米秸秆吸附材料(DACS)。

称取硬脂酸、油酸和正癸酸各 0.2 g,分别加入装有 100 mL 正己烷的三个平底烧瓶中,并各加入一滴浓硫酸作为催化剂。RCS 三份各 1 g 分别倒入三个平底烧瓶中后,在(65±2)℃水浴锅中回流 6 h。反应 6 h 后用尼龙网过滤,最后用正己烷冲洗材料,装入表面皿后放入 60℃电热恒温鼓风干燥箱烘干至恒重(Banerjee et al., 2006)。

3.2.2 脂肪酸改性玉米秸秆吸附材料的表征

相对于 20~40 目的芦苇,20~40 目的 RCS 的颜色较深,且 RCS 中存在大量的白色玉米髓芯。

RCS 和 SACS、OACS、DACS 的红外光谱表征(图 3-5)显示:RCS 经三种脂肪酸改性后的红外光谱图吸收峰形态比较相似,且脂肪酸改性 RCS 前后红外光谱图变化较大。RCS 经脂肪酸改性后的三种吸附材料与 RCS 相比较,1026 cm^{-1}、2920 cm^{-1} 处的吸收峰减弱,在 1380 cm^{-1} 处出现新的吸收峰,在 1640 cm^{-1}、3433 cm^{-1} 处的吸收峰加强,在 2852 cm^{-1} 处的吸收峰消失。2920 cm^{-1} 属于纤维素中 —CH_2— 和 —CH 官能团的伸缩振动吸收峰,峰 1380 cm^{-1} 处是纤维素和半纤维素 C—H 的变形振动峰,消失的 2852 cm^{-1} 吸收峰为芳香族化合物的—CH_3 的 C—H 振动,同时脂肪酸改性的三种吸附材料都在 3433 cm^{-1} 出现较强的吸收峰(陈广银等,2010)。由此可见,脂肪酸改性处理都能在不同程度上破坏玉米秸秆的分子结构,导致纤维素、木质素和半纤维素间的氢键断裂;其原因在于脂肪酸改性能有效去除秸秆中的半纤维素和木质素,同时经脂肪酸改性后,2356 cm^{-1} 处峰强减弱与 1380 cm^{-1} 处出现新的吸收峰,Cell—$OCOC_{17}H_{33}$ 取代了 Cell—OH(Banerjee et al., 2006)。总之,谱图中特征峰的出现表明酯化反应成功进行。

第 3 章 秸秆吸附材料的化学改性

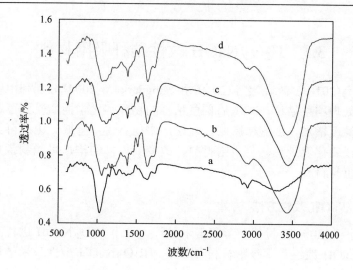

图 3-5 不同脂肪酸改性前后玉米秸秆吸附材料的红外光谱图
a 为 RCS；b 为 OACS；c 为 SACS；d 为 DACS

3.2.3 脂肪酸改性玉米秸秆吸附材料的吸油性能

采用 3.1 节所述方法测定脂肪酸改性秸秆材料的吸油性能，结果显示，对比改性前，吸附材料的吸油量提升幅度较大。其中，SACS、OACS、DACS 三种石油吸附材料的吸油量分别为 6.85 g/g、6.70 g/g、7.05 g/g（图 3-6），相对于未改性的 RCS 吸油量 4.33 g/g 分别提高了 58%、55%、63%，且 DACS 吸油量最大。

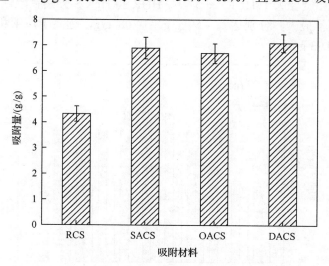

图 3-6 不同脂肪酸改性前后玉米秸秆吸附材料的吸油量

3.3 H_2O_2/NaOH 改性秸秆吸附材料

陈广银等(2010)、陈晓浪等(2010)和 Sangnark 等(2004)分别利用碱处理和碱性过氧化氢处理稻草秸秆,处理后稻草秸秆的物理和化学性质受到了影响,纤维素之间的孔隙度增加,细胞壁膨胀、疏松,木质素含量降低。由此可见,通过利用碱或碱性过氧化氢处理秸秆吸附材料,改变其内部结构,可能制备具有较好吸油能力的吸附材料。

3.3.1 H_2O_2/NaOH 改性方法

选择粒径为 20~40 目的芦苇和玉米秸秆,使用 H_2O_2/NaOH 进行改性处理,制备 H_2O_2/NaOH 改性芦苇吸附材料(HNR)、H_2O_2/NaOH 改性玉米秸秆吸附材料(HNCS)。

改性实验中,量取去离子水 485 mL 和 30% H_2O_2 15 mL,倒入 1000 mL 烧杯中配制成 1% H_2O_2 溶液。在 1% H_2O_2 溶液中加片状 NaOH,将溶液 pH 调至 11~12,称取 11 份 10 g 烘干的 RCS,加入溶液中,用恒温磁力搅拌器分别进行搅拌。搅拌后,用 6 mol/L HCl 调节溶液 pH 至 6~7,用尼龙网过滤。最后用去离子水洗涤,放入电热恒温鼓风干燥箱 60℃下烘干至恒重,即制得 H_2O_2/NaOH 改性玉米秸秆吸附材料。H_2O_2/NaOH 改性芦苇吸附材料方法同上所述。

HNR 和 HCNS 吸油量随着改性时间的增加呈现先提高,随后减小的趋势,且 HNCS 的减小幅度要大于 HNR(图 3-7)。HNR 和 HNCS 分别在改性 12 h 和 14 h 后的饱和吸油量最大,分别达到 7.59 g/g、14.08 g/g,远高于芦苇和 RCS 的吸油量 3.70 g/g、4.33 g/g。

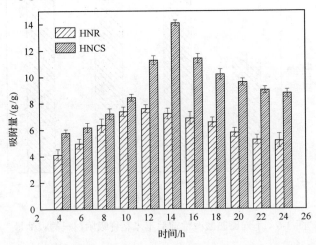

图 3-7 改性时间对 H_2O_2/NaOH 改性秸秆吸附材料吸油量的影响

3.3.2 H_2O_2/NaOH 改性秸秆吸附材料的表征

改性后获得最佳吸油量的材料,即 HNR(12 h)和 HNCS(14 h),与原材料进行表征对比,可探究改性材料吸油量提高的原因。

图 3-8 和图 3-9 分别为芦苇和 HNR(12 h),RCS 和 HNCS(14 h)的样品照片,由图可见,经 H_2O_2/NaOH 混合液改性后的 HNR 与 HNCS 较芦苇、RCS 体积膨胀明显,颜色变白。其中,材料颜色变白主要是由于混合液中含有 H_2O_2,其具有一定的漂白性。而对比 RCS 与 HNCS 可发现,HNCS 中玉米髓芯体积膨胀更为明显,显然,体积的膨胀可提高 HNR 和 HNCS 吸油量。

图 3-8 芦苇(a)和 HNR(b)的样品照片

图 3-9 RCS(a)和 HNCS(b)的样品照片

由 HNR 和 HNCS 的红外光谱图,及其各自的原材料(芦苇和 RCS)的对照红外光谱图(图 3-10 和图 3-11)可以看出,经 H_2O_2/NaOH 混合液改性后的 HNR 与 HNCS 的红外光谱较芦苇和 HNCS 变化不大;由于二者都是由纤维素、半纤维素、木质素组成,故改性对二者的官能团影响较为类似,所以在此以 RCS 和 HNCS 的红外光谱图(图 3-11)为例说明。与 RCS 相比,HNCS 结构发生了变化,峰 3329 cm^{-1}、2922 cm^{-1}、2357 cm^{-1}、1738 cm^{-1}、1640 cm^{-1}、1242 cm^{-1} 强度减小,其中木质素和半纤维素中羧基峰(1738 cm^{-1})消失,羧基是亲水性基团。峰 1028 cm^{-1} 和 900 cm^{-1} 强度增加。由此说明,HNCS 的纤维素结构明显,且表面亲水性基团减少。

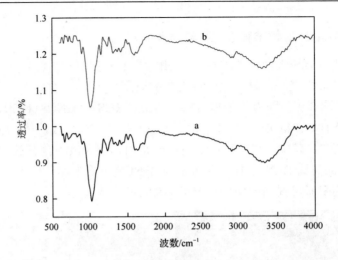

图 3-10 H$_2$O$_2$/NaOH 改性前后芦苇吸附材料的红外光谱图
a 为芦苇；b 为 HNR

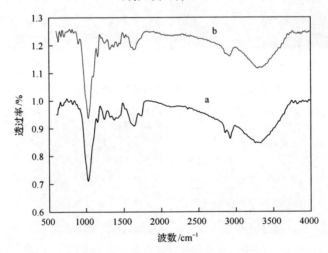

图 3-11 H$_2$O$_2$/NaOH 改性前后玉米秸秆吸附材料的红外光谱图
a 为 RCS；b 为 HNCS

芦苇和 HNR，RCS 和 HNCS 的扫描电镜照片分别如图 3-12 和图 3-13 所示。由芦苇和 HNR 表面形貌比较可见，芦苇表面是由条状纹理构成，存在部分裂缝，HNR 表面条状纹理变得更为整齐，并出现了一排小孔隙，为表面吸附提供了空间。由图 3-13 可见，RCS 表面略显粗糙；孔隙较小，改性后的 HNCS 表面变得更加粗糙，同时出现更多小孔隙。

固体材料是否为晶体，其晶型结构、非晶型结构或者无定形态结构可以通过 XRD 图中出现的波峰和波谷进行分析(Husseien et al., 2009)。RCS 和 HNCS、芦苇和 HNR 的 XRD 变化图(图 3-14 和图 3-15)显示，RCS 和芦苇原材料经过

第 3 章　秸秆吸附材料的化学改性

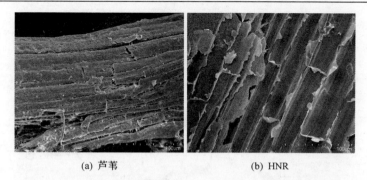

(a) 芦苇　　　　　　　　　(b) HNR

图 3-12　H_2O_2/NaOH 改性前后芦苇吸附材料的扫描电镜照片

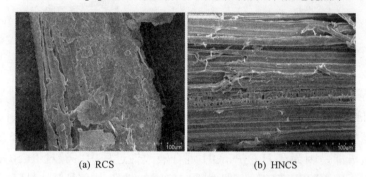

(a) RCS　　　　　　　　　(b) HNCS

图 3-13　H_2O_2/NaOH 改性前后玉米秸秆吸附材料的扫描电镜照片

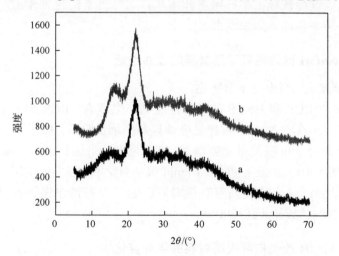

图 3-14　H_2O_2/NaOH 改性前后玉米秸秆吸附材料的 XRD 图

a 为 RCS；b 为 HNCS

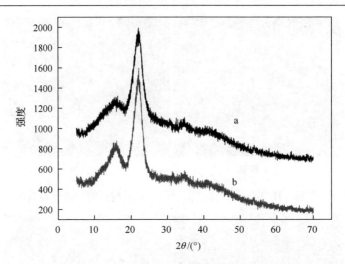

图 3-15 H$_2$O$_2$/NaOH 改性前后芦苇吸附材料的 XRD 图
a 为芦苇；b 为 HNR

1% H$_2$O$_2$/NaOH 混合液改性后，衍射图的基本形态没有改变，说明改性前后 RCS 和芦苇的晶型结构没有发生变化。在衍射角 2θ 为 18°及 22°处衍射峰强度发生较大变化，这可能是因为在 H$_2$O$_2$/NaOH 混合液改性过程中，碱对 RCS 和芦苇纤维素结晶区和无定形区均有破坏，但对无定形区的破坏强度高于结晶区(陈广银等, 2010)，且改性过程破坏了半纤维素和木质素对纤维素的包裹作用，导致 HNCS 和 HNR 的孔隙率和比表面积增大。

3.3.3 H$_2$O$_2$/NaOH 改性秸秆吸附材料的吸油性能

吸油性能测定方法如 3.1 节所述。

吸附时间对 RCS 和 HNCS 的吸附性能也产生影响。RCS 和 HNCS 的吸附趋势可分为三个阶段(图 3-16)。首先是吸油量急剧增加阶段：RCS 和 HNCS 分别在 0~10 min 和 0~5 min 吸油量急剧增加。接着是吸油量达到最大并减小阶段：RCS 和 HNCS 分别在 10~20 min 和 5~10 min 吸油量达到最大随后减小。最后为吸油量缓慢增加阶段：这个阶段随着吸附时间的延长，石油慢慢进入纤维素的内部 (Khan et al., 2004; Wei et al., 2005)。

3.3.4 H$_2$O$_2$/NaOH 改性秸秆吸附材料的组分变化

比较改性前后的材料组分，可说明材料吸油量提升的原因。RCS 和 HNCS (改性 14 h)的纤维素、半纤维素、木质素的含量(Van Soest 法测定)及比表面积如表 3-1 所示。

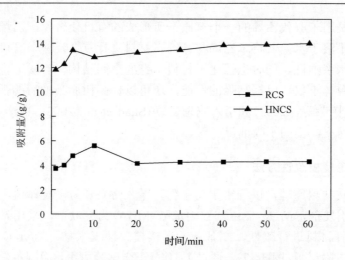

图 3-16　吸附时间对 H_2O_2/NaOH 改性秸秆吸附材料吸油量的影响

表 3-1　H_2O_2/NaOH 改性前后玉米秸秆吸附材料组分及比表面积

材料	纤维素/%	半纤维素/%	木质素/%	比表面积/(m^2/g)
RCS	35.6	26.2	16.9	3.89
HNCS	46.7	26.5	11.3	7.14

由此可见，RCS 经 H_2O_2/NaOH 改性制得 HNCS 的过程中，木质素的减少导致纤维素含量相对增加。

研究表明，有机天然植物材料吸油，其吸油作用主要通过纤维表面吸附，利用纤维间隙和管腔的毛细管作用对油进行吸附(Deschamps et al., 2003；江茂生等，2007；Nduka et al., 2008)，所以比表面积的大小和表面官能团亲油疏水性是影响材料吸油量的两个重要因素。改性后的 HNCS 体积膨胀，改性后 HNCS 的比表面积为 7.14 m^2/g，而 RCS 的比表面积只有 3.89 m^2/g。玉米秸秆在改性后体积膨胀，同时去除了部分木质素而导致孔隙/小孔增多，增大了比表面积，使得 HNCS 具有良好的吸油量(江茂生等，2007)。

3.4　苯乙烯接枝改性玉米秸秆吸附材料

纤维素材料在自然状态下很容易腐烂分解，即使本身能够作为一种吸附材料，但是若无法长期储存，也严重削弱其使用能力和范围。此外，纤维素材料在常规堆积过程中，容易聚集成团，堆积密度会发生变化，即刚性(硬度)不够。若能对纤维素材料进行简单的处理，一方面减缓其降解的速率，增强硬度，扩张其表面积；另一方面，进一步增加其吸油能力，将是较好的解决之道。

苯乙烯是用苯取代乙烯的一个氢原子所形成的有机化合物,乙烯基的电子与苯环共轭,不溶于水。若将苯乙烯与纤维素材料进行复合反应,既可以增加纤维素本身的疏水亲油性,同时也强化了材料本身的空间结构。有研究也表明,苯乙烯作为共聚单体不仅可以提高吸油性能,还可以提高树脂吸油后的强度。半互穿网络共聚(单国荣等, 2003)和引入物理交联(Shan et al., 2003;封严等, 2005)也加快了吸油速率,提高了吸油量。

3.4.1 苯乙烯接枝改性方法

利用接枝共聚原理,以纤维素为主体,苯乙烯(St)为接枝单体,过氧化苯甲酰(BPO)为引发剂,N,N'-亚甲基双丙烯酰(MBA)为交联剂,采用悬浮聚合法,可对玉米秸秆材料进行改性,制备苯乙烯接枝改性玉米秸秆(styrenegrafted corn stalks, SCS)吸附材料(图 3-17)。通过 $L_{16}(4^5)$ 正交试验可得,为制备最佳吸油量的 SCS,其反应条件应为:反应温度 60℃,反应时间 6 h,单体体积 12 mL,交联剂 0.02 g,引发剂 0.3 g。以此参数制备得到的 SCS 吸油量为 16.73 g/g。

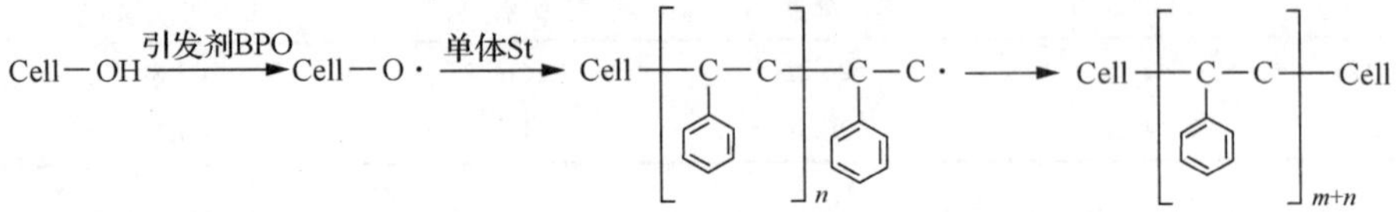

$$\text{Cell}-\text{OH} \xrightarrow{\text{引发剂BPO}} \text{Cell}-\text{O}\cdot \xrightarrow{\text{单体St}} \text{Cell}-[\text{C}-\text{C}-\text{C}-\text{C}\cdot]_n \longrightarrow \text{Cell}-[\text{C}-\text{C}]_{m+n}-\text{Cell}$$

图 3-17 苯乙烯改性纤维素反应机理

改性方法如下:将 3 g 粉末状玉米秸秆加入含有 300 mL 去离子水的 500 mL 四口烧瓶中。将烧瓶置于恒温水浴锅,加热至 60℃后通入氮气 10 min。加入 0.3 g 引发剂过氧化苯甲酰,12.0 mL 单体苯乙烯,0.02 g 交联剂 N,N'-亚甲基双丙烯酰反应 6 h。反应结束后,用乙醇(95%)和去离子水洗涤反应物并烘干至恒重。最后用甲苯进行索氏抽提 48 h,去除反应生成的均聚物,从而获得纯化的改性材料。回流抽提 48 h 后,用 60~80℃热水洗涤数次,最后使用乙醇洗涤,在 60℃真空烘箱中烘干备用。

3.4.2 苯乙烯改性玉米秸秆吸附材料的表征

利用 SEM、FT-IR 和 XRD,可对 SCS 进行表征分析和吸油机理的解释。

纤维素与苯乙烯接枝前后的微观形态结构如图 3-18 所示。从扫描电镜显示的结构来看,原材料 RCS[图 3-18(a)]的表面是由纵向整齐排列的纤维状组织构成,使其表面相对光滑、细腻。与此相对,改性后的材料 SCS[图 3-18(b)]被严重腐蚀,表面变得粗糙有褶皱。表面粗糙度能够增加材料的比表面积,而增加的表面粗糙度能够通过更高的物理吸附和捕获更多的油来增加吸油量(Ji et al., 2009)。同时,

SCS 的表面出现了层状中空的网孔,这些孔隙也有利于捕获和保持所吸附的油。因此,SEM 图直观地说明了玉米秸秆纤维素接枝共聚反应改变了其微观形貌,从理论上讲,改性后的材料拥有更高的吸油能力,印证了前面 SCS 相对于 RCS 吸油性能提高。

图 3-18 玉米秸秆的扫描电镜微观结构
(a) RCS;(b) SCS

傅里叶变换红外光谱仪测定的 RCS 和 SCS 红外光谱如图 3-19 所示。其中,波段 3420 cm^{-1}、2917 cm^{-1}、1377 cm^{-1}、1163 cm^{-1}、1055 cm^{-1} 和 899 cm^{-1} 是天然纤维素结构中官能团的特征值(Liu et al., 2006a)。由此可证实,玉米结构的主要成分是纤维素、半纤维素和木质素的结合体。

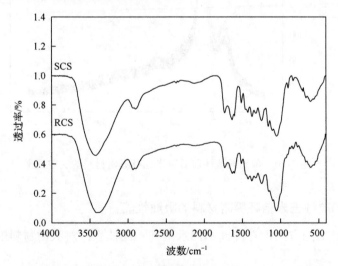

图 3-19 苯乙烯改性前后玉米秸秆吸附材料的红外光谱图

与 RCS 的红外谱图相比,SCS 在 1600 cm^{-1} 处有一个明显的特征吸收峰,这是由苯环的振动引起的。同时,702 cm^{-1} 是苯环外 C—H 键的扭曲振动所引起的。

这两个吸收峰说明苯环存在于纤维素表面，证明接枝共聚成功。此外，3420 cm^{-1}处的吸收峰是羟基的峰，有所减弱，但并未消失，说明经过改性后，纤维素含量有所下降，遭到一定程度的破坏。

RCS 和 SCS 的 XRD 图(图 3-20)显示，经过苯乙烯的改性，纤维素的结晶度只有轻微的减弱。对于纤维素材料来说，其 XRD 图有两个明显的特征吸收峰，如图中所展现的 2θ 为 18.7°和 22.1°两处的衍射峰，分别代表着纤维素的结晶区和无定形区。通过计算可知，材料的结晶结构变化非常微弱。其原因在于苯乙烯小分子物质不容易与大分子纤维素材料进行接枝共聚，使得反应多发生在纤维素表层。因此，XRD 图虽然证实经过接枝共聚，纤维素材料的结构有所变化，但是整体的单斜晶胞并未发生明显改变。对比 RCS 和 SCS 的两个吸收峰，SCS 峰值在无定形区降低，在微晶区降低，由此显示出接枝共聚反应是发生在纤维素的无定形区域，同时也包括了晶型区域。SCS 微弱的结晶度降低，得益于无定形共聚物的形成，从而增加了材料表面的粗糙度，有利于表面接枝的亲油官能团吸附更多的油。

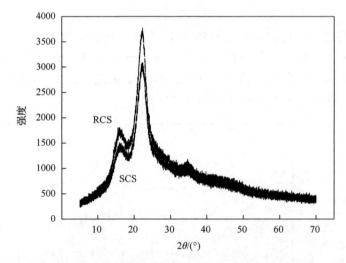

图 3-20　苯乙烯改性前后玉米秸秆吸附材料的 XRD 图

3.4.3　苯乙烯改性玉米秸秆吸附材料的吸油性能

使用 3.1 节的方法，在纯油和油水两种不同体系中对吸附材料的吸油性能进行测试。

1. 粒径对吸油性能的影响

因为吸附材料的吸油性能与材料可获得的表面积相关，材料颗粒度的大小又显著影响比表面积的大小，故粒径大小对吸附量有着重要的影响。对比不同粒径下的 SCS 和 RCS 吸油量(图 3-21)，可知随着吸附材料粒径的减小，吸油量逐渐增加，即小的颗粒度具有更高的吸油能力。由此可知，小粒径的吸附材料可以极大地增加材料的有效接触面积，从而增加吸附材料外表面的吸附点位，进而提高了材料的吸油性能。并且，SCS 的吸油能力优于原材料 RCS 的吸油能力，由此也间接说明接枝共聚法是一个有效地提高材料吸油性能的方法。

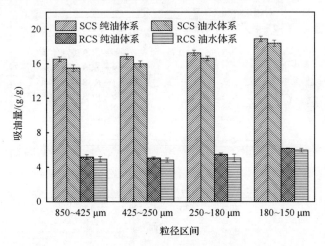

图 3-21　不同粒径分布对纯油体系和油水体系苯乙烯改性前后玉米秸秆吸附材料吸油量的影响

化学改性的方法使原材料 RCS 的表面由亲水性向亲油性发生转变，增加了亲油特性和原油与材料蜡状表面的分子间范德华力(Radetić et al., 2003)。材料蜡状表面所引起的亲油疏水特性，是反映材料吸油能力、决定吸附特性的重要因素(Bayat et al., 2005；Lim et al., 2007)。另外，3.4.2 节的材料表征显示改性后材料表面有微小孔隙出现，这些表面物理形态的变化，包括表面凹陷所形成的孔隙也会保持所吸附的油(Sun et al., 2004b；Abdullah et al., 2010)。在纯油和油水两种不同体系中，SCS 均展示出良好的油水选择性，即强烈地亲油和疏水，说明此材料可以作为一种高效去除溢油的吸附材料。

另外，虽然粒径为 180~150 μm 的 SCS 吸油量最佳，但综合考虑能耗、材料的利用率和保持研究对象一致性，本节选择粒径 850~425 μm 的 SCS 作为标准研究对象。

2. 吸附时间对吸油性能的影响

在纯油和油水体系中，随着时间的推移，RCS 和 SCS 所展现的动态吸油过程如图 3-22 所示。结果显示随着吸油时间的增加，无论是 RCS 还是 SCS，其吸油量增加,达到最大值后保持平衡。其中,RCS 吸油速率非常快,在 5 min 时达到吸附平衡,平衡时的吸附量在纯油和油水体系中分别为 5.12 g/g 和 4.51 g/g。与此相对,在纯油体系中,SCS 大约于 20 min 达到了最大吸附量 16.42 g/g;而在油水体系中,40 min 吸油量才达到最大,约是 15.85 g/g。另外在 20 min 时,SCS 在油水体系中的吸附量约是最大吸附量的 91%。

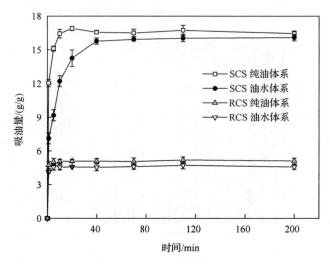

图 3-22 苯乙烯改性前后玉米秸秆吸附材料的吸附动力学曲线

不同介质中,吸附材料所达到的平衡吸附时间也不同。因为在油水体系中,吸附材料表面部分被水覆盖,阻断了吸附材料与油的接触。同时,表层的水也会进入材料内部的毛细管孔,占据吸附位,从而一方面致使油不能与吸附材料接触,另一方面降低了材料的吸油性能,最终导致吸附平衡时间延长。另外,吸油过程首先是表面吸附,其次是油穿透进入材料内部(Husseien et al., 2009)。

RCS 的吸油能力不高,还与材料本身和吸附机理有关。吸附的原理包括吸附、吸收、毛细管作用和粗糙纤维表面带来的联合作用(Radetic et al., 2008)。对于 RCS 来说,它主要是通过表面黏附的作用来吸附少量的油,自身在吸油的过程中也吸附部分水。而 SCS 的吸附曲线则显示其明显存在两个不同的吸附时间段。在此借鉴文献报道分为初始快速吸附阶段和后期慢速吸附过程(Ibrahim et al., 2010)。在纯油介质中,初始阶段吸附了大量的油,如 1 min 时材料的吸油量是 12.15 g/g,约是最大吸油量的 74%,而 5 min 时的吸油量为 15.11 g/g,已经达到最大吸附量 16.42 g/g 的 92%。初始快速吸油阶段多是由材料表面吸油引起的,在此之后,吸附速率明显减缓。这也显示出 SCS 具有良好的油水选择性,并且在短时间内便能吸附大量的油,此特点既可以防止海上溢油的扩散,又利于海洋表层油的快速收集。

3. 温度对吸油性能的影响

从不同温度下 RCS 和 SCS 的吸油量(图 3-23)可看出，温度在决定吸油特性方面起着重要作用。对纯油体系来说，当温度 5℃增加到 30℃，SCS 的吸油量逐渐减小。而且两个温度之间吸油量的差距也逐渐递减。在油水体系中，RCS 和 SCS 表现出相似的规律。总之，温度越低，材料的吸油能力越强；温度越高，材料的吸油能力越弱，而且在高温区域，温度对吸油量的影响逐渐减弱。

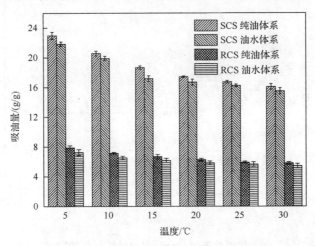

图 3-23　苯乙烯改性前后玉米秸秆吸附材料在不同温度下的吸油性能

材料的吸油量与所吸附的油的黏度有很大关系，黏度又是温度的函数，温度的变化，直接影响油黏度的大小。对于原油来说，其黏度随着温度的降低以负指数幂的形式不断增加，以至最终凝固，不再具有流动性为止。黏度和温度之间这种非线性的关系，导致了吸油量随着温度不均匀地变化。

根据文献报道，油的黏度造成两种截然相反的影响：其一，随着油的黏度增加，会有更多的油黏附在材料表面，增加吸附性能；其二，通过阻碍油分子进入纤维材料内部而降低吸附量(Radetic et al., 2008; Zhu et al., 2011)。对于 SCS 来说，前者的影响比后者更明显，综合的结果便是油黏度的增加，提高了材料的吸油性能(Lin et al., 2010; Zhu et al., 2011)。此外，在低温下，吸附材料和油之间的相互亲油作用及分子之间的范德华力也会得到扩展，也就是说，在低温高黏度的情况下，油更容易黏附在材料的表面。综上所述，接枝共聚改性后的材料 SCS 更适合在低温地区使用，这为不同吸附材料应用的温度范围提供了参考。

4. 保油性能

为了防止在收集、运输和处理过程中，吸附材料所吸附的油重新泄漏，评估吸附材料的保油特性便势在必行。此处以 SCS 为例，说明在纯油体系中吸附材料的保油性能及其变化曲线(图3-24)。结合其他文献报道(Wei et al., 2003; Radetic et al., 2008),可以将此曲线分成三个不同的区域。第一区域,即初始区域,时间跨度可以认为是最初的1 min。在此区域,吸附的油被快速地释放出来。第二区域发生在1~5 min。在此阶段,漏油的速率逐渐减小。5 min之后,可以认为是第三区域,即稳定区。在此阶段,材料不再漏油,维持在一个恒定的水平,随着时间的继续增加,保油量不再发生变化。

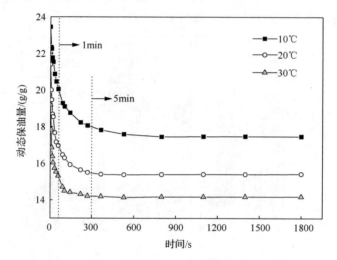

图3-24 苯乙烯改性玉米秸秆吸附材料的保油性能(纯油体系)

同时,不同温度下SCS的保油能力也有所不同。在初始阶段,SCS表面的油快速向下滴落,经过1 min之后,10℃、20℃和30℃保油量分别下降了8.4%、14.3%和17.5%。此时,温度通过改变油的黏度进而影响材料的吸油能力。

另外,相对于高浓度油来说,低黏度油倾向于表现出快速的油释放率(Choi et al., 1992; Wei et al., 2003; Bayat et al., 2005; Radetic et al., 2008),类似地,SCS在温度为10℃、20℃和30℃时达到保油平衡的时间分别为1.5 min、6.1 min和8.8 min。同时,温度降低造成油黏度增加,从而导致保油平衡时间延长。30 min之后,SCS依然保有大量的油,由此可以得出SCS具有良好的保油性能,在此时间段内,可以方便地对吸油之后的材料进行恰当的处理。

5. 循环利用性能

在去除溢油的实际过程中,被吸附材料吸附的油可以通过简单的物理挤压过程进行收集,此时的吸附材料可以再度使用(Husseien et al., 2009)。将SCS循环使用进行吸油,结果显示,随着循环次数的增加,吸附材料的吸油量逐渐减小(图3-25)。经过第一次循环,SCS的吸油量降低到最大吸油量的76%,第二次循环之后降低到最大吸油量的60%。从第三次至第十次的循环中,SCS的吸油能力缓慢减小，最终仍能保持大约 56%的吸油量。此规律与文献报道(Inagaki et al., 2002；Nishi et al., 2009)相一致。同时，在循环利用 SCS 的过程中，挤压过程中的撕扯、碾碎和其他破坏，对材料造成了不可逆的变形(Toyoda et al., 2000)。另外有部分油吸附在材料内部，依然保留在材料的腔管内，引起吸附材料在初始反复使用中吸油量骤降(Lim et al., 2007；Abdullah et al., 2010)。考虑其循环使用的吸油性能，SCS 仍可以作为一种重复利用的性能优良的漏油吸附材料。

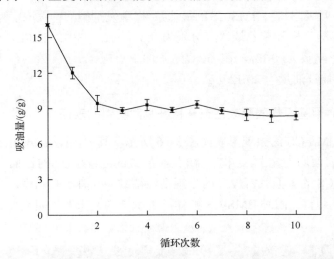

图 3-25 苯乙烯改性玉米秸秆吸附材料的 10 次循环吸油的吸附特性

3.5 苯乙烯-甲基丙烯酸酯复合接枝改性玉米秸秆吸附材料

资料显示(孙晓然等，2003)，当甲基丙烯酸酯中酯基碳链较小时，随着碳链链长的增加，吸油量增加，其原因是材料与所吸附的油结构相似，相容性增加。但是当酯基碳链继续增加时，材料内部微孔的有效网络容积减小，吸油率反而下降。考虑到长链烷基酯难以聚合，产率低，并且来源少，价格昂贵(张昀等，2002)等因素，可选择甲基丙烯酸丁酯作为聚合单体。另外，甲基丙烯酸丁酯与纤维素发生化学交联，不易形成稳定的空间结构；当加入玻璃化温度较高的苯乙烯时，不仅可以提高吸油性能，而且还使吸油后的材料具有一定的强度(孙晓然等，2003)。因而甲基丙烯酸丁酯和苯乙烯可同时作为接枝改性的单体，两者聚合后可以形成空间网状结构，自身亲油疏水，能够借助范德华力和分子间隙获得高效的吸油能力(徐萍英等，2002；Bayat et al., 2005)。

3.5.1 苯乙烯-甲基丙烯酸酯复合接枝改性方法

该改性方法同 3.4 节,不同之处在于,此处选用硝酸铈铵为引发剂。铈盐引发活化能较低,而且产生的均聚物很少,在室温附近就能顺利进行,引发速度快,引发效率高,重现性好。

通过 $L_{13}(6^7)$ 正交试验,获得利用甲基丙烯酸丁酯和苯乙烯进行接枝共聚制备改性玉米秸秆吸附材料 BMS-CS 的最佳条件:引发剂硝酸铈铵浓度为 2.0 mmol/L,单体甲基丙烯酸丁酯和苯乙烯浓度分别为 0.6 mol/L、0.012 mol/L,交联剂 N, N'-亚甲基双丙烯酰胺为 0.1%,在 50℃的条件下反应 25 h。该条件下制备得到的 BMS-CS,最佳吸油量为 20.12 g/g。

3.5.2 苯乙烯-甲基丙烯酸酯改性玉米秸秆吸附材料的表征

RCS 和 BMS-CS 的微观形貌如图 3-26 所示。其中,图 3-26(a)显示玉米秸秆原材料 RCS 表面均匀光滑,结构有序,具有一致的纤维层次。对比而言,图 3-26(b)显示出 BMS-CS 的表面具有较多的不规则性褶皱,并有小孔出现,纤维表面也变得粗糙且呈毛刺状。同时 BMS-CS 整体纤维状结构并未发生明显变化,有利于后续加工改造。

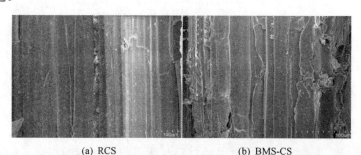

(a) RCS (b) BMS-CS

图 3-26 玉米秸秆扫描电镜图

RCS 和 BMS-CS 的红外光谱图(图 3-27)显示:图谱中出现了新的吸收峰,在 1731 cm^{-1} 和 1157 cm^{-1} 处的吸收峰属于甲基丙烯酸丁酯中 C=O 键和 C—O—C 键的伸缩振动(哈丽丹·买买提等,2010),特征吸收峰 1596 cm^{-1} 为苯环中 C=C 骨架伸缩振动,703 cm^{-1} 是苯环中 C—H 键面外弯曲振动(Ng et al., 2005);BMS-CS 在 3419 cm^{-1} 处缔合的羟基的振动吸收峰有所减弱,说明羟基位没有完全发生接枝反应,反应后材料依然保持着纤维素本身的特性。

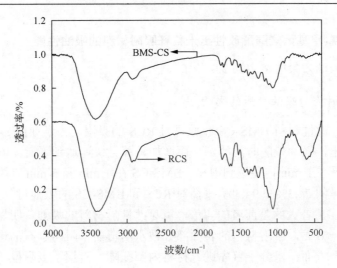

图 3-27　苯乙烯-甲基丙烯酸酯改性前后玉米秸秆吸附材料的红外光谱图

XRD 谱图(图 3-28)表明，改性前后材料的 XRD 谱图基本相似，均在 2θ 为 18.7°和 22.1°处有两个特征衍射峰，它们分别属于纤维素的结晶区和无定形区。BMS-CS 在 2θ 为 22.1°的峰值降低，说明改性后材料的无定形区和结晶区减小。

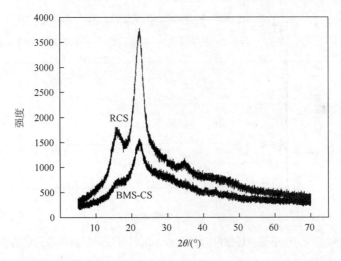

图 3-28　苯乙烯-甲基丙烯酸酯改性前后玉米秸秆吸附材料的 XRD 图

RCS 和 BMS-CS 的结晶指数表明，接枝共聚反应降低了材料的结晶度，增加了材料本身的不规则性，为石油的附着提供了更大的黏附力。粗糙度的增加和红外图谱显示新的亲油官能团的出现，都对 BMS-CS 吸油量的增加提供了有利条件。正是这些结构的变化，促成了改性后材料吸油性能的急剧增加。

3.5.3 苯乙烯-甲基丙烯酸酯改性玉米秸秆吸附材料的吸油性能

该材料吸油效果的测定同 3.4 节。

1. 吸附时间对吸油性能的影响

常温下，改性材料 BMS-CS 和原材料 RCS 的吸附动力学如图 3-29 所示。从图中可以看出，吸油量随时间的延长而增加，并且快速达到平衡。RCS 吸油速率非常快，几乎在 1 min 内便达到饱和。BMS-CS 在 1 min 和 5 min 吸附的油量分别是最大吸油量的 74.3%和 94.3%。平衡时 RCS 和 BMS-CS 的吸油量分别是 5.23 g/g 和 20.12 g/g，后者大约是前者的 4 倍，可见改性后材料的吸油量明显增加。在油水体系中，一方面，吸附材料的表面部分被水滴覆盖，阻碍了石油进入材料内部的孔隙；另一方面，水分子首先进入材料内部孔隙，占据了吸附位，因此延长了达到平衡所需的时间(Husseien et al., 2009)。作为传统吸附材料的 RCS，主要利用吸附材料表面和间隙吸油，吸收的油保持在材料表面和孔隙间(Husseien et al., 2009)，因此吸油量低，并且容易漏油。

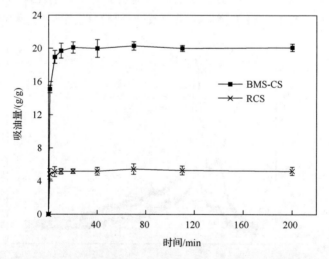

图 3-29 苯乙烯-甲基丙烯酸酯改性前后玉米秸秆吸附材料的吸附动力学曲线

由图 3-29 可见，BMS-CS 比单纯用苯乙烯改性的材料 SCS 有更高的吸附能力。结合表征分析的红外图谱(图 3-27)可以看出，改性后的 BMS-CS 有两种不同的亲油官能团接枝在材料表面，使得 BMS-CS 可以利用亲油基和油分子间的相似相溶原理，以及相互反应生成的化学键，增加对油分子的亲和力。另外，XRD 图(图 3-28)显示改性后材料的结晶区遭到破坏，加剧材料表面不规则性和粗糙度，也为油分子附着在材料表面提供了优势。两种因素共同导致 BMS-CS 的吸油量优于原材料 RCS，并且优于 SCS。

2. 温度对吸油性能的影响

RCS 和 BMS-CS 在不同温度下的吸油性能(图 3-30)显示，低温更有利于提高材料的吸油量。当温度由 30℃降低到 5℃时，RCS 的吸油量从 5.11 g/g 变到 7.61 g/g，BMS-CS 的吸油量从 19.42 g/g 变到 24.87 g/g。同时，高温下温度对吸油量的影响逐渐减弱，如 5℃和 10℃之间 BMS-CS 吸油量差值是 2.18 g/g，而 25℃与 30℃之间的差距减小到 0.56 g/g。显然，BMS-CS 与 RCS 具有相似的吸油性能，但是 BMS-CS 的吸油量更大，这得益于甲基丙烯酸丁酯的作用。甲基丙烯酸丁酯中酯基长链与油分子结构相似，依据相似相溶原理，其可获得更大的吸油空间。

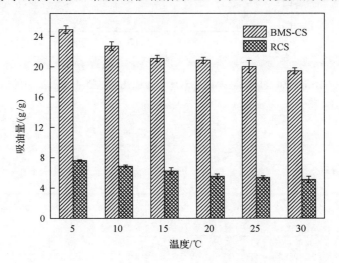

图 3-30　温度对苯乙烯-甲基丙烯酸酯改性前后玉米秸秆吸附材料吸油量的影响

3. 保油性能

评估保油性能是为了确定 BMS-CS 在吸油之后的收集、运输和处理过程当中的问题。温度仅改变原油的黏度，并未改变油的成分，所以不同温度下的保油能力能够更准确地反映黏度对吸油量的影响。图 3-31 所示的三条曲线分别代表不同温度下 BMS-CS 随时间变化的保油量。它们遵循着相同的趋势，可以根据释放油的快慢分为三个区域。在第一区域即初始区内，油的滴滤速度非常快，1 min 后 10℃、20℃和 30℃所对应的 BMS-CS 的吸油量分别下降到最初值的 74.8%、77.7%和 77.2%。1～5 min 可以看作第二区域，在此期间，油的释放率开始减缓，5 min 时已无明显变化；此时 10℃、20℃和 30℃分别下降到最大值的 65.7%、70.1%和 71.6%。5 min 之后的第三区域代表稳定期，随着时间的推移，保油量保持不变。平衡后 10℃、20℃和 30℃下 BMS-CS 的保油量分别为 21.68 g/g、20.14 g/g 和 19.15 g/g。

由此可以说明 BMS-CS 与 SCS 类似,不仅拥有高的吸油性能,而且保油能力出色。

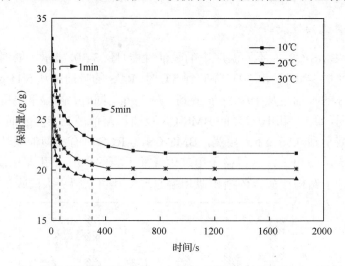

图 3-31　苯乙烯-甲基丙烯酸酯改性玉米秸秆吸附材料在不同温度下的保油性能

第4章 秸秆吸附材料的生物改性

第3章介绍了笔者课题组以化学改性方法为主、物理改性方法为辅,对农业秸秆废弃物进行改性制备吸油剂的研究成果。通过这些改性方法,大部分材料具备更强或更多的亲吸附质的吸附基团,成为性能良好的吸附材料。化学改性法虽然较物理改性更能提高材料的吸油量,但由于需要投加化学药剂,同时需要剧烈的反应条件,改性费用较高,添加的有机试剂部分有毒性,并且其改性过程中可能产生有毒有害物质,容易造成二次污染;故开发高效、廉价、安全的生物改性技术是现在及将来的发展方向。与此同时,通过生物法如生物酶、真菌、细菌等改性木质纤维素材料制备吸油剂的研究日益受到重视。故在此将以农业废弃物之一的玉米秸秆为原材料,探讨纤维素分解酶、纤维素降解菌和木质素降解菌改性技术在高效石油吸附材料改性制备中的应用。

4.1 秸秆材料的生物降解

4.1.1 纤维素分解酶及其应用

纤维素分解酶(cellulase)广泛分布于昆虫、软体动物、原生动物及微生物群。微生物以真菌为最多,此外高温性放线菌、藻类、酵母、黏菌等也能分泌纤维素分解酶(Wilson, 2009)。纤维素是地球中存在量最丰富的有机质,为构成植物细胞壁的主要成分。纤维素主要是以葡萄糖为基本单体,单体与单体之间借由 β-1,4-糖苷键(β-1,4-glycosidic bonds)键结方式聚合成超过1000个葡萄糖分子的直链状聚合物。但构成纤维素的不只是上述简单的链状结构,而是纤维素分子内以范德华力(Van der Waals force)互相键结形成微纤(microfibrils)且以平行方式排列,结构排列规则紧密为结晶区,结构排列松散为无定形区。因此,结晶形纤维素比无定形纤维素更不易被水解。纤维素是以 β-1,4-糖苷键结合而成的不溶性物质,必须分解成葡萄糖才能被利用(Sun et al., 2004;Ververis, 2004;Reddy et al., 2007;Spigno et al., 2008)。纤维素分解酶可将不具溶解性的纤维素的 β-1,4-糖苷键水解成单糖(Zhang et al., 2006)。事实上,纤维素分解酶属于一种复合酶系且作用形态不同,目前常将纤维素分解酶用于以下领域(Kasana et al., 2011;Chandel et al., 2012;Parawira, 2012;Pavan et al., 2012;Bubner et al., 2013;Dogaris et al., 2013):

(1)农业、畜产、林产废弃物的再利用。将纤维废弃物处理,以减少环境的污染。

(2) 纸张及纸浆的消化。另外，在制造纸浆的过程中，木屑需先用高温碱液处理除去大部分的木质素，再以一系列的步骤漂白，逐步除去残余的木质素。传统是用二氧化氯来漂白纸浆，但会产生大量毒性有机氯废水。为了符合环保要求及纸张品质，先在漂白前添加木聚糖酶(xylanase)，破坏大部分木质素和纸浆纤维的结合，可减少 10%～15%二氧化氯的用量，达到需求的漂白效果，并使废水的有机氯含量减少约 60%。

(3) 饲养业。饲料添加纤维素降解酶，有利于牲畜的消化。

(4) 化工行业。是指纤维质为碳源的微生物工业生产。纤维素分解酶的工业生产菌以霉菌及放线菌较为适合，其能在简单的培养基中生长，分泌大量生物酶，且培养后的菌丝容易过滤除去，酶容易回收。

微生物生产纤维素分解酶的培养方法有固体培养法、液体静置培养法、液体振荡培养法、液体深部培养法。一般生产纤维素分解酶时所用培养方法依菌种及分解酶性质而不同，有些胞外分解酶因振荡培养或深部培养，受到所添加的抗泡剂影响，其分泌出来的分解酶全部或部分失去活性，只能用静置培养法才能大量生产分解酶。纤维素分解酶水解是经由纤维素分解微生物，将不溶解性纤维素转换成可溶解性糖类(主要糖类为纤维双糖及葡萄糖)。在催化纤维素水解的过程中，纤维素水解微生物产生各种不同的纤维素水解酶，将整个纤维素转化为糖类(Andric et al., 2010; Bose et al., 2010; Hall et al., 2010)。好氧性微生物纤维分解酶依作用方式可分为如下三类(Al-Zuhair, 2008)。

(1) 内切型纤维素分解酶(endo-β-1,4-D-glucanase)。此分解酶又称 endoglucanase 或 1,4-β-D-glucan-4-glucanohydrolease(EC 3.2.1.4)，这类水解酶可随意作用在纤维素的无定形(amorphous)结构上，将纤维素水解为许多不同大小的片段，改变无定形纤维素的聚合度。

(2) 外切型纤维素分解酶(exo-β-1,4-D-glucanase)。此分解酶包含 1,4-β-D-glucan glucanohydrolase(cellodextrinase) (EC 3.2.1.74) 和 1,4-β-D-glucancellobiohydrolase (cellobiohydrolase) (EC 3.2.1.91)，这类分解酶依作用方式又可分为 CBH I (从还原端开始作用)及 CBH II (从非还原端开始作用)，两者以协同作用的方式将内切型纤维素分解酶水解所形成的小片段纤维素，水解成可溶解性的纤维双糖(cellobiose)及纤维糊精(cellodextrin)。同时，此类型水解酶也可分解微结晶形纤维素(microcrystalline cellulose)。

(3) β-葡萄糖酶(β-glucosidase)。此分解酶又称 β-glucoside glucohydrolase(EC 3.2.1.21)，可水解溶解性纤维双糖及纤维糊精，将其转化为葡萄糖单体。

4.1.2 纤维素降解菌及其应用

纤维素降解菌能分泌丰富的纤维素酶和半纤维素酶,其中主要的真菌有木霉属和曲霉属(Rodriguez-Gomez et al., 2013)。里氏木霉(*Trichoderma Reesei*)(Sharma et al., 2002)和黑曲霉(*Aspergillus niger*)(Helmi et al., 1991;吴发远,2009)正是其中的代表菌种。作为丝状真菌的里氏木霉和黑曲霉,均可产生大量的纤维素酶,属于目前研究较多的纤维素降解菌;同时,这两种真菌还可产生半纤维素酶,这些胞外酶可以实现对植物(如秸秆等)中的纤维素和半纤维素的降解(王晓林等,2011)。

1. 木霉

木霉为腐生菌,主要存在于朽木、枯枝、落叶、土壤、有机肥、植物残体和空气中。其菌株可在马铃薯葡萄糖琼脂培养基上生长,它的菌丝分为白色致密的营养菌丝和絮状气生菌丝,并会形成深黄绿色至深蓝绿色的密实产孢丛束区;菌落反面无色,菌丝透明,壁光滑,有隔,分枝繁复。

里氏木霉是木霉中具有重要经济意义的一种真菌,它产生的纤维素酶产量较高、稳定性好、降解力强、易于分离纯化;同时,里氏木霉较易培养和控制,对环境安全无毒。因此,里氏木霉已经成为目前用于纤维素生产最普遍的菌种之一(Martins et al., 2008)。人们对里氏木霉的产酶特性做了大量的研究,以通过优化产酶条件,来提高其产酶量,从而有利于工业化的应用。对它们的液态发酵条件进行优化,通过改变接种量、培养时间、初始 pH 和温度等条件,可使优化后发酵液中纤维素降解酶活得到提高。里氏木霉还是一种资源丰富的拮抗微生物,在植物病理生物防治中具有重要的作用(Ganner et al., 2012;Harman et al., 2012)。

2. 黑曲霉

黑曲霉是一种常见的真菌,广泛分布于世界各地的粮食、植物性产品和土壤中,其生长迅速。在生长初期,黑曲霉孢子呈现白色,后变成鲜黄色直至黑色厚绒状,背面无色或中央略带黄褐色。黑曲霉的生长过程对营养要求较低,可产生多种酶,同时由于它不产生真菌毒素,现已被许多国家批准作为食品用酶制剂生产菌,成为工业应用常见的菌种之一。根据 Bigelis 在 1989 年的统计,25 种主要的商品酶制剂中就有 15 种来源于黑曲霉。总之,黑曲霉生产的酶制剂具有量大、应用范围广、安全性好的特点,越来越受到人们的重视(Stricker et al., 2008;Dashtban et al., 2009)。

目前,黑曲霉能产生大量的、种类多样的生物酶,如葡萄糖氧化酶、淀粉酶、纤维素酶、蛋白酶、果胶酶、脂肪酶和单宁酶等(Barrington et al., 2008;Contesini et al., 2010)。长期以来,人们对于黑曲霉产纤维素、半纤维素降解酶方面进行了相关研究,涉及的影响因子主要包括碳氮比、温度、时间、固液比等。另外,人们研究更多的是黑曲霉产 β-葡萄糖苷酶的能力,研究表明,来自黑曲霉的 β-葡萄糖苷酶活性很高(Sternberg et al., 1977; Francoeur et al., 2006; Ponte et al., 2008)。

另外,将木霉和黑曲霉进行混合培养,有利于促进其协同作用。木霉虽然可以产生大量高活力的 C_1 酶和 C_X 酶,但其 β-葡聚糖苷酶产量较少,因而阻碍了其对纤维素的进一步降解;而在产纤维素酶的真菌中,以黑曲霉产生的 β-葡萄糖苷酶活性最高。人们在研究过程中发现,通过添加诸如绿色木霉或者里氏木霉和黑曲霉进行培养,利用它们的协同作用,可促进纤维素的降解(Watanapokasin et al., 2007)。许多研究均表明,将曲霉属和木霉属的真菌对纤维素含量高的农业或食品行业废弃物进行混合培养产酶,可以促进其纤维素酶产量和提高酶活,特别是使 β-葡萄糖苷酶的酶活增强(Manonmani et al., 1987)。

4.1.3 木质素降解菌及其应用

白腐菌(white rot fungi)是木质素降解菌的一种,属担子菌,分解木质素能力最强,因分解木材后留下的残留物质为白色,故称白腐菌。白腐菌的种类很多,如革盖菌、卧孔菌、多孔菌和原毛平革菌等。白腐菌能产生胞外酶,分解木质素,在降解木质素的过程中因为需要能量而同时降解多糖。而木材中的木质素有些结构和许多环境持久性有机化合物的化学结构相比有很大的相似性,这种结构上的明显相似性,预示着白腐菌可以降解难降解的有机污染物。白腐菌的木质素降解系统可以裂解木质素分子中的 C—C 和 C—O 键,各种自由基可以作为次生氧化物组分,在距离酶活性中心一段距离的地方进行木质素解聚或者氧化其他化合物。这种强反应性的自由基解聚作用机制对环境中有机污染物的生物降解非常重要(Huang et al., 2008; Huang et al., 2010)。

黄孢原毛平革菌(*Phanerochaete chrysosporium*)是一种属于担子菌属的白腐菌,是一种丝状真菌,展示了蘑菇样生长特性而且具有广泛发达的网状菌丝。它的菌丝能够渗透到木质纤维材料内并且降解木质素(木质纤维材料中最顽固的组分),其目的是获得纤维素和半纤维素,从而留下脱木素后白色的斑点,这种现象称为白色腐烂。黄孢原毛平革菌已作为模式化生物研究,因为它有生长速度快和快速降解木质素的能力(Orth et al., 1991; Tien et al., 1983; Kirk et al., 1984)。它有一个相对温和的最佳温度(37~39℃)和低的最佳 pH(3.5~5.0),而且它可以生长在更宽的温度和 pH 范围内。真菌分泌的木质素降解酶有木质素过氧化物酶、锰过氧化物酶、过氧化氢酶和乙二醛氧化酶(Tien et al., 1984; Ofori-Sarpong et al., 2010)。这些氧化酶能催化生物降解木质素,以及一些低等级煤或一些含木质素基的持久性环境污染物。菌丝也被用于降解含金的木屑,从而释放出金化合物

(Ofori-Sarpong et al., 2010; Ofori-Sarpong et al., 2011)。

事实上，许多白腐和褐腐真菌被证明能产生过氧化氢(H_2O_2)，从而进入 Fenton 反应随即释放·OH 自由基。这些自由基非特异性地攻击多糖及植物细胞壁中的木质素而断环或者开链，这使得木质纤维素酶更容易渗透到木质纤维材料中。目前，已经发现了三种不同的途径产生自由基，包括纤维二糖脱氢酶(CDH)催化反应，低分子量的肽/醌氧化还原循环和糖肽催化 Fenton 反应。其中 *P. Chrysosporium* 降解的主要途径是醌氧化还原循环和糖肽催化 Fenton 反应(Orth et al., 1993)。

已有研究成果证明，白腐和褐腐真菌产生的低分子螯合剂能够渗透入细胞壁。例如，*Gloeophyllum trabeum* 产生低分子量肽(称为短纤维生成因子，SGFF)，它可以通过氧化反应降解纤维素短纤维。也有一些报道，类似的这些低分子量化合物是醌类，它们必须通过一些真菌酶转换为氢醌，然后通过 Fenton 反应，产生游离羟基自由基。

这些酶利用单体化合物如藜芦醇(VA)，作为催化反应的诱导剂。木质素降解酶的功能可以通过下列步骤描述：

$$天然(铁)过氧化物酶 + H_2O_2 \longrightarrow 混合物 I + H_2O_2$$

$$混合物 I + 底物 \longrightarrow 混合物 II + 底物'$$

$$混合物 II + 底物 \longrightarrow 天然(铁)过氧化物酶 + 底物''$$

4.2 纤维素分解酶改性玉米秸秆吸附材料

如 4.1 节所述，纤维素(分解)酶对玉米秸秆材料具有降解作用，利用这一特性，选择纤维素分解酶对玉米秸秆吸附材料进行生物降解改性，可能改良吸附材料的吸附性能，从而也为进一步使用纤维素降解菌改性玉米秸秆吸附材料提供可能。

纤维素分解酶是一种蛋白酶，它对温度的敏感性会直接影响酶的反应活性，只有在最适反应温度下，纤维素分解酶才能达到最佳酶活。并且反应体系的温度会影响纤维素分解酶在玉米秸秆上的吸附，只有促进玉米秸秆对纤维素分解酶的吸附，才有更多的酶结合作用于纤维素，以达到改性的目的。

同时，改性中纤维素分解酶的投加量也影响着吸油剂的吸油性能。随着酶用量增加，玉米秸秆对油吸附能力提高；然而进一步增加酶的投加量，材料的吸油量反而下降。其实，加入更多的纤维素分解酶，玉米秸秆吸油量并不会同比增加。投加高剂量的纤维素分解酶，在反应底物一定时，反应位点也是一定的，此时纤维素分解酶是过量的，过量的纤维素分解酶找不到结合点，从而阻碍反应进行(Esteghlalian et al., 2002)。

再者，纤维素分解酶改性玉米秸秆提高其吸油量还依赖于酶反应时间。随着反应时间的增加，玉米秸秆材料上将会形成更多的吸附位和孔隙，所以玉米秸秆的吸油量增加。然而，当反应时间超出一定值时，纤维素分解酶对玉米秸秆造成过多水解，从而形成较大的孔隙和表面纹理，不利于结合油。

由此可见，纤维素分解酶改性玉米秸秆以提高其对油的吸附能力，取决于纤维素分解酶的活性、酶反应温度、酶浓度。因此，获得最佳反应温度和酶投加量对纤维素分解酶改性玉米秸秆很重要，这样才能达到最大的吸油效果。

4.2.1 纤维素分解酶改性方法

利用产自黑曲霉的纤维素分解酶(AC)对玉米秸秆原材料进行改性，可制得改性玉米秸秆吸附材料，具体操作如下：

(1) 在室温下，用 0.5 mol/L 的氢氧化钠溶液润胀玉米秸秆粉末，润胀 14 h，然后用 3 mol/L 的盐酸调节 pH 至中性，离心过滤后，将润胀秸秆用蒸馏水洗净，干燥至恒重。

(2) 称取一定量的纤维素分解酶溶于 pH 为 4.8 的醋酸-醋酸钠缓冲溶液中，使其酶活(U)与秸秆质量(g)之比达到 50～200∶1，在温度为 40～60℃下改性处理玉米秸秆 4～8 h，将反应体系置于 85～90℃高温灭活纤维素分解酶终止反应。

(3) 过滤改性玉米秸秆，用蒸馏水冲洗秸秆至中性后，干燥即得到纤维素分解酶改性玉米秸秆吸附材料(ACCS)。

经过单因素实验优化，得到制备最佳吸油量 ACCS 的反应条件为：纤维素分解酶反应温度为 45℃，纤维素分解酶投加量为 100 U/g，纤维素分解酶反应时间为 6 h(图 4-1～图 4-3)。

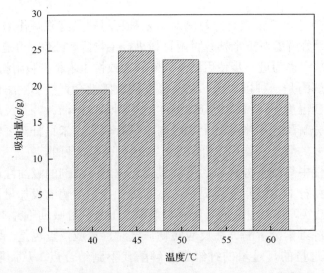

图 4-1 纤维素分解酶改性反应温度对纤维素分解酶改性玉米秸秆吸附材料吸油能力的影响

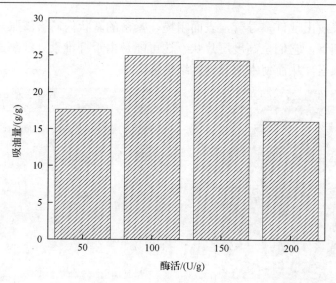

图 4-2 纤维素分解酶改性投加量对纤维素分解酶改性玉米秸秆吸附材料吸油能力的影响

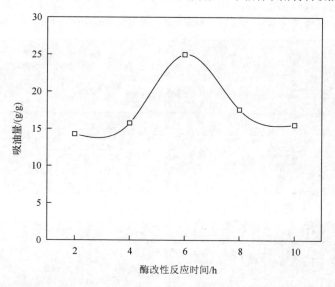

图 4-3 纤维素分解酶反应时间对纤维素酶分解改性玉米秸秆吸附材料吸油能力的影响

4.2.2 纤维素分解酶改性玉米秸秆吸附材料的表征

纤维素分解酶改性前后，玉米秸秆的颜色从黄棕色变为奶黄色(图 4-4)。未改性的玉米秸秆 RCS 和纤维素分解酶改性玉米秸秆 ACCS 的 SEM 图见图 4-5。玉米秸秆包括表皮和内芯两种结构[图 4-5]。RCS 表皮光滑，呈平整致密结构，无孔隙[图 4-5(a)]，而 RCS 的内芯呈絮状，它们一层一层紧密地压缩在一起[图 4-5(b)]。从 SEM 图[图 4-5(c)，图 4-5(d)]可以看到，纤维素分解酶破坏了玉米秸秆结构。

致密光滑的表皮出现许多导管，表面粗糙，紧密的絮状内芯被膨胀，并出现很多小孔和空心细管，它们呈高度层片状。这可能是由于纤维素分解酶部分水解玉米秸秆中的纤维素，从而使木质纤维素结构解聚。

(a) RCS　　　　　　　　　　　　(b) ACCS

图4-4　纤维素分解酶改性前后玉米秸秆吸附材料的外观

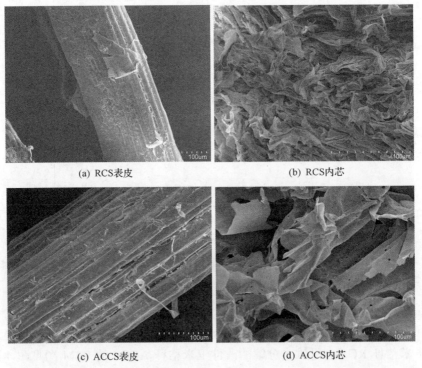

(a) RCS表皮　　　　　　　　　　(b) RCS内芯

(c) ACCS表皮　　　　　　　　　　(d) ACCS内芯

图4-5　纤维素分解酶改性前后玉米秸秆吸附材料的扫描电镜图

纤维素分解酶改性玉米秸秆,使其比表面积增加(表4-1),这是因为纤维素分解酶解聚了紧密连接的木质纤维素结构,从图4-5能清楚地观察到,更大的比表面积能更好地容纳油分子,这将有利于秸秆对油的吸附(Ribeiro et al., 2000; Ribeiro, 2003)。

表4-1 纤维素分解酶改性前后玉米秸秆吸附材料的比表面积

材料	BET比表面积/(m^2/g)
RCS	2.31
ACCS	9.37

改性前后,RCS和ACCS的两条光谱大体是相似的(图4-6),它们有着共同的吸收波峰:3430 cm^{-1}出现的很强的较宽的吸收峰是O—H伸缩振动引起的,这主要是产生于纤维素分子中的氢键。虽然RCS和ACCS都有O—H特征峰,但是它们的峰强度不一,RCS在纤维素分解酶处理后,纤维素中的O—H键明显减弱;2921 cm^{-1}处的特征峰是C—H伸缩引起的;1735 cm^{-1}处的特征峰是C=O伸缩引起的,这主要产生于半纤维素中的酰基和糖醛基;1637 cm^{-1}出现的吸收峰与木质素中芳香基骨架振动有关,由于纤维素分解酶对玉米秸秆中的木质素几乎没有影响,所以此处波峰强度变化不大(Pawlak et al., 1997; Pandey, 1999; Pandey et al., 2003);1051 cm^{-1}处的特征峰可能是由玉米秸秆中的木质素的羟基振动引起,也可能是由半纤维素中的碳-羟基架桥弯曲引起;900 cm^{-1}处检测到的吸收峰是β-糖苷键的特征峰,纤维素分解酶能断裂纤维素链间和纤维素分解链内的1,4-β键,同

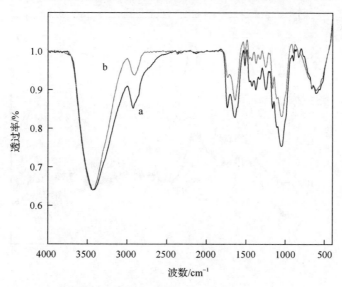

图4-6 纤维素分解酶改性前后玉米秸秆吸附材料的红外光谱图
a为改性前玉米秸秆;b为改性后玉米秸秆

时纤维素分解酶包括β-糖苷酶,能水解纤维二糖为葡萄单糖(Liu et al., 2006a)。经过纤维素分解酶改性玉米秸秆,没有出现新的特征峰,这说明反应过程中没有引入新的官能团,同时纤维素的特征峰如 3430 cm^{-1}、2921 cm^{-1}、1317 cm^{-1}、900 cm^{-1} 仍然存在,只是强度减弱。纤维素分解酶改性玉米秸秆,只是使各组分纤维素、半纤维素和木质素组成含量有所改变。

X 射线衍射(XRD)谱图方面(图 4-7),一般认为,纤维素大分子是以一股贯穿着无数个结晶区和无定形区的连续胶束的状态而存在的。结晶区和无定形区并无明显的界限,纤维素的结晶度是指其结晶部分占纤维素总量的比例。玉米秸秆中纤维素包括两种结构区域,一种是结晶区,这个区域的纤维素大分子链结构紧密,分子链规则地平行排列,水解速度很慢;另一种是无定形区(即非晶区),这个区域的纤维素大分子链不平行,结构疏松,容易水解。在水解过程中,随着非晶态部分发生水解被逐步除掉后,水解残渣的吸湿性也逐步下降,但经过一最低值后又会重新上升。由于水解液不能渗入结晶区内部,当非晶态部分被除去后,结晶区的水解产物从表面逐渐剥落,使残渣直径越来越小,单位质量的残渣的比表面积相对增加,吸湿性就上升。从图谱中可以看到,2θ 角在 18.7°和 22.5°出现较强衍射波峰,这两处的衍射波峰分别指示纤维素的无定形区和结晶区。相较于 RCS,纤维素分解酶改性后的玉米秸秆在结晶区波峰明显减弱,同时无定形区的衍射波峰也有减弱,说明纤维素分解酶同时作用于纤维素的结晶区和无定形区,由于纤维素分解酶作用时间控制在 6 h,控制了无定形区的纤维素部分水解。经过 6 h 纤维素分解酶的处理,玉米秸秆的结晶度从 RCS 的 46.8%减小到 ACCS

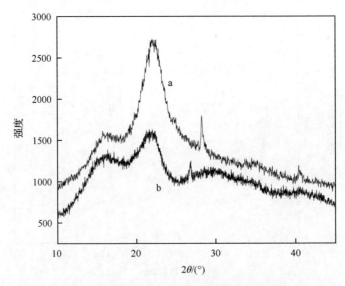

图 4-7　纤维素分解酶改性前后玉米秸秆吸附材料的 XRD 图
a 为改性前玉米秸秆;b 为改性后玉米秸秆

的 25.7%。未改性的玉米秸秆结晶度高,说明排列致密的结晶区大,这样不利于油分子进入(Zheng et al., 2010)。生物质的结晶度可以反映木质纤维材料的组成,半纤维素和木质素被认为是无定形结构,而纤维素包括结晶形和无定形两种类型(Jeoh et al., 2007;Liu et al., 2009)。纤维素分解酶作用引起玉米秸秆 X 射线衍射峰产生差异主要是因为,纤维素分解酶能穿入纤维素的结晶区,弱化糖苷键,破坏规则的致密平行结构,形成无定形结构。这样玉米秸秆的无定形区域扩大,有利于油分子的渗入,从而提高材料的吸油量。

4.2.3 纤维素分解酶改性玉米秸秆吸附材料的吸油性能

吸油性能测试分为在无水体系和油水体系中,采用 3.1 节所述的重量法进行吸油量测定。

1. 废油类型对吸油性能的影响

不同的油类,黏度和密度各不相同,因而吸附材料对其吸附量存在显著差异。以原油、玉米油和柴油作为代表进行材料吸油量的对比,可见,RCS 对原油、玉米油和柴油的吸附量分别为 5.53 g/g、4.32 g/g 和 3.78 g/g,而 ACCS 相对而言则均有很高的吸油量,分别为 27.23 g/g、18.47 g/g 和 16.15 g/g,吸附能力依次为柴油<玉米油<原油(图 4-8)。在三种油中,因原油黏度最高,故 RCS 和 ACCS 对原油都有最高的吸附量。显然,油的黏度越大,玉米秸秆的吸油量也越大。虽然油的

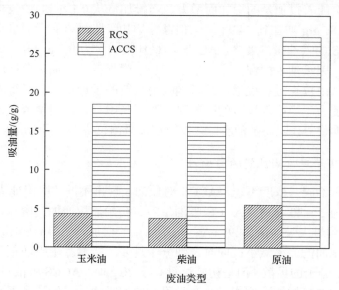

图 4-8 纤维素分解酶改性前后玉米秸秆吸附材料对不同油的吸附量

黏度越大越容易阻碍油分子吸收入材料内部结构，但是它有利于油分子吸附于吸附材料表面，此时吸附作用大于吸收作用，因此，增加油的黏度能提高吸附材料的吸油量(Ceylan et al., 2009；Zhu et al., 2011；Wang et al., 2012)。

2. 粒径对吸油性能的影响

粒径的变化对吸附材料的吸油性能带来两方面的影响。减小吸附材料的粒径能增加吸油能力。这可能是因为吸附材料的粒径越小，它们的比表面积越大，这样能提供更多的吸油位点和容纳空间。但不是粒径越小，吸油量就一定越大，吸附材料粒径过小不利于其回收利用；同时颗粒越小，可能造成颗粒团聚，反而减小了可供吸附的面积，从而降低吸油量(Ibrahim et al., 2009；Franca et al., 2010)。将 ACCS 筛分出三种粒径(<0.25 mm，0.25～0.85 mm，>0.85 mm)对原油进行吸附，其对原油的吸附量分别为 25.47 g/g、27.23 g/g 和 24.86 g/g，由此可见，在粒径为 0.25～0.85mm 时，ACCS 具有较佳的吸附量。

3. 吸附材料投加量对吸油性能的影响

ACCS 对原油的去除率与其投加量有密切的关系(图 4-9)，并且单位质量 ACCS 对原油的吸附量也受材料的投加量影响。在初始油量一定时，吸附材料 ACCS 对油的去除率随着其投加量的增加同步提升，然后达到平衡；随吸附材料投加量的增加，投入吸附的总吸附位点也增加，可吸附更多的原油。然而，ACCS 的吸油量不会随着投加量的增加而增大，当投加量从 0.1 g 到 0.2 g 时，ACCS 的吸油量从 19.87 g/g 增加到 24.98 g/g，但继续增加吸附材料的投加量反而降低每单位质量 ACCS 的吸油量。最终，ACCS 的最佳投加量为 0.2 g。究其原因，在初始油量一定时，因吸油表面和油量一定，增加吸附材料的投加量会造成吸附材料的团聚和出现吸附位点过剩现象，故增加吸附材料的投加量会降低每单位质量吸附材料的吸油能力。当投入过多的吸附材料时，吸附材料之间紧密黏结，会减少投入吸附的表面位点，阻碍扩散孔隙，以及造成吸附位点不饱和(Sidik et al., 2012)。

4. 初始油量对吸油性能的影响

初始油量不同，浓度不一，ACCS 对原油表现出不同的吸附能力(图 4-10)。当初始浓度为 5～20 g 时，ACCS 吸油量随着初始油量增加而增加，在初始油量为 20 g 时达到最大吸油量 24.98 g/g；初始油量的增加，使得油层厚度也增加，吸油剂接触到水面的概率减小；同时，油分子越多，接触黏附吸油剂表面的概率越大，有利于油分子的扩散。但是初始油量高于 20 g 时，ACCS 吸油量已达到平衡，不再随着初始油量增加而增加。此时吸附材料的吸油量已经达到平衡，吸油剂的吸油位点和空间已经饱和，不再能吸附油分子(Sokker et al., 2011)。

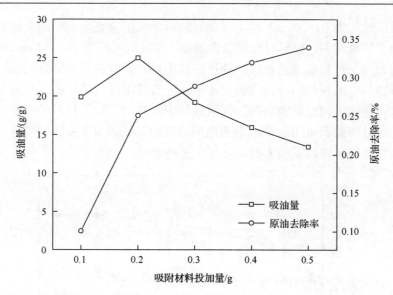

图 4-9　纤维素分解酶改性玉米秸秆吸附材料投加量对吸油量和原油去除率影响

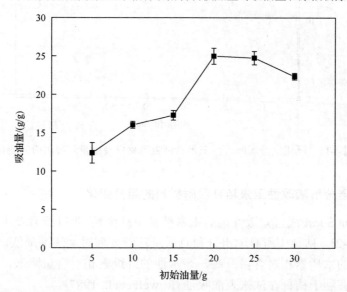

图 4-10　初始油量对纤维素分解酶改性玉米秸秆吸附材料吸油量的影响

5. 吸附时间对吸油性能的影响

吸附效率是评价吸附材料性能的一项重要指标(Thompson et al., 2010)，图4-11 显示了在不同吸附时间 ACCS 吸油量的变化(其中,吸附材料投加量为 0.2 g)。ACCS 在 10 min 内迅速吸附原油，之后吸油量缓慢增加，随后吸油速率与解吸速率逐渐趋于平衡，平衡吸油量为 24.98 g/g。ACCS 对原油的吸附过程分为三个阶段：在反应时间为 0~10 min 时，因此时材料的吸附位点多，空间充足且吸油速率远远大于解吸速率，材料吸油量急剧增加；在反应时间为 10~40 min 时，解吸速率逐渐增大，使得吸油量由最大处逐渐减小，然而材料具有良好的保油性能，从而使材料的吸油量仍然维持在较高水平，随着吸附时间的延长，材料在水油界面的吸水量增加，同时被吸附的原油从材料表面脱附，使得材料的吸油量增加缓慢；在反应时间大于 40 min 后，随着吸附时间的延长，由于原油缓慢进入材料纤维素的内部，材料吸油量基本稳定并趋于平衡。

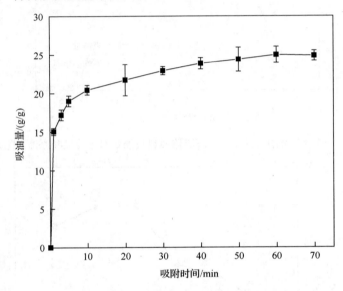

图 4-11　纤维素分解酶改性玉米秸秆吸附材料吸油量随吸附时间变化

4.2.4　纤维素分解酶改性玉米秸秆吸附材料的组分变化

采用 Van Soest 法可知改性前后玉米秸秆中纤维素、半纤维素及木质素组分含量变化(表 4-2)。秸秆中所有的组分和总质量随着处理时间逐渐降低，同时玉米秸秆中疏水性的木质素相对含量升高，亲水性的纤维素相对含量降低，使材料的疏水性增加，有利于秸秆在油水表面吸油(Rowell et al., 1987)。

表 4-2　纤维素分解酶改性前后玉米秸秆吸附材料中各组分含量变化

组分	纤维素含量/%	半纤维素含量/%	木质素含量/%
RCS	46.31	26.21	13.92
ACCS(改性 6 h)	38.52	22.58	19.12

4.3 纤维素分解酶与化学方法改性玉米秸秆吸附材料的比较

纤维素分解酶改性玉米秸秆制备吸附材料,相对于化学改性而言基本无污染。但生物酶活性对外界环境非常敏感,温度、酶量和反应时间是影响酶反应的主要因素(Ng et al., 2013)。因此,在酶法改性中,获得最佳反应温度、酶投加量和反应时间对纤维素分解酶改性玉米秸秆很重要,这样才能达到最佳的改性效果。与此同时,使用不同的纤维素分解酶对玉米秸秆进行处理,所制得的改性吸附材料最佳吸油性能也不相同。

另外,根据以往的研究,过氧化氢可以作为脱木素剂,pH 为 11.2~11.8 时,能将秸秆等农业废弃物部分脱木素化(Sun et al., 2001; Li et al., 2012)。有报道称碱性过氧化氢处理的效果相当于一定量的纤维素酶解(Sangnark et al., 2004),这可能是一种改性玉米秸秆的有效方法(极少使用到化学试剂),可以用于提高其对油的吸附能力。本书的 3.3 节已使用碱性过氧化氢这一污染较小的化学改性方法,对玉米秸秆吸附材料进行改性,并成功地提高了材料的吸油性能。为辅助说明纤维素分解酶改性玉米秸秆吸附材料的吸油性能,可选择 3.3 节中吸油性能优良的改性玉米秸秆吸附材料,与纤维素分解酶改性玉米秸秆吸附材料进行对比研究。

为此,本节将以 RCS 为原材料,以两种来源的纤维素分解酶(R10 和 AC)分别进行的酶法改性,分别制备改性玉米秸秆吸附材料进行对比研究。同时,使用碱性过氧化氢(HN)对玉米秸秆进行化学改性,与纤维素分解酶改性玉米秸秆吸附材料的吸油性能进行比较。

4.3.1 不同纤维素分解酶改性方法

1. 黑曲霉纤维素分解酶改性玉米秸秆吸附材料

根据 4.2 节的研究结果,按照如下步骤,利用黑曲霉产的纤维素分解酶对玉米秸秆进行改性,制得改性玉米秸秆吸附材料 ACCS。

(1)在室温下,用 0.5 mol/L 的氢氧化钠溶液润胀玉米秸秆粉末,润胀时间为 14 h,然后用 3 mol/L 的盐酸调节 pH 至中性,离心过滤后,将润胀秸秆用蒸馏水洗净,干燥至恒重;

(2)称取一定量的纤维素分解酶溶于 pH 为 4.8 的醋酸-醋酸钠缓冲溶液中,使其酶活(U)与秸秆质量(g)之比达到 100∶1,在温度为 45℃下改性处理玉米秸秆 6 h,将反应体系置于 85~90℃高温灭活纤维素分解酶终止反应;

(3)过滤改性玉米秸秆,用蒸馏水冲洗秸秆至中性后干燥。

2. 纤维素分解酶 R10 改性玉米秸秆吸附材料

(1) 在室温下，用 0.5 mol/L 的氢氧化钠溶液润胀玉米秸秆粉末，润胀时间为 14 h，然后用 3 mol/L 的盐酸调节 pH 至中性，离心过滤后，将润胀秸秆用蒸馏水洗净，干燥至恒重；

(2) 称取一定量的纤维素分解酶 R10 溶于 pH 为 4.8 的醋酸-醋酸钠缓冲溶液中，使其酶活(U)与秸秆质量(g)之比达到 50～200∶1，在温度为 40～60℃下改性处理玉米秸秆 4～8 h，将反应体系置于 85～90℃高温灭活纤维素分解酶终止反应；

(3) 过滤改性玉米秸秆，用蒸馏水冲洗秸秆至中性后干燥。

3. 碱性过氧化氢(HN)改性玉米秸秆吸附材料

该改性方法具体如 3.3.1 节所述。最终，通过改性获得如下改性玉米秸秆吸附材料。

(1) ACCS：指酶法改性中，用黑曲霉纤维素分解酶改性的玉米秸秆吸油材料(即 4.2 节所述改性玉米秸秆吸附材料)，改性酶活(U)与秸秆质量(g)之比达到 100∶1，在温度为 45℃下改性 6 h。

(2) RCCS：指酶法改性中，来源于 *Trichoderma viride* 产的纤维素分解酶 R10 改性的玉米秸秆吸油材料。纤维素分解酶 R10 的主要活性为 1,4-β-D-葡聚糖葡糖苷水解酶。改性过程中，其改性酶活(U)与秸秆质量(g)之比达到 100∶1，在温度为 50℃时改性 4 h(图 4-12)。

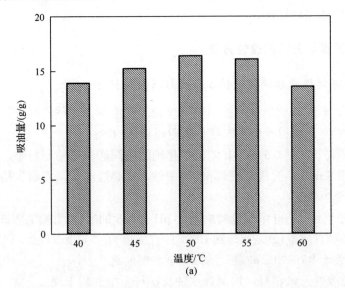

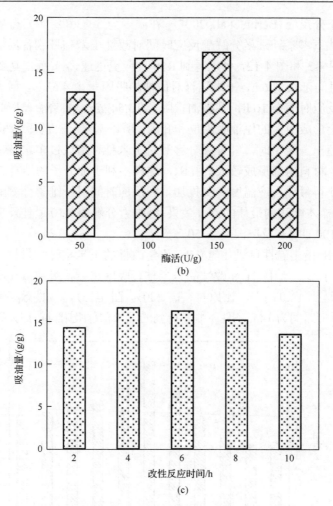

图 4-12 酶改性反应温度、酶改性投加量和改性反应时间对纤维素分解酶 R10 改性玉米秸秆吸附材料吸油量的影响

图 4-12 表明各影响因素对纤维素分解酶 R10 改性玉米秸秆的影响。当反应温度从 40℃上升至 50℃时,玉米秸秆吸油量也随之增加。当温度进一步升高时(55℃)吸油量变化不明显,然而,进一步提升反应温度(从 55℃升到 60℃),吸油能力显著下降。因此,最适宜的纤维素分解酶 R10 反应温度是 50℃,同时也说明相较于黑曲霉纤维素分解酶,R10 可耐受较高温度。随着酶用量增加,玉米秸秆对油吸附能力也提高(50~150 U/g),然而进一步增加酶的投加量,玉米秸秆的吸油量反而有所下降,这表明,加入更多的纤维素分解酶,玉米秸秆吸油量不会同比增加。投加高剂量的纤维素分解酶,在反应底物一定时,纤维素分解酶的结合位点也是一定的,此时纤维素分解酶是过量的,过量的纤维素分解酶找不到附着点,从而

限制了酶的充分反应(Berlin et al., 2007)。在温度为 50℃和纤维素分解酶投加量为 100 U/g 条件下考察纤维素分解酶反应时间对改性玉米秸秆制备溢油吸附材料的影响。比较图 4-3 和图 4-12,可以看到 R10 反应更迅速,4 h 就能达到很好的改性效果,反应时间延长到 6 h,玉米秸秆对原油的吸附量由 4.63 g/g 增加至 16.3 g/g,进一步延长反应时间至 10 h,其吸油量降至 13.54 g/g。随着酶反应时间的增加,玉米秸秆将会形成更多的原油吸附位和孔隙,所以玉米秸秆的吸油量增强。然而,当反应时间超出一定值时,纤维素分解酶对玉米秸秆造成过多水解,从而使纤维素过多降解,材料内部形成较大的孔隙,这样不利于油分子的结合。

因此,获得最佳反应温度、酶投加量和反应时间对纤维素分解酶改性玉米秸秆很重要,这样才能达到最佳的改性效果。纤维素分解酶 R10 最佳反应时间为 4 h,酶投加量为 100 U/g 和反应温度为 50℃。

(3) HNCS 指由碱性过氧化氢(HN)化学改性的玉米秸秆吸附材料。具体改性方法见 3.3.1 小节。其中,HN 改性的玉米秸秆吸附材料,吸油量在改性反应时间为 14 h 时,达到 14.08 g/g,比原材料高 220%(图 4-13),改性效果明显,因此选择 HN 改性反应时间为 14 h 条件下制备得到的玉米秸秆吸附材料作为研究对象。

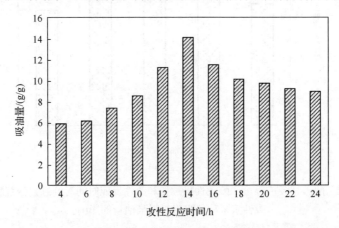

图 4-13 改性反应时间对碱性过氧化氢化学改性玉米秸秆吸附材料吸油量的影响

三种改性玉米秸秆的最佳条件和改性效果比较见表 4-3。

表 4-3 ACCS、RCCS 和 HNCS 的改性最佳条件和吸油效果

改性剂	温度/℃	酶量/(U/g)	时间/h	吸油量/(g/g)
AC	45	100	6	24.98
R10	50	100	4	16.30
HN	常温	0	14	14.08

4.3.2 不同纤维素分解酶改性玉米秸秆吸附材料的表征

对比 RCS、ACCS、RCCS 和 HNCS 的 SEM 图(图 4-14)可知:相较于 RCS 的表皮光滑,呈平整致密结构,无孔隙[图 4-14(a)],两种纤维素分解酶很好地破坏了玉米秸秆结构,致密光滑的表皮出现许多导管,表面粗糙[图 4-14(c)~图 4-14(f)];RCS 的内芯呈絮状,它们一层一层紧密地压缩在一起[图 4-14(b)](Zheng et al., 2010),经过黑曲霉纤维素分解酶(AC)和纤维素分解酶 R10(RC)处理后的玉米秸秆,紧密的絮状内芯膨胀,并出现很多小孔和空心细管,它们呈高度层片状。这可能是由于纤维素分解酶部分水解玉米秸秆中的纤维素,从而使其紧密联结的木质纤维素结构解聚。图 4-14(d)和图 4-14(f)表明,黑曲霉纤维素分解酶使层片状结构更疏松,这样油分子更容易浸入,从吸油量也可以得到一致结果。

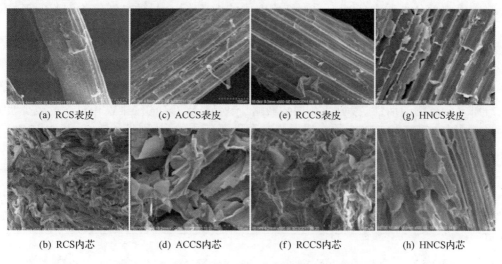

图 4-14　RCS、ACCS、RCCS 和 HNCS 的扫描电镜图

图 4-14(g)和图 4-14(h)显示,HNCS 的结构也明显被改变,过氧化氢对于玉米秸秆表皮的结构改性比纤维素分解酶作用明显,因为表皮木质素含量高,过氧化氢对木质素具有强氧化性。HNCS 出现大量的凹槽,为油分子提供了附着空间。

扫描电子显微镜图可以很直观地显示纤维素分解酶改性和过氧化氢改性对玉米秸秆的表面和内部结构变化的影响,纤维素分解酶对秸秆内芯的溶胀作用很明显,AC 作用比 RC 明显,而过氧化氢主要作用于秸秆表皮。

与此同时,三种改性途径均能使玉米秸秆的比表面积增加(表 4-4)。黑曲霉纤维素分解酶和纤维素分解酶 R10 均能解聚紧密连接的木质纤维素结构(图 4-14);碱性过氧化氢能脱木素,破解团聚紧密的木质纤维束。比表面积的大小依次为 RCS<HNCS<RCCS<ACCS,增大的比表面积能更好地容纳油分子的吸附,这将有利于秸秆对油的吸附。

表 4-4 RCS、HNCS、RCCS 和 ACCS 的比表面积

材料	BET 比表面积/(m²/g)
RCS	2.31
ACCS	9.37
RCCS	7.86
HNCS	7.14

化学组分分析的结果表明，玉米秸秆含有约 46.31%的纤维素，26.2%的半纤维素，13.9%的木质素(干重，表 4-5)。通过化学处理，在 14 h 内玉米秸秆纤维素相对含量有所增加，从 46.31%增至 46.7%(干重比)。木质素是秸秆中最难溶的成分，随着 HN 反应时间的增加而线性减小，14 h 后从约 13.9%降至 11.3%(干重)。Gould，Kerley，Fahey 等认为碱性过氧化氢溶液(pH 11.5)处理的木质素纤维素材料能溶解部分木质素(40%～60%细胞壁中的木质素)，导致破坏底物细胞的形态完整性和木质纤维素束(Kerley et al.，1985；Kerley et al.，1986；Kerley et al.，1987；Kerley et al.，1988；Sangnark et al.，2004)。两种纤维素分解酶都专一地作用于纤维素，使得玉米秸秆中的纤维素相对含量明显降低，只是因为两种酶的组成不同，酶活性不同，导致含量的变化有所不同。因为黑曲霉纤维素分解酶同时具备三类纤维素分解酶的活性(特别是 β-葡萄糖酶)，所以 ACCS 的纤维素相对含量减少明显。同时 ACCS 和 RCCS 的木质素相对含量都有升高，特别是 ACCS，从约 13.9%升高到 19.12%。由于秸秆三大组成成分的变化(木质素为疏水性的，而纤维素呈现亲水性)，材料的化学性质产生了相应的变化。

表 4-5 RCS、HNCS、RCCS 和 ACCS 中各组分含量

组分	纤维素/%	半纤维素/%	木质素/%
RCS	46.31	26.21	13.92
ACCS	38.52	22.58	19.12
RCCS	41.76	24.12	15.49
HNCS	46.7	26.5	11.3

汇总对比 RCS、HNCS、ACCS 和 RCCS 的红外光谱图(图 4-15)，可见五条光谱大体相似，有着共同的吸收波峰：3430 cm^{-1} 出现很强的较宽的吸收峰是由 O—H 伸缩振动引起，这主要是纤维素分子中形成氢键的羟基；2921 cm^{-1} 处的特征峰是 —CH$_2$—官能团和 C—H 反对称伸缩引起的；2880 cm^{-1} 是 —$\overset{|}{\text{C}}$—CH$_3$ 中的 C—H 对称伸缩引起的；1735 cm^{-1} 处的特征峰是 C=O 伸缩引起，这主要产生于半纤维素中的酰基和糖醛基；1637 cm^{-1} 出现的吸收峰与木质素中芳香基骨架振动有关，由于纤维素分解酶对玉米秸秆中的木质素几乎没有影响，所以此处波峰强度变化不大；1575 cm^{-1} 为酰胺中的 N—H 振动引起，这是酰胺化合物的特征峰；1505 cm^{-1} 处的吸收峰为苯环伸缩产生；1051 cm^{-1} 处的特征峰可能是由玉米秸秆中的木质素

的羟基振动引起,也可能是由半纤维素中的碳-羟基架桥弯曲引起;900 cm^{-1}处检测到的吸收峰是β-糖苷键的特征峰,纤维素分解酶能断裂纤维素链间和纤维素链内的1,4-β键,同时黑曲霉纤维素分解酶包括β-糖苷酶,它能水解纤维二糖为葡萄单糖;875 cm^{-1}处的吸收峰是由糖中的环振动引起,这主要是酶水解纤维素产生多糖和各种单糖。对比1505 cm^{-1}处由木质素苯环引起的波峰可以看出,经过纤维素分解酶改性后的玉米秸秆变化不大,而碱性过氧化氢改性的玉米秸秆明显减弱,这是因为纤维素分解酶对木质素没有作用效力,但是HNCS被脱掉部分木质素。3430 cm^{-1}和2921 cm^{-1}处的波峰强度都减弱,说明玉米秸秆中的碳水化合物被水解。而2845 cm^{-1}处峰在两种酶处理后均消失,而碱性过氧化氢处理后的玉米秸秆仍然保留,这可能是由于脂肪族化合物的降解使其所含甲基减少,说明碱性过氧化氢对此类物质没有影响。1335~1375 cm^{-1}、1230~1250 cm^{-1}、1150~1160 cm^{-1}、1100~970 cm^{-1}处吸收峰减弱,是玉米秸秆中纤维素、半纤维素、糖类及其他碳水化合物分解的标志(Liu et al., 2006a;Pawlak et al., 1997;Wu et al., 2011)。

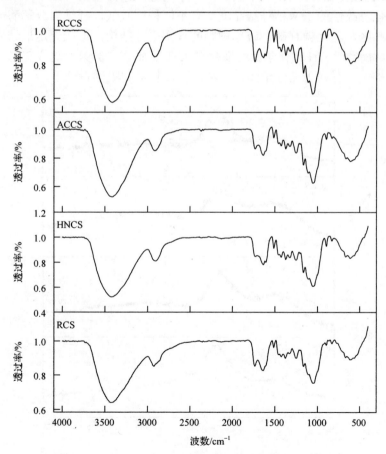

图4-15 RCS、HNCS、ACCS和RCCS的红外光谱图

另外，总结对比 RCS、HNCS、RCCS 和 ACCS 的 X 射线衍射(图 4-16)谱图，在氢氧化钠润胀过程中，它很难进入纤维素的结晶区，而只能部分水解非晶态纤维，同时无定形的木质素也被部分水解，使得材料的结晶区比例反而有所升高，所以 HNCS 的结晶度从 46.8%上升到 54.4%；相较于 RCS，RCCS 和 ACCS 的 002 区波峰明显减弱，ACCS 此处的波峰比 RCCS 低，同时无定形区的衍射波峰也有减弱，说明纤维素分解酶同时作用于纤维素的结晶区和非晶区，虽然结晶区的纤维素大分子链结构紧密，分子链规则地平行排列，水解速度很慢，化学试剂很难进入，但是微生物纤维素分解酶却能有效地水解这个区域，黑曲霉纤维素分解酶比纤维素分解酶 R10 更有活力，使材料的结晶度降低更多；经过碱性过氧化氢脱木质素的 HNCS 结晶度(CrI)变化不大，原因在于过氧化氢对纤维素氧化有限，同时它很难进入纤维素的结晶区，同时无定形的木质素被氧化。根据公式计算得到，RCS、HNCS、RCCS 和 ACCS 的结晶度见表 4-6。未改性的玉米秸秆结晶度高，说明排列致密的结晶区大，这不利于油分子的进入。而通过纤维素分解酶改性和碱性过氧化氢改性的玉米秸秆结晶度均有不同程度减低，纤维素分解酶能穿入纤维素的结晶区，弱化糖苷键，破坏规则的致密平行结构，形成无定形结构，所以纤维素分解酶改性 CrI 比化学改性变化更大(Liu et al., 2009)。这样玉米秸秆的无定形区域扩大，有利于油分子渗入，从而提高材料的吸油量。

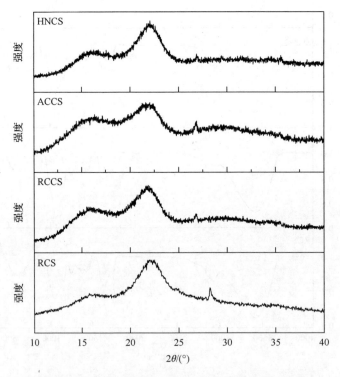

图 4-16　RCS、HNCS、RCCS 和 ACCS 的 XRD 图

表 4-6 RCS、HNCS、RCCS 和 ACCS 的结晶度   (单位：%)

RCS	HNCS	RCCS	ACCS
46.8	42.5	26.9	25.7

4.3.3 不同纤维素分解酶改性玉米秸秆吸附材料的吸油性能

1. 自身投加量对吸油性能的影响

在初始油量为 20 g 和吸附时间为 60 min 条件下，ACCS、RCCS 和 HNCS 对原油的吸附量与其投加量有密切的关系(图 4-17)。在初始油量一定时，当投加量从 0.1 g 增加到 0.2 g，ACCS 的吸油量从 19.87 g/g 增加到 24.98 g/g，RCCS 的吸油量从 14.75 g/g 增加到 16.3 g/g，HNCS 的吸油量从 12.21 g/g 增加到 14.08 g/g；但是继续增加吸附材料的投加量，反而降低单位质量的吸油量，三种吸附材料都有相同的趋势。由于吸附接触的石油表面积和油量一定，增加吸附材料的投加量会造成吸附材料的团聚和出现吸附位点过剩现象，吸附材料的投加量增加反而降低单位质量吸附材料的吸油能力。当投入过多的吸附材料时，吸附材料之间紧密黏结，会减少投入吸附的表面位点，阻碍扩散孔隙和造成吸附位点不饱和(Wei et al., 2005；Othman et al., 2008)。

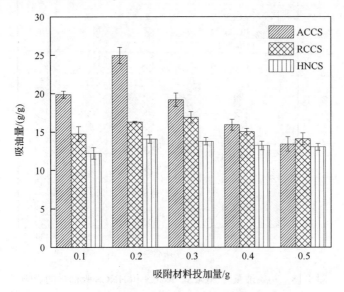

图 4-17 ACCS、RCCS 和 HNCS 的投加量对吸油量影响

2. 初始油量对吸油性能的影响

在吸附材料投加量为 0.2 g 和吸附时间为 60 min 条件下，ACCS、RCCS 和

HNCS 三种吸油剂在六个不同初始浓度下对原油的吸附能力见图 4-18。在初始浓度为 5~20 g 时，ACCS、RCCS 和 HNCS 吸油量随着初始油量增加而增加；各吸附材料在初始油量为 20 g 时基本达到最大吸油量，分别为 24.98 g/g、16.3 g/g、14.08 g/g，此时，由于初始油量增加，油层厚度也增加，吸附材料接触到水面的机会越小，同时油分子越多，接触并黏附吸附材料表面的概率越大，有利于油分子扩散。但是初始油量高于 20 g 时，三种吸油剂的吸油量已达到平衡，基本不再随着初始油量增加而增加。在此阶段，吸附材料的吸油量已经达到平衡，吸附材料的吸油位点和空间已经饱和，不再能吸附油分子(Aboul-Gheit et al., 2006；Sokker et al., 2011)。从图 4-18 可知，原油的最佳吸附材料为经黑曲霉纤维素分解酶改性的玉米秸秆，最差吸附材料是经碱性过氧化氢改性的玉米秸秆，但是三种改性玉米秸秆吸附材料的吸油能力均较玉米秸秆原材料的吸油能力有了较大幅度的提高，ACCS、RCCS 和 HNCS 吸油能力比图 3-4 分别提高 5.67、3.7、3.2 倍，提升效果明显。比较吸附能力可以看出，纤维素分解酶改性效果均优于化学改性(比较其他研究结果)。其原因在于纤维素分解酶改性能大幅降低材料的结晶度(化学试剂易进入纤维素的结晶区)，有利于吸附材料对油分子的吸收。同时纤维素分解酶改性比化学改性还具有高效快速、减少化学试剂的使用等优点(Chao, 2004)。

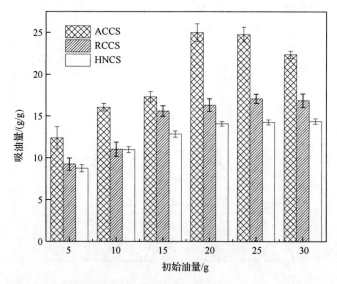

图 4-18 初始油量对 ACCS、RCCS 和 HNCS 吸油量的影响

3. 吸附时间对吸油性能的影响

在吸附效率方面，ACCS、RCCS 和 HNCS 三者吸油量均在很短的接触时间内增加迅速，然后缓慢增加直到吸附平衡(图 4-19)。这可能是因为吸附开始阶段，

吸附材料可以提供大量吸附位点,所以吸附速度很快。然而随着吸附材料表面被吸附质集聚,吸附质之间排斥力增加,同时吸附位点大量减少,严重影响了随后的吸附。

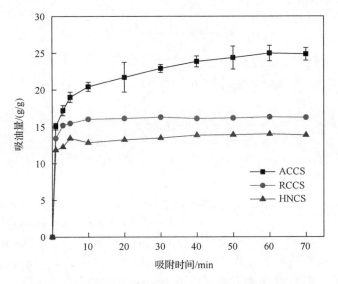

图 4-19　ACCS、RCCS 和 HNCS 吸油量随吸附时间变化

ACCS 在 10 min 内迅速吸附原油,之后吸油量极为少量地增加,接着吸油速率与解吸速率逐渐趋于平衡,平衡吸油量为 24.98 g/g。RCCS 和 HNCS 吸油量在 5 min 内基本达到饱和,随着吸附时间的延长,吸油量并未增加,这充分说明后两种吸附材料主要是吸附占主导地位,油分子很难进入材料内部,从 BET 分析也能看出,它们的比表面积均小于 ACCS。纤维素分解酶 R10 缺乏 β-葡萄糖苷酶,限制了纤维素的水解,同时过氧化氢脱掉疏水性木质素后,使材料的亲水憎油性增加,从而影响材料的吸油量。

4.3.4　不同纤维素分解酶改性玉米秸秆吸附材料的吸附机理

1. 吸附动力学研究

吸附动力学的建立是为了找出控制吸附速率的主要过程。一般吸附速率在吸附开始阶段会很快,然后吸附速率会迅速下降直到吸附达到平衡。根据 Tseng 等(2010)提出的准一级动力学方程(pseudo-first-order kinetic equation)和 Ho 等(1999, 2006)提出的准二级动力学方程(pseudo-second-order kinetic equation),同时也采用颗粒间扩散动力学方程拟合吸附曲线,评估改性玉米秸秆吸附材料的吸油效率。

准一级动力学方程:

$$\lg(q_e - q_t) = \lg q_e - \frac{k_1}{2.303}t \tag{4-1}$$

准二级动力学方程:

$$\frac{t}{q_t} = \frac{1}{k_2 q_e^2} + \frac{1}{q_e}t \tag{4-2}$$

$$t_{1/2} = \frac{1}{k_2 q_e} \tag{4-3}$$

$$h = k_2 q_e^2 \tag{4-4}$$

颗粒内扩散方程:

$$q_t = k_i t^{0.5} + C \tag{4-5}$$

式(4-1)~式(4-5)中,q_e 是吸附材料的平衡吸附油量,g/g;q_t 是在吸附时间为 t 时吸附材料的吸油量,g/g;k_1 是准一级动力学方程的动力学常数,min^{-1};k_2 是准二级动力学方程的动力学常数,$g/(g \cdot min)$;k_i 是扩散系数,$g/(g \cdot min^{1/2})$;C 是扩散常数;$t_{1/2}$ 和 h 分别是达到平衡吸附一半的时间和初始吸附速率,可以用它们衡量吸油过程初始阶段和整个过程的速率。C 值越小,说明吸附材料颗粒边界层对吸附过程的影响越小(Nanseu-Njiki et al., 2010)。

通过拟合三种改性玉米秸秆吸附材料的吸附动力学方程,可反映其吸附动力学行为,表 4-7 表示改性后的材料吸附石油的准一级动力学及准二级动力学参数,图 4-20 和图 4-21 分别表示准一级动力学曲线和准二级动力学曲线。

表 4-7 ACCS、RCCS 和 HNCS 吸附石油的准一级和准二级动力学参数

吸附材料	$q_{e,\,exp}$ /(g/g)	准一级动力学方程			准二级动力学方程		
		q_{eq} /(g/g)	k_1 /min^{-1}	R^2	q_{eq} /(g/g)	k_2 /[g/(g·min)]	R^2
ACCS	24.98	9.845	0.0596	0.9813	25.45	0.019	0.9987
RCCS	16.3	0.8024	0.1025	0.5014	16.29	0.28	1
HNCS	14.08	1.455	0.0944	0.7814	14.01	0.12	0.9997

注:在常温下,油水比为 20 g∶150 mL,反应时间为 70 min 时进行动力学吸附。

从表 4-7 的拟合结果可以看到,ACCS、RCCS 和 HNCS 的吸附动力学均较好地吻合准二级动力学方程,但是将数据对准一级动力学方程进行拟合发现,ACCS 较好地符合此方程,而 RCCS 和 HNCS 对其的拟合相关性系数 R^2 只有 0.50 和 0.78。比较这两个动力学方程得到的理论平衡吸附量,用准二级动力学方程拟合出的 ACCS、RCCS 和 HNCS 理论平衡吸附量与试验得到的平衡吸附量几乎一致,而用

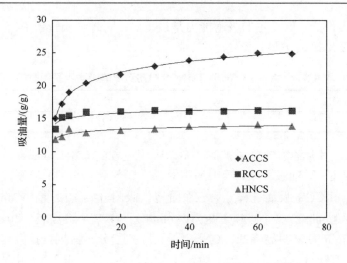

图 4-20　ACCS、RCCS 和 HNCS 吸附石油的准一级动力学曲线

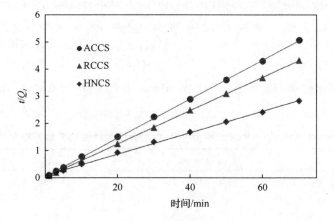

图 4-21　ACCS、RCCS 和 HNCS 吸附石油的准二级动力学曲线

准一级动力学方程拟合出的理论平衡吸附量均远远低于实际测得的平衡吸附量。准一级动力学方程只能应用于吸附反应过程,而准二级动力学方程可以应用于整个吸附过程,并且说明控制吸附的阶段是化学吸附。因为准二级动力学方程能更好地描述 ACCS、RCCS 和 HNCS 的吸油过程,所以说明它们都发生了化学吸附,而不只是简单的物理吸附,这与其他研究结果一致(Thompson et al., 2010; Angelova et al., 2011; Gui et al., 2011; Li et al., 2013)。在吸附开始阶段,ACCS、RCCS 和 HNCS 的吸附速率都较快,但是随后 RCCS 和 HNCS 的吸附速度都比 ACCS 快,这可能是因为前两者主要是吸附作用,而 ACCS 包括吸附和吸收过程,吸收过程降低了吸附速率。同时比较吸附半平衡时间,RCCS 比 HNCS 快,这可能是因为 RCCS 的比表面积大于 HNCS,可以提供更多的吸附位点(表 4-8)。虽然 ACCS 的

吸附速率是最低的，但是它的吸附能力是最大的，同时它相较于 RCS 和其他改性吸油剂均表现出很大优势。

表 4-8 ACCS、RCCS 和 HNCS 吸附石油的吸附半平衡时间

吸附材料	ACCS	RCCS	HNCS
$t_{1/2}$/min	2.068	0.2192	0.5948

式(4-5)可用于考察油分子扩散在整个吸附过程的作用(Singanan，2011)，见表 4-9。在 ACCS 吸油过程中，吸附质很容易在颗粒间扩散，扩散系数 k_i 为 1.2653 g/(g·min$^{1/2}$)。RCCS 吸油过程分为三个阶段，吸附开始阶段(前 5 min)，油分子能容易扩散入吸油剂，k_i 为 1.7133g/(g·min$^{1/2}$)；第二个阶段(5～20 min)，k_i 为 0.2765 g/(g·min$^{1/2}$)，明显降低，这是由于孔隙被油分子占据，扩散作用减少，同时可能发生颗粒内扩散；第三个阶段，k_i 为 0.0248g/(g·min$^{1/2}$)，并且与颗粒扩散相关性很低，说明此阶段不受颗粒扩散影响。HNCS 吸油过程分为两个阶段，吸附开始阶段(前 5 min)，油分子缓慢扩散到吸油剂上，k_i 为 1.2455 g/(g·min$^{1/2}$)；第二个阶段，k_i 为 3.9456 g/(g·min$^{1/2}$)，明显提高。同时，三者的拟合曲线均未通过坐标原点，说明油分子扩散不是控制吸附的唯一过程。三者对颗粒内扩散拟合都差于准二级吸附动力学方程，说明吸附质颗粒内扩散不是控制吸附速率的主要因素。

表 4-9 ACCS、RCCS 和 HNCS 吸附石油的颗粒内扩散方程参数

吸附材料	k_i/[g/(g·min$^{1/2}$)]	C/(g/g)	R^2
ACCS	1.2653	15.423	0.9371
RCCS	0.2542	14.500	0.566
HNCS	0.2505	12.083	0.7836

2. 吸附等温线拟合研究

一定温度条件下，当吸附材料与一定浓度的吸附质接触而发生吸附作用，则吸附材料吸附量与吸附质残留(平衡)浓度之间存在着关联性。吸附等温线对描述吸附材料对吸附质的特定吸附行为是非常重要的。常见的吸附等温线模式有最早由 Freundlich 提出的恒温吸附经验式，随后 Langmuir 提出了单分子层吸附理论，以及由 Langmuir 假设与理论而导出的多分子层吸附模型(BET 吸附方程式)(Zheng et al.，2010；Zheng et al.，2010；Chen et al.，2011；Bingol et al.，2012；Deng et al.，2012；Ding et al.，2012；Liu et al.，2012)。通过拟合吸附等温线可以推断出对吸附起主要作用的作用力。

Langmuir 于 1918 年提出等温吸附理论，其假设要点为：①固体吸附材料表面具有分布均匀的无数吸附位点，每一个吸附位点只能吸附一个分子。②各吸附

位点对吸附材料的亲和力是相同的。③固体吸附材料表面单分子层最大吸附容量,为单层饱和吸附容量。④吸附的吸附质分子不会脱附。

Langmuir 吸附等温线方程为

$$q_e = \frac{q_{max}bC_e}{1+bC_e} \tag{4-6}$$

为了方便作图计算,通常转化为

$$\frac{C_e}{q_e} = \frac{1}{bq_{max}} + \frac{C_e}{q_{max}} \tag{4-7}$$

式(4-6)~式(4-7)中,q_e 是吸附材料对油的平衡吸附量,g/g;q_{max} 是吸附材料对油的最大吸附量,g/g;C_e 是吸附平衡时剩余油的浓度,g/L;b 是 Langmuir 吸附常数,L/g。以 C_e 为 x 轴,C_e/q_e 为 y 轴作图,即算出理论最大平衡吸附量 q_{max} 和吸附常数 b。Langmuir 吸附等温线方程只适于单分子层吸附,所以通过拟合模型得到的最大吸附量 q_{max} 为吸附质单分子层吸附时最大吸附容量(Zuyi et al. 2000)。

Langmuir 吸附等温方程中,可以用分离因子 R_L 来分析吸附过程:

$$R_L = \frac{1}{1+bC_0} \tag{4-8}$$

式中,C_0 是初始油浓度。分离因子 R_L 可以用来评价吸附质与吸附材料之间的亲和力,R_L 与吸附过程的关系见表 4-10。

表 4-10 分离因子 R_L 与吸附过程的关系

R_L	吸附过程
$R_L=0$	不可逆
$0<R_L<1$	有利吸附
$R_L=1$	可逆
$R_L>1$	不利吸附

Freundlich 等温式是一个基于异质吸附材料表面的经验公式,Freundlich 方程的普遍表达形式如式(4-9)所示(Arica et al., 2007;Conrad et al., 2007;Gong et al., 2007):

$$q_e = K_F C_e^{1/n} \tag{4-9}$$

式(4-9)转化为线性表达式为

$$\ln q_e = \ln K_f + \frac{1}{n} \ln C_e \tag{4-10}$$

式中，K_f 单位为 (g/g) 和 n 是 Freundlich 方程常数，K_f 的大小体现了吸附材料对吸附质的吸引力大小，斜率 $1/n$ 反映的是吸附过程的非线性程度，越趋近 1 线性程度越高；截距 $\ln q_e$ 用来衡量吸附能力。一般认为，符合 Fredundlich 吸附等温线的吸附过程是发生在非匀质表面的多层吸附 (Deng et al., 2009；Harmita et al., 2009；Ibrahim et al., 2009)。

三种经改性的玉米秸秆吸附材料在常温下对原油吸附的吸附等温线模式可以用 Freundlich 恒温吸附方程和 Langmuir 恒温吸附方程进行考察 (Alihosseini et al., 2010；Ibrahim et al., 2009)，如表 4-11 所示。

表 4-11　ACCS、RCCS 和 HNCS 吸附石油的 Langmuir 及 Freundlich 等温方程参数

吸附材料	Langmuir 方程				Freundlich 方程		
	q_{max}/(g/g)	b/(L/g)	R_L	R^2	n	K_F/(g/g)	R^2
ACCS	27.03	0.0397	0.1589	0.9436	3.273	5.157	0.8477
RCCS	20.08	0.0339	0.1812	0.9832	3.139	3.463	0.9131
HNCS	16.16	0.0483	0.1344	0.9978	3.978	4.083	0.9675

(1) 玉米秸秆经黑曲霉纤维素分解酶、纤维素分解酶 R10 和碱性过氧化氢改性后，其产物对原油吸附。Langmuir 方程式中的相关系数 R^2 值分别为 0.9436、0.9832 及 0.9978，Freundlich 方程式分别为 0.8477、0.9131 及 0.9675，由此结果得知 Langmuir 方程式相关性较佳，适用性较高。

(2) 表 4-11 中两方程式吸附常数 b 及 K_f 相比较，可发现黑曲霉纤维素分解酶改性玉米秸秆的吸附常数比较大，而碱性过氧化氢改性比纤维素分解酶 R10 改性玉米秸秆的吸附常数值都大，吸附常数越大则表示吸附力越强，这说明黑曲霉纤维素分解酶改性是最有效的改性方法。

(3) Langmuir 方程式中 q_{max} 为吸附材料单层吸附理论最大吸附量，ACCS 的 q_{max} 为 27.03 g/g，均大于 RCCS 和 HNCS。同时可以看出 ACCS 和 HNCS 的单层吸附理论最大吸附量与实际平衡吸附量几乎一致，说明这两种改性吸附材料主要发生的是单层吸附 (Zuyi et al., 2000)，而 RCCS 单层吸附的理论最大吸附量远高于实际平衡吸附量。

(4) 根据 Langmuir 方程式得到的 R_L 均大于 0 小于 1，Freundlich 方程式中 n 均大于 1，这些都说明三种改性获得的溢油吸附材料对原油的吸附行为属于有利性，另外这三种吸附材料对原油的等温吸附曲线 (图 4-22 和图 4-23) 的趋势与 Freundlich 吸附曲线 $n>1$ 者相似。

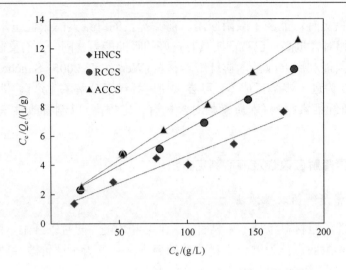

图 4-22　ACCS、RCCS 和 HNCS 的 Langmuir 等温曲线

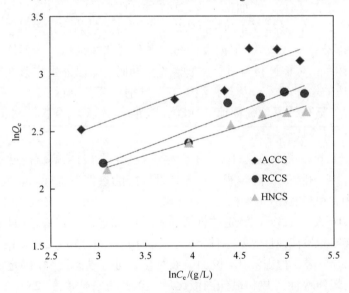

图 4-23　ACCS、RCCS 和 HNCS 的 Freundlich 等温曲线

由此可知，本节研究所制改性玉米秸秆均对原油具有相当高的吸附亲和性，吸附能力依次为：ACCS＞RCCS＞HNCS。

4.4　纤维素降解菌改性玉米秸秆吸附材料

相关研究表明，木质素是有效的疏水化合物吸附材料。在木质素的多种处理方法当中，酶解木质素最密切地保留了天然木质素的结构，因此酶解木质素比其他商业木质素更有可能利于吸附应用。前文提及的纤维素酶改性玉米秸秆吸附材料，木质素相对含量高，已被证明具有良好的吸油能力。同时，有文献材料表明，纤维素降解菌能利用并改性木质纤维素材料(Wen et al., 2005；Sanchez, 2009；Liu et al., 2013)。为进一步降低成本，可尝试使用纤维素分解酶生产菌(即纤维素降解菌)降解木质纤维素材料(木质素相对含量有一定提高)以制备改性玉米秸秆吸附材料。

4.4.1 纤维素降解菌改性及酶活测定方法

1. 纤维素降解菌改性方法

进行改性的原材料包括玉米秸秆、玉米芯和木屑。同时以纤维素降解菌种(包括里氏木霉和黑曲霉作为进行生物改性的菌种，并且为了评价改性效果，以一种乳酸菌少孢根霉(*Rhizopus oligosporus*)作为对比。里氏木霉来自广东省微生物菌种保藏中心(GIM3.141)，黑曲霉和少孢根霉来自宾夕法尼亚州立大学植物病理菌种保藏实验室，同时保存在 4℃下的马铃薯葡萄糖琼脂斜面培养基上。

采用固态发酵方式改性，根据设计的方案分别选择锥形瓶培养体系和 Unicorn 生长袋培养体系，对秸秆材料进行生物改性。同时，为保证生物改性的顺利进行，需要选择合适的培养基配方及营养液配方，分别对菌种进行保存、活化及改性时的培养；其中包括马铃薯葡萄糖琼酯(PDA)培养基、察氏培养基和 Mandel 营养液。

1) 锥形瓶培养体系

在 100 mL 锥形瓶中加入 1.5 g 玉米秸秆(已经过 121℃高温湿热灭菌)，均匀地加入相应量的菌悬液和营养液，在下列设计好的条件下进行固态发酵培养。

(1) 在 30℃和固液比(玉米秸秆：营养液)为 1 g：3 mL 时，分别培养 2 天、4 天、6 天、8 天、10 天和 12 天，测定改性后材料的吸油量，确定最佳改性时间。

(2) 在 30℃和最佳改性天数条件下，分别以 1g：1mL、1g：2mL、1g：3mL、1g：4mL 和 1g：5mL 这 5 种固液比，投加菌液对材料进行固态发酵，确定最佳固液比。

(3) 确定最佳改性天数和最佳固液比后，以此为条件，在 25℃、30℃、35℃和 40℃的温度下培养，确定最佳改性温度。

(4) 每份改性材料取两份平行样。

2) Unicorn 生长袋培养体系

Unicorn 生长袋培养体系为纤维素降解菌生长于聚乙烯生长袋中(Unicorn, Commerce, Tex.)。具体改性步骤如下：在生长袋中加入 100 g 玉米秸秆、玉米芯或者木屑(在 121℃高温湿热灭菌 30 min)，均匀地滴加入 1%的菌悬液和营养液，调节固液比为 3g：1mL，在 30℃的温度下培养，培养 6 天后灭菌，用蒸馏水反复清洗材料，烘干后测定改性后材料的吸油量。

3) 培养基配方

(1) 马铃薯葡萄糖琼脂(PDA)培养基。

PDA 培养基成本低，属于天然培养基，是培养真菌的经典培养基。PDA 培养基营养丰富，实验发现黑曲霉在 PDA 上的生长速度明显快于察氏培养基。本次实验研究用 PDA 培养基作为保存菌种的培养基。

PDA 培养基配方见表 4-12。

表 4-12 PDA 培养基配方

药品名称	用量	药品名称	用量
去皮新鲜马铃薯	200 g	$MgSO_4 \cdot 7H_2O$	1.5 g
葡萄糖	20 g	硫胺素	0.01 g
琼脂	20 g	水	1000 mL
KH_2PO_4	3 g		

(2) 察氏培养基。

黑曲霉对玉米秸秆进行改性时的固体发酵培养基所添加的无机盐营养液通过察氏培养基培养得到(表 4-13)，同时为让菌体更好地适应固体发酵的条件，菌体活化时也采用察氏培养基。

表 4-13 察氏培养基配方

药品名称	用量	药品名称	用量
$NaNO_3$	3 g	$FeSO_4$	0.01 g
$KH_2PO_4 \cdot 3H_2O$	1 g	蔗糖	30 g
$MgSO_4 \cdot 7H_2O$	0.5 g	尿素	0.3 g
KCl	0.5 g	蒸馏水	1000 mL

(3) Mandel 营养液。

Mandel 营养液用于培养里氏木霉，作为外加营养源投加于里氏木霉改性玉米秸秆体系中。其具体配方如表 4-14 所示。

表 4-14 Mandel 营养液配方

药品名称	用量	药品名称	用量
$CaCl_2 \cdot 2H_2O$	0.4 g	$FeSO_4 \cdot 7H_2O$	0.005 g
KH_2PO_4	2 g	蔗糖	12 g
$MgSO_4 \cdot 7H_2O$	0.3 g	尿素	0.3 g
$MnSO_4 \cdot H_2O$	1.6 mg	$ZnSO_4 \cdot 7H_2O$	1.4 mg
$(NH_4)_2SO_4$	2.8 g	蒸馏水	1000 mL

2. 改性期间酶活测定方法

为明确改性机理，需要在改性期间对纤维素酶活力进行测定，其中涉及粗酶液的提取及纤维素酶的酶活力测定。

1) 粗酶液的提取

取出固态发酵的玉米秸秆、玉米芯和木屑基质(约 1 g)，置于 50 mL 的塑料离心管中，加入 10 mL 蒸馏水。在 4℃下，将上述离心管置于冰浴摇床中，在 150~200 r/min 的转速条件下振荡 1 h。随后，使用高速冷冻离心机将其在 8000 r/min、4℃条件下离心 15 min。将上层清液先后使用定性滤纸和 0.45 μm 微孔滤膜过滤，可提取得到 1∶10 的真菌粗酶液，作为真菌分泌的纤维素酶和半纤维素酶酶活测定用。

2) 纤维素酶的酶活力测定

纤维素酶的酶活力[包括纤维素酶滤纸酶活(FPA)、纤维素内切酶活(CMC)和纤维素外切酶活(CB)三种]，以及半纤维素的酶活力，均可为纤维素降解菌改性材料的机理提供佐证。三种纤维素酶的酶活力测定均可按照国际理论和应用化学协会推荐的标准方法进行(Cao et al., 2005)。半纤维素酶的酶活力测定按照 Baily 等(1992)的方法进行。其中酶活力计算公式如下所示。

(1) 纤维素酶活计算公式如下：

$$酶活力(U/g) = \frac{葡萄糖含量(mg) \times 稀释倍数 \times 5.56}{反应液中酶液加入量(mL) \times 样品量(g) \times 反应时间(min)} \quad (4\text{-}11)$$

式中，5.56 是 1 mg 葡萄糖的物质的量(单位为 μmol，1000/180=5.56)；纤维素酶活定义为每分钟产生 1 μmol 的葡萄糖量所需的酶量即一个酶活单位 U。

(2) 半纤维素酶活计算公式如下：

$$酶活力(U/g) = \frac{木糖含量(mg) \times 稀释倍数 \times 1000}{反应液中酶液加入量(mL) \times 样品量(g) \times 反应时间(min)} \quad (4\text{-}12)$$

式中，半纤维素酶活定义为每分钟将 1%木聚糖水解产生 1 mg 还原糖(以木糖计)所需的酶量作为一个酶活单位 U。

4.4.2 黑曲霉改性玉米秸秆吸附材料

1. 无外加碳源改性

影响黑曲霉生长和产酶的因素都将影响黑曲霉改性玉米秸秆的效果。通过四因素五水平的正交试验可获得最优吸油量的改性玉米秸秆吸附材料(表 4-15 和表 4-16)。

第4章 秸秆吸附材料的生物改性

表4-15 正交试验直观分析表

序号	温度/℃	菌液/%	时间/d	干料(g):水(mL)	吸油量/(g/g)
1	25	2	3	1:1	11.88
2	25	4	6	1:2	10.9
3	25	6	9	1:3	11.71
4	25	8	12	1:4	14.69
5	25	10	15	1:5	13.81
6	30	2	6	1:3	10.8
7	30	4	9	1:4	13.06
8	30	6	12	1:5	12.28
9	30	8	15	1:1	12.98
10	30	10	3	1:2	11.13
11	35	2	9	1:5	12.89
12	35	4	12	1:1	12.95
13	35	6	15	1:2	12.28
14	35	8	3	1:3	13.63
15	35	10	6	1:4	10.21
16	40	2	8	1:2	12.24
17	40	4	10	1:3	11.63
18	40	6	2	1:4	11.38
19	40	8	5	1:5	10.68
20	40	10	6	1:1	9.94
21	45	2	10	1:4	13.48
22	45	4	2	1:5	11.38
23	45	6	4	1:1	10.65
24	45	8	6	1:2	9.25
25	45	10	8	1:3	12.35

表4-16 正交试验方差分析表

变异来源	平方和	自由度	均方	F	差异显著性检验值
校正模型(corrected model)	34.229	16	2.139	2.118	0.142
截距	3555.141	1	3555.141	3520.159	0.000
A.温度/℃	7.543	4	1.886	1.867	0.210
B.菌液投加量/%	2.380	4	0.595	0.589	0.680
C.反应时间/d	18.584	4	4.646	4.600	0.032
D.干料:水	5.723	4	1.431	1.417	0.312
误差	8.079	8	1.010		
总变异量	3597.449	25			
总校正数	42.309	24			

注:R^2=0.809;因变量:吸油量。

由正交试验直观分析表的极差可以看出,因素影响主次顺序为:因素 C(反应时间)>因素 A(温度)>因素 D(干料∶水)>因素 B(菌液投加量)。而从正交实验方差分析表中可知,由于 $F_{0.05}(4, 8)=3.84$,因素 C(反应时间)显著,在 5%显著性水平上,而 A(温度)、B(菌液投加量)、D(干料∶水)对实验结果没有显著影响。根据 F 值可知,因素影响主次顺序为反应时间>温度>固液比>菌液投加量。因素 B 在这四个因素中最不具有显著性,可选取最小值。这与直观分析的结果相符。

查看因素 C 的各水平上的平均值对照表知,选水平 4 最佳。其他因素选择 $A_1B_1D_4$。所以吸附材料的最佳改性条件为 $A_1B_1C_4D_4$,即 25℃、2%的菌体投加量、12 d 的反应时间、固液比为 1∶4。在温度这个因素上,25℃和 30℃并不存在显著性差异,又根据文献上对黑曲霉的培养基本采用 30℃,且在实验中发现,黑曲霉在 30℃比在 25℃时生长较好。所以在此改性过程中,采用 30℃作为反应温度。

由图 4-24 变化曲线可知,在 30℃玉米秸秆与水比例为 1∶3 时,在第 9 天改性后玉米秸秆的吸油量达到了最大值,为 14.28 g/g,随着材料改性时间(即黑曲霉生长时间)的延长,改性玉米秸秆吸附材料的吸油量稍有下降,但是几乎保持在 13 g 左右。黑曲霉改性玉米秸秆吸附材料的吸油量是玉米秸秆原材料的 3.24 倍。这与正交试验中得到的最佳改性时间不同,可能是因为培养温度使其生长加快,二级代谢时间提前,其更快地达到改性效果的最高峰。

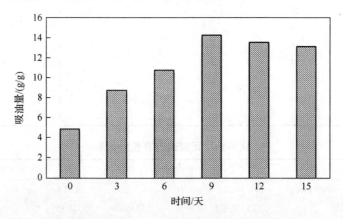

图 4-24 无外加碳源黑曲霉改性玉米秸秆吸附材料的吸油量-时间变化曲线

酶活变化可从侧面说明改性材料吸油量变化的原因。从图 4-25 的酶活变化对吸油效果的变化曲线可知,纤维素酶滤纸酶活 FPA 酶活、纤维素内切酶活(CMC 酶活)、纤维二糖水解酶活的变化趋势较为一致,而 CMC 酶所代表的纤维素内切酶和纤维二糖水解酶是协同作用的关系,它们的同步增长和下降,也说明了纤维素的降解速度呈现先增长,到反应 11 天开始下降的态势。

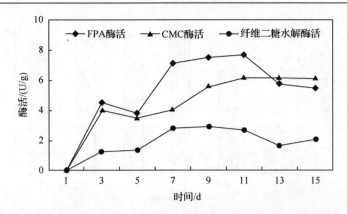

图 4-25　无外加碳源黑曲霉改性玉米秸秆吸附材料吸油过程的酶活变化曲线

反应第 9 天，纤维素酶呈现上升的态势，可以判断该期间纤维素的降解速度在不断地加快，同时加上黑曲霉菌丝作用，其可伸进内部对木素纤维素进行降解和疏松，使内部的孔隙率增大，在第 9 天达到有利于吸油的孔隙最佳状态，而后，黑曲霉产的纤维素酶进一步作用，使木素纤维素降解过多，孔隙进一步增大，此时的孔径不适于黏附油分子，所以吸油量降低。

在第 13 天时，纤维素内切酶活高于纤维素酶滤纸酶活，而理论上，纤维素内切酶属于纤维素酶的一个组成成分，纤维素内切酶活应该小于纤维素总酶活，但由于 CMC 是可溶性纤维素，酶液与 CMC 反应属于液相反应，而酶液与滤纸反应为固液相反应，空间阻碍大，由于吸附对酶的活性部位与纤维素分子链段的结合及催化均有很大影响，而纤维素不溶于水，纤维素酶在对其攻击时会有空间障碍，而吸附于纤维素上的纤维素酶的活性又受时间的限制，在尚存活性时，如果不与基质作用，就会失活。其基质传递速度和均匀性不及单相反应，所以出现 CMC 酶活比 FPA 酶活大的情况。

2. 外加碳源改性

相关研究表明，蔗糖的存在对真菌纤维素酶的产生有一定诱导作用，研究中使用的碳源主要是难溶性的玉米秸秆，相对于可溶性碳源较难直接被微生物利用，外加可溶性碳源可被黑曲霉快速吸收，将对菌丝的生长起诱导作用，缩短产酶周期，加快次级代谢，从而使改性周期缩短（Pérez et al., 2002；Wan et al., 2010a）。

改性时间（即黑曲霉的培养时间）长短，对改性玉米秸秆吸油量产生一定影响。由图 4-26 可知，改性后吸附材料的吸油量在 6 天前呈上升的趋势，6 天达到了最大值，为 14.86 g/g，而后稍有下降，但都稳定在 13～14 g/g。添加外加碳源虽未明显改善吸油能力，但是明显缩短了改性时间。

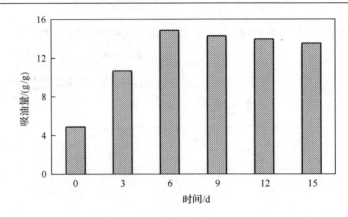

图 4-26 加碳源黑曲霉改性玉米秸秆吸附材料的吸油量-时间变化曲线

酶活的变化曲线(图 4-27)则显示，CMC 酶活、纤维二糖水解酶活的变化趋势基本一致，反应 6 天后达到最大值。而 FPA 酶活在反应 9 天后达到最大值，有可能是由于 β-葡糖苷酶的产生，但 β-葡糖苷酶主要是将小分子的纤维二糖、纤维三糖降解为葡萄糖，对纤维素的晶体结构影响不大，总体来说纤维素的降解速度呈现先增长，到反应 6 天，随培养时间增加，可能与底物浓度降低及代谢产物抑制作用有关，CMC 酶活、纤维二糖水解酶活开始呈现下降的态势。而木质素降解酶中 LiP 酶活性相对于纤维素酶活都要低，但是从反应的第 3 天到第 6 天，LiP 酶(木质素过氧化物酶)活性迅速增长，并在第 6 天达到最大值，木质素的降解开始进行。生长的后期，菌体产酶量下降，可能是菌体生长开始进入后期的衰亡期，菌体衰老自溶。反应的前 6 天，纤维素酶和木质素降解酶都呈现一个上升的态势，可以判断该期间纤维素和木质素的降解速度在不断地加快，在第 6 天达到一个有利于吸油的孔隙最佳状态，而后，纤维素酶和木质素降解酶的进一步作用将使木素纤维素降解过多，使孔隙增大，反而不利于油分子的黏附，所以吸油量降低。

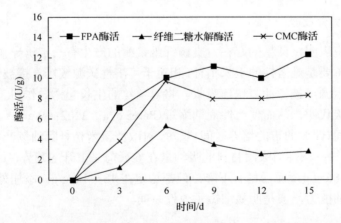

图 4-27 加碳源黑曲霉改性玉米秸秆吸附材料吸油过程的酶活变化曲线

由于改性中使用固态发酵培养基，因而培养基的固液比和改性温度也对改性玉米秸秆吸附材料的吸油量产生影响。吸油量在固液比(干料：水)为 1g：1mL～1g：3mL 之间缓慢上升，这是因为含水率较低，干料：水＞1：3 时，表面干化严重，菌体生长繁殖受到抑制，菌丝作用能力较低，同时，这也影响黑曲霉代谢活动的进行，直接影响其纤维素酶产量，降低了改性的作用。当含水率逐渐升高时，即干料：水＜1g：3mL 时，培养基表面易黏结成块，基质多孔性降低，这将阻碍菌体对氧气的利用，发酵前期易结块，黑曲霉产酶时间延后，在时间单因素分析图中可看见，6 天前产酶都呈上升的趋势，产酶时间的延后，将使木素纤维素降解效果降低，改性效果不良。含水率过大，还会出现夹心现象，这时菌体无法充分利用培养基，菌丝作用困难。

温度较低时，黑曲霉生长代谢受到抑制，产酶量低。随着温度上升，黑曲霉生长活力逐渐达到最佳(Wan et al., 2010b)，当黑曲霉在温度到达 30℃时，改性玉米秸秆吸油量达到最高，为 13.91 g/g。文献报道黑曲霉的静置培养基本都在 30℃，其最适生长温度为 28～37℃，与本研究的结果一致。黑曲霉在 30℃时生长良好，细胞代谢、物质合成和生长也相应加快，菌丝作用明显，这可能是使吸油量上升的原因。但随着温度进一步升高，生物活性物质如蛋白质、核酸等发生不可逆的变性，细胞功能下降，甚至死亡，使得黑曲霉作用降低，改性效果变差。

综上所述，是否有外加碳源，黑曲霉改性玉米秸秆制备的吸附材料吸附效果相差不大，但外加碳源改性所用时间较短。最佳改性条件为 30℃下固液比为 3：1 时培养 6 天。

4.4.3 适于黑曲霉改性的吸附材料选择

适用于纤维素降解菌改性的吸附材料多种多样，包括玉米秸秆、玉米芯及木屑等，由于这些原材料的纤维素和木质素组分比例、结构不尽相同，因而可能会影响改性获得吸附材料的吸附性能。为进一步选择适用于黑曲霉改性的吸附材料，可通过比较黑曲霉改性不同吸附材料(其纤维素和木质素的组分与比例不同)的吸油效果说明。因此，选择玉米秸秆、玉米芯和木屑等吸附材料，利用黑曲霉对其进行生物改性(在 Unicorn 生长袋培养体系进行)，分别制得改性吸附材料 ANCS、ANCC 和 ANWC。未改性玉米秸秆、玉米芯和木屑则分别用 RCS、RCC、RWC 表示。以上材料的吸油性能，将通过其对原油和机油的吸附能力来评价。

1. 吸油性能对比

从图 4-28 中可以看出，原材料的结构对材料的吸油能力有着重要影响，三种生物质原材料对原油的吸附能力依次为：RCS＞RWC＞RCC。经过黑曲霉改性后，三种生物质吸附材料对原油的吸附能力都增加，但是就吸附能力大小而言，改性玉米芯吸附材料优于改性木屑吸附材料，而改性玉米秸秆吸附材料的吸油能力依然是最优的，ANCS、ANCC 和 ANWC 的吸油量分别是 15.26 g/g、9.32 g/g 和 8.18 g/g。三种生物质原材料对机油的吸附能力稍有变化：RCS＞RCC＞RWC，经过黑曲霉改性后其对机油的吸附能力都有增加，改性玉米秸秆吸附材料依然是最优的，ANCS、ANCC 和 ANWC 对机油的吸油量分别是 13.55 g/g、8.1 g/g 和 6.65 g/g。经过黑曲霉改性后，玉米秸秆吸附材料的吸油能力提高 2.63～2.76 倍，玉米芯吸附材料的吸油量提高 1.96～2.85 倍，木屑吸附材料的吸油能力提高 1.9～1.96 倍。这主要包括两方面的原因：第一，真菌菌丝的作用，它能插入木质纤维束，使原本致密的材料结构变得疏松；第二，菌体产纤维素酶的作用，但是因为直接用菌体改性，所产酶的酶活力远低于直接用提纯的纤维素酶酶活，所以改性效果差于纤维素酶改性(Oduguwa et al., 2008)。

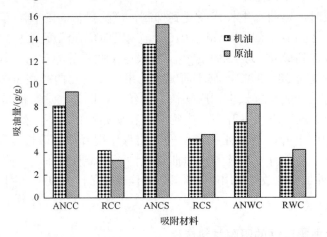

图 4-28 黑曲霉改性前后玉米秸秆、玉米芯和木屑吸附材料对机油和原油的吸附量

2. 材料表征对比

从 RCS 和 ANCS、RCC 和 ANCC、RWC 和 ANWC 的扫描电镜照片，可看到两种微观结构的区别(图 4-29)。

玉米芯原材料结构致密，它是三种材料中真密度最大的。玉米芯被机械粉碎后，碎片紧密地包裹成团，而经过黑曲霉改性后，其结构发生明显变化，玉米芯呈现多孔状，为吸附油分子提供更大的空间。玉米秸秆原材料表面略显粗糙、孔隙较小，纤维间紧挨，经过黑曲霉改性后的玉米秸秆表面呈片状，同时小孔隙增多，纤维间呈张开状态，呈现更大的面积，这些孔隙增大了溢油吸附材料与原油的接触面积，所以具有较大的吸油容量，同时能使改性后的玉米秸秆吸附材料比玉米秸秆原材料更快地吸附石油。从木屑原材料的 SEM 图可以看到，木屑的木质纤维纵横交错，有规则地紧密交织在一起，表面较为平滑，而经过黑曲霉改性

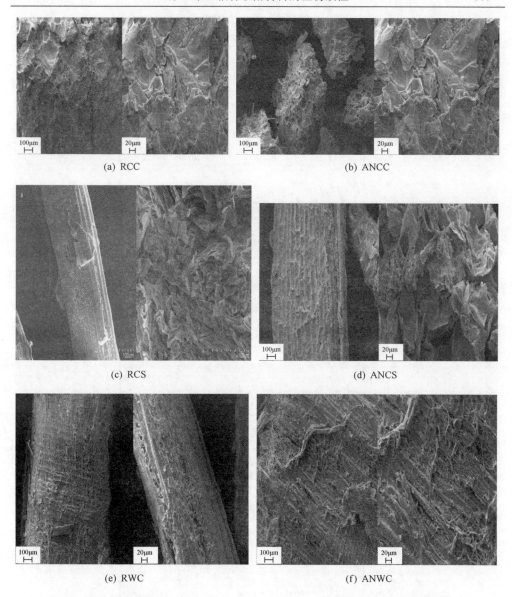

图 4-29 黑曲霉改性前后玉米秸秆、玉米芯和木屑吸附材料的扫描电镜图

的木屑，在纤维素酶和真菌菌丝作用下，木质纤维被降解断裂，可以看到出现很多微纤丝，纵横交织的网格结构被破坏，使得表面粗糙，这样有利于油的附着，但是它们依然排列致密，这也是导致 ANWC 是三类材料中吸附能力最差的原因。

从 RCS、ANCS、RCC、ANCC、RWC 和 ANWC 的红外光谱图可看到六者的表面官能团结构(图 4-30)。

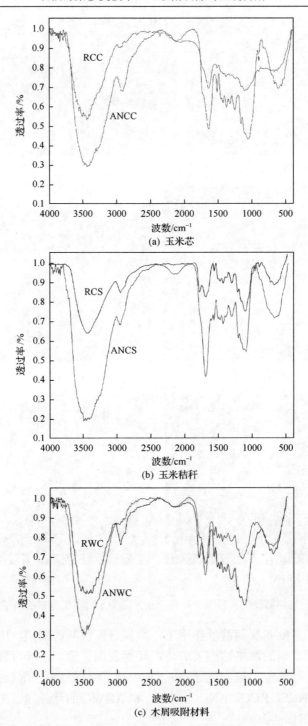

图 4-30 黑曲霉改性前后玉米芯、玉米秸秆和木屑吸附材料的红外光谱图

按照光谱和分子结构的特征可将整个红外光谱大致分为两个区,即官能团区($4000\sim1300$ cm^{-1})和指纹区($1300\sim400$ cm^{-1})。官能团区,即化学键和基团的特征振动频率区,它的吸收光谱主要反映分子中特征基团的振动,基团的鉴定工作主要在该区进行。指纹区的吸收光谱很复杂,能反映分子结构的细微变化,每一种化合物在该区的谱带位置、强度和形状都不一样,相当于人的指纹,用于认证化合物是很可靠的。此外,在指纹区也有一些特征吸收峰,对于鉴定官能团也是很有帮助的(表 4-17)。

表 4-17　红外光谱吸收峰的主要归属

吸收峰/(cm^{-1})	特征
3450~3350	全纤维、淀粉、单糖中的羟基振动
	蛋白质和酰胺中的—NH 伸缩振动
2935~2900	—CH$_2$—官能团和 C—H 反对称伸缩引起
1640~1650	—COO$^-$ 反对称伸缩引起
1100~1105	木质素与芳环连接 C—O 伸缩振动
540	全纤维、淀粉、单糖中 C—O 伸缩
460	Si—O 伸缩振动

根据以上红外波谱知识,对比图 4-30 可以看出 RCC 和 ANCC 有很大的区别,在 3430 cm^{-1} 出现很强的较宽的吸收峰是 O—H 伸缩振动引起的,这主要是产生于纤维素分子中形成氢键的羟基;2921 cm^{-1} 处 ANCC 出现明显的吸收峰,这是—CH$_2$—官能团的特征峰和 C—H 反对称伸缩引起的;2880 cm^{-1} 是—C—CH$_3$ 中的 C—H 对称伸缩引起的;2100 cm^{-1} 处 ANCC 出现明显的吸收峰,可能是 Si—H 吸收峰,也可能是胺类化合物中 C—N 的不对称伸缩峰;1735 cm^{-1} 处的特征峰是 C=O 伸缩引起的,这主要是产生于半纤维素中的酰基和糖醛基;1637 cm^{-1} 出现的吸收峰与木质素中芳香基架振动有关,由于黑曲霉对玉米秸秆中的木质素几乎没有影响,所以此处波峰强度变化不大;1575 cm^{-1} 为酰胺中的 N—H 振动引起,这是酰胺化合物的特征峰;1505 cm^{-1} 处的吸收峰为苯环中的环伸缩产生;1420~1430 cm^{-1} 是木质素和脂肪化合物中的双键或者与羧基连接的—CH$_2$—官能团变形引起,这主要是 NH$_4^+$、NO$_3^-$ 和 COO$^-$ 振动引起;1375 cm^{-1} 是—CH$_3$ 弯曲振动,经过黑曲霉处理后增加了脂肪性,因为玉米芯的甲基含量升高;1051 cm^{-1} 处的特征峰可能是由玉米芯中的木质素的羟基振动引起,也可能是由半纤维素中的碳-羟基架桥弯曲引起;900 cm^{-1} 处检测到的吸收峰是 β 糖苷键的特征峰,纤维素酶能断裂纤维素链间和纤维素链内的 1,4-β 键,同时纤维素酶包括 β 糖苷酶,它能水解纤维二糖为葡萄单糖;

875 cm^{-1} 处的吸收峰是由糖中的环振动引起的，这主要是酶水解纤维素产生多糖和各种单糖。黑曲霉改性后，在 1160 cm^{-1} 处出现新的特征峰，这是碳水化合物和氨基酸中的 C—O、C—N、C—O—C 官能团引起的，580 cm^{-1} 处的吸收峰增强是羟基引起的，这说明玉米芯中这些化合物的含量增加，有利于黑曲霉的生长利用。

ANCS 与 RCS 对比有较大的区别，RCS 在 3430 cm^{-1} 处的波峰强度减弱，说明玉米秸秆中的碳水化合物被水解；2900 cm^{-1} 处吸收峰增强，这是碳水化合物和木质素中甲基和亚甲基伸缩振动峰；2100 cm^{-1} 处出现新的吸收峰，这是含胺化合物中 C—N 键的不对称伸缩峰；对比 1505 cm^{-1}、1551 cm^{-1} 处由木质素苯环引起的波峰可以看出，经过黑曲霉改性后的玉米秸秆变化不大，这是因为黑曲霉对木质素作用效力较弱；1750 cm^{-1} 处是苯环的碳碳键和形成氢键的羧酸的碳氧伸缩振动峰，经过黑曲霉改性后，此处峰消失；1650 cm^{-1} 处吸收峰是木质素、羧酸中碳氧伸缩振动引起的，此处峰显著增强，这也证明木质素相对含量增加。1335～1375 cm^{-1}、1230～1250 cm^{-1}、1150～1160 cm^{-1}、1100～970 cm^{-1} 处吸收峰减弱，是玉米秸秆中纤维素、半纤维素、糖类及其他碳水化合物分解的标志。

对比 RWC 和 ANWC 的红外谱图，可以看出，在 3420 cm^{-1}、2250 cm^{-1}、1640 cm^{-1}、1500～1270 cm^{-1} 和 560 cm^{-1} 处的吸收峰类似，只是强度稍有变化；而在 2900 cm^{-1}、1700 cm^{-1} 和 1100 cm^{-1} 出现了新的吸收峰。897 cm^{-1} 是 C$_1$ 振动峰(多糖)；1159 cm^{-1} 和 1055 cm^{-1} 分别是纤维素和半纤维素中 C—O—C 伸缩振动和 C—O 伸缩振动引起、乙酰基中的 C—O 键伸缩振动引起；1242 cm^{-1} 是木质素苯环氧键伸缩振动的吸收峰；1375 cm^{-1} 是 C—H 弯曲振动(纤维素和半纤维素)吸收峰；1424 cm^{-1} 是亚甲基的反对称振动(纤维素)吸收峰和弯曲振动(木质素)吸收峰；1507 cm^{-1} 是芳环的碳骨架振动(木质素)吸收峰；1596 cm^{-1} 是苯环的碳骨架振动(木质素)吸收峰；1739 cm^{-1} 为 C=O 伸缩振动(木聚糖乙酰基CH$_3$C=O)；2357 cm^{-1} 是由—OH 伸缩所致；在 3420 cm^{-1} 处的吸收峰是纤维素上羟基(—OH)的伸缩振动峰。从中可以看出，经过黑曲霉改性后，ANWC 的表面基团稍有变化，但相较于黑曲霉改性玉米芯和玉米秸秆，它的变化是最小的，从吸油能力的改变也可以看出，ANWC 的吸油量是改变最小的，这可能是它改性前后结构变化不大造成的。

在 X 射线衍射谱图方面，图 4-31 的 RCS、ANCS、RCC、ANCC、RWC 和 ANWC 谱图显示：在黑曲霉处理过程中，因为它能产生相当活性的 CMC 酶活，随着结晶态纤维素发生部分水解被逐步除掉，同时无定形的木质素和半纤维素也被水解部分，材料的结晶区比例稍有下降(幅度都很小)。根据计算得到，RCS、ANCS、RCC、ANCC、RWC 和 ANWC 的 CrI 见表 4-18。未改性的玉米秸秆结晶度高(CrI 为 46.8%)，说明排列致密的结晶区大，这不利于油分子的进入，而通过黑曲霉改性的玉米秸秆结晶度稍有减低(CrI 为 45.7%)，但是相对于直接用纤维素酶改性，结晶度变化很小，这是因为黑曲霉产生的粗酶活性低，并且优先降解容易水解的无定形纤维素。改性玉米芯的结晶度稍有增加，CrI 从 33.5%上升到 34.4%，这可能是黑曲霉在玉米芯上产的纤维素酶组成与在玉米秸秆上不同，内切纤维素酶较弱，使结晶纤维素很难被利用，此时黑曲霉的二级代谢利用的是玉米芯中的无定形纤维素。ANWC 的结晶度相较于 RWC 有了明显升高，这可能是因为黑曲霉不适应这种底物生长，同时不善于利用硬木纤维素，导致纤维素酶活性低，这样不利于油分子的渗入，从而对提高材料的吸油量效果不明显。

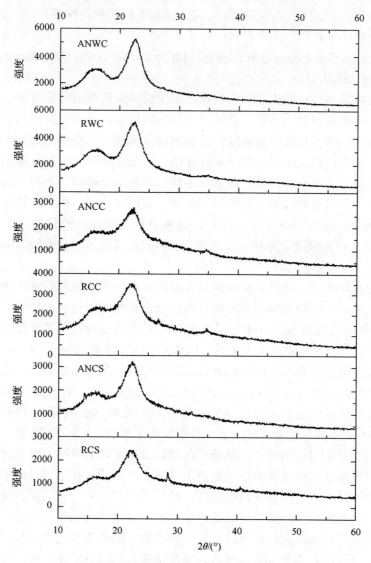

图 4-31　改性前后溢油吸附材料的 XRD 图

表 4-18　黑曲霉改性前后玉米秸秆、玉米芯和木屑吸附材料的结晶度（单位：%）

RCS	ANCS	RCC	ANCC	RWC	ANWC
46.8	45.7	33.5	34.4	50.8	55.4

4.4.4　适于改性玉米秸秆吸附材料的菌种选择

前文显示，在玉米芯、玉米秸秆和木屑三类材料中，黑曲霉对它们的改性效果不同，其中玉米秸秆改性效果最好。为了考察不同菌种改性制备吸油剂的能力，此阶段选取里氏木霉和少孢根霉菌改性玉米秸秆，与黑曲霉改性效果做比较，以获知最适改性菌株(Martins et al., 2008; Oduguwa et al., 2008; Dashtban et al., 2009; Schuster et al., 2010)。

少孢根霉菌具有白色棉絮状的菌丝，上面长出暗褐色的孢子囊柄，基部有分叉的假根，孢子囊为黑色球状，囊壁很容易溶解破裂，散出无数淡褐色的孢子。孢子囊柄较短，孢子表面不具横纹，形状为圆至椭圆形，有少部分是不规则形。里氏木霉和黑曲霉作为常用的纤维素降解菌，可通过产生大量的纤维素酶和半纤维素酶，实现对玉米秸秆内部纤维素和半纤维素的部分降解，利用它们对玉米秸秆进行改性，即可通过改变材料的表面性质、破坏其内部结构，并且调整其内部组分的比例，从而达到改性玉米秸秆，提高材料的吸油量的目的，在此分别用 TRCS、ROCS 和 ANCS 表示经里氏木霉、少孢根霉菌和黑曲霉改性后的玉米秸秆吸附材料。

前文的论述指出，影响真菌改性制备吸附材料的主要因素是反应时间，所以为比较里氏木霉、少孢根霉菌和黑曲霉改性玉米秸秆吸附材料的效果，控制投菌量为 2%，在固液比为 1g∶3mL、温度为 30℃ 的条件进行材料的改性，对比不同改性时间下，改性制得的材料 TRCS、ROCS 和 ANCS 的吸油量（图 4-32）。随着纤维素降解菌改性玉米秸秆时间的延长，材料的吸油量逐渐增多，里氏木霉和黑曲霉均在改性时间为 6 天时吸油量达到最大值，分别为 12.76 g/g、14.86 g/g，少孢根霉菌在改性时间为 4 天时吸油量达到最大值 12.96 kg/g 相比未进行生物改性的原材料 RCS（吸油量仅为 4.89 g/g），分别提高了 2.61、3.04、2.38 倍；当改性时间超过 6 天后，制得的改性玉米秸秆吸附材料吸油量稍有下降，但相比原材料吸油量仍然有所增加。吸油量的增加是由于真菌在其生长过程中可以降解玉米秸秆的纤维素和半纤维素，同时菌丝也能插入秸秆木质纤维束，从而使改性后的秸秆相对原材料而言表面结构部分被破坏，变得粗糙多褶，内部结构疏松，更易黏附原油，原油也得以渗入到材料内部，被大量吸附。随着真菌的继续生长，其所降解的玉米秸秆纤维素和半纤维素增多，玉米秸秆材料被进一步分解，使材料本身的空间结构遭到破坏，导致吸附达到饱和时原油较易从材料脱落，材料无法再黏附较多原油。因此，当玉米秸秆纤维素部分降解时，可以最大限度地提高吸油量。

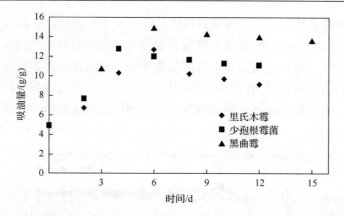

图 4-32 改性时间(菌种培养时间)对玉米秸秆吸附材料吸油能力的影响

里氏木霉、少孢根霉菌和黑曲霉改性玉米秸秆吸附材料对原油和机油的吸附能力见图 4-33。从图中可以看出,经过微生物改性后玉米秸秆对原油和机油的吸附能力都有增加,但是黑曲霉改性后的吸附能力优于里氏木霉和少孢根霉菌,ANCS、TRCS 和 ROCS 对原油的吸附量分别是 14.86 g/g、13.25 g/g 和 12.96 g/g。改性吸附材料对机油的吸附能力稍有变化:经过少孢根霉菌改性的玉米秸秆吸附材料对机油的吸附能力比里氏木霉改性玉米秸秆吸附材料高,黑曲霉改性玉米秸秆吸附材料的吸油量依然是最优的,ANCS、TRCS 和 ROCS 对机油的吸油量分别是 13.55 g/g、11.87 g/g 和 12.05 g/g。经过黑曲霉改性的玉米秸秆吸附材料,其吸油能力提高最多,里氏木霉改性玉米秸秆吸附材料的吸油量提高次之,而少孢根霉菌改性玉米秸秆吸附材料的吸附效果是三者中最弱的。显然,从吸油量和提高效率方面看,选择黑曲霉改性获得玉米秸秆吸附材料,是最佳改性途径。

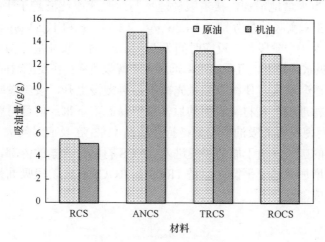

图 4-33 里氏木霉、少孢根霉菌和黑曲霉改性前后玉米秸秆吸附材料对机油和原油的吸附量变化

吸附效率是评价材料作为吸附材料性能的一项重要指标，图 4-34 显示了在不同时间下 ANCS、TRCS 和 ROCS 吸油量的变化。三种材料的吸油量在很短的接触时间增加迅速，然后缓慢增加，直到吸附平衡。这可能是因为吸附开始阶段，吸附材料可以提供大量吸附位点，所以吸附速度很快。然而随着吸附材料表面被吸附质集聚，吸附材料之间排斥力增加，同时吸附位点大量减少，这些都严重影响随后的吸附。

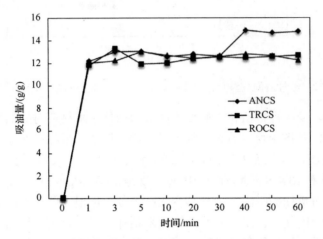

图 4-34　里氏木霉、少孢根霉菌和黑曲霉改性后玉米秸秆吸附材料的吸油量-吸附时间变化曲线

ANCS、TRCS 和 ROCS 在 3 min 内迅速吸附原油，之后吸油量随着时间延长稍有下降，这可能是材料表面吸附位点已饱和，由于竞争斥力，吸附的油分子脱附，然后又极少量地增加，接着吸油速率与解吸速率逐渐趋于平衡。ANCS、TRCS 和 ROCS 平衡吸油量分别为 14.86 g/g、12.65 g/g 和 12.53 g/g。它们对原油的吸附过程分为 3 个阶段：在反应时间为 0~3 min 时，吸油量急剧增加。这是因为此时材料的吸水率极低，且吸油速率远远大于解吸速率；在反应时间为 3~30 min 时，解吸速率逐渐增大，使得吸油量先减小，再慢慢上升，吸油量减小可能是由于简单可逆地物理吸附在材料表面的原油很容易脱附下来；但是材料具有良好的保油性能，从而使材料的吸油量仍然维持在较高水平；在反应时间大于 30 min 后，随着吸附时间的延长，由于原油缓慢进入 ANCS 材料纤维素的内部，材料吸油量有一定程度的增加并趋于平衡；但是 TRCS 和 ROCS 在此阶段吸油量保持稳定，没有明显增加或降低。

4.5 木质素降解菌改性吸附材料

木质素的结构复杂,是一种无定形的高聚合物质,它以苯基丙烷单位为主联系在一起形成一个三维网络,它与纤维素紧密地捆绑在一起,这样会影响纤维素的吸附能力,至于是促进还是阻碍作用,则是本节的研究目的。相较于纤维素,木质素很难被降解。自然界中的真菌对木质素的完全降解起着非常重要的作用。白腐菌是人们研究最多的降解木质素的真菌,它的菌丝发达,能够分泌大量的木素降解酶,使木质纤维素材料出现袋状、片状的海绵状小块(Bak et al., 2009;Dinis et al., 2009;Wan et al., 2010;Sun et al., 2011;Zhao et al., 2011)。

为了消除、减弱木质素的影响,可利用木质素降解菌黄孢原毛平革菌(*Phanerochaete chrysosporium*)降解改性玉米秸秆、玉米芯和木屑中的木质素(它分泌的过氧化物酶和锰过氧化物酶能将木质素完全矿化),并对比不同改性吸附材料的吸油性能。

4.5.1 木质素降解菌改性及酶活测定方法

1. 木质素降解菌改性方法

黄孢原毛平革菌(*Phanerochaete chrysosporium* BKM-F-1767,ATCC 24725)来自宾夕法尼亚州立大学 Tien 实验室,在 4℃保存于麦芽琼脂斜面培养基上(培养基组成见表4-19)。

表 4-19 麦芽琼脂斜面培养基

药品名称	用量	药品名称	用量
麦芽提取物	10 g	蛋白胨	2 g
K_2HPO_4	2 g	葡萄糖	10 g
$MgSO_4 \cdot 7H_2O$	1 g	维生素 B_{12}	1 mg
酵母提取物	2 g	蒸馏水	1000 mL
琼脂	20 g	天门冬素	1 g

将接种的麦芽琼脂斜面培养基在 39℃生长 5 天,然后刮取斜面培养基上的白色孢子入灭菌蒸馏水中制得孢子悬液,将孢子悬液过灭菌玻璃棉去掉悬液中的菌丝,在 650 nm 测定,调节浊度使孢子悬液浓度控制在 2×10^6 CFU[①]/mL 左右(1 cm^{-1} 吸收波长大约为 5×10^6 CFU/mL)。

将 25.5 g 玉米秸秆、玉米芯和木屑装入 150 mL 锥形瓶,加入已灭菌的液体营养培养基(组成见表4-20、表4-21),接种黄孢原毛平革菌置于 37℃恒温培养箱

---

① CFU, Colony forming unit,菌落形成单位,指单位体积中细菌群落总数。

生长，每周翻动一次材料。加入液体营养培养基用以提高真菌生长初级代谢，促进黄孢原毛平革菌的次级代谢。

表 4-20　Badal Ⅲ培养基

药品名称	用量	药品名称	用量
K_2HPO_4	20 g	$CaCl_2$	1 g
$MgSO_4$	5 g	微量元素溶液	100 mL

注：微量元素混合液(1L)为氨三乙酸 1.5 g、$MgSO_4$ 3.0 g、$MnSO_4$ 0.5 g、NaCl 1.0 g、$FeSO_4·7H_2O$ 0.1 g、CoCl 0.1 g、$ZnSO_4·7H_2O$ 0.1 g、$CuSO_4$ 0.1 g、$AlK(SO_4)_2·12H_2O$ 10 mg、H_3BO_3 10 mg、$Na_2MoO_4·2H_2O$ 10 mg，调节溶液 pH 为 6.5。

表 4-21　液体培养基

组成	用量/mL
Badal Ⅲ 培养基(过滤消毒)	100
10% 葡萄糖(高温蒸汽处理)	100
0.1 mol/L 2,2-丁二酸二甲酯，pH 4.2(高温蒸汽处理)	100
硫胺素(100 mg/L，过滤消毒)	10
酒石酸铵(8 g/L，高温蒸汽处理)	25
藜芦醇(4 mmol/L 母液，过滤消毒)	100
微量元素液(过滤消毒)	60
孢子悬浊液(吸光度在 650nm 处)	100

改性时，使用小米和麦麸培养基作为菌种的营养基质。小米和麦麸来自 Nature Pantry 公司(State College, USA)。先将 20 g 小米和 10 g 麦麸装入 250 mL 锥形瓶，加入 12 mL 蒸馏水，灭菌后接种 10 块(r=1 cm)黄孢原毛平革菌，然后放入 30℃恒温培养箱中培养 5~7 天，用以接种入玉米秸秆、玉米芯和木屑。对于 Unicorn 生长袋培养体系，投加材料为：255 g 木屑、玉米秸秆或者玉米芯，30 g 小米，15 g 麦麸和 300 mL 蒸馏水。对于 150 mL 锥形瓶培养体系，投加材料为：25.5 g 木屑、玉米秸秆或者玉米芯，3 g 小米，1.5 g 麦麸和 30 mL 蒸馏水。将培养体系置于 37℃恒温培养箱生长，每周翻动一次材料(Ming, 1987; Abbas et al., 2005; Sato et al., 2009)。

此处用 PCCS、PCCC、PCWC 分别表示黄孢原毛平革菌改性玉米秸秆、玉米芯和木屑制备的吸附材料。

2. 改性期间酶活测定方法

由于黄孢原毛平革菌可分泌过氧化物酶和锰过氧化物酶(MnP)作用于木质素，为辅助解释黄孢原毛平革菌在改性中所起的作用，可使用 Lip 酶酶活、MnP

酶酶活进行说明(Zeng et al., 2010)。

1)粗酶液的制备

取出固态发酵的玉米秸秆、玉米芯和木屑基质(约 1 g),置于 50 mL 的塑料离心管中,加入 10 mL 蒸馏水。在 4℃下,将上述离心管置于水浴摇床中,在 150~200 r/min 的转速条件下振荡 1 h。随后,使用高速冷冻离心机将其在 8000 r/min、4℃条件下离心 15 min。将上层清液先后使用定性滤纸和 0.45 μm 微孔滤膜过滤,可提取得到 1:10 的真菌粗酶液,作黄孢原毛平革菌分泌的 Lip 酶和 MnP 酶的酶活测定用。

2)酶活的测定及计算

(1) Lip 酶酶活的测定。

采用藜芦醇法,3 mL 反应体系:0.25 mol/L 酒石酸缓冲液(pH 为 3.0) 1.2 mL,10 mmol/L 藜芦醇 0.6 mL,粗酶液 1.2 mL,最后加入 10 mmol/L H_2O_2 0.06 mL 启动反应,在 310 nm 下用紫外分光光度计测定反应吸光度值的变化。以 0.4 mL 缓冲液代替粗酶液作空白对照,一个 Lip 酶酶活力单位(U)定义为 1 min 氧化藜芦醇产生 1 μmol 藜芦醛(吸光系数为 9 300 $mol^{-1} \cdot L \cdot cm^{-1}$)所需的酶量。

(2) MnP 酶酶活的测定。

利用 3 mL 反应体系:0.05 mol/L 琥珀酸缓冲液(丁二酸)(pH 4.5) 2.3 mL,1.25 mmol/L $MnSO_4$ 0.1 mL,粗酶液 0.6 mL,10 mmol/L H_2O_2 0.06 mL 启动反应,在 240 nm 测吸光值变化,以 0.4 mL 缓冲液代替粗酶液作空白对照。用每分钟使 1 μmol/L Mn^{2+} 氧化成 Mn^{3+} 所需的酶量作为 1 个酶活力单位(U)。三价锰离子的吸光系数为 8100 $mol^{-1} \cdot L \cdot cm^{-1}$。

(3)木质素氧化酶的酶活计算。

初提液酶活性单位为 U/mL,并按干重(U/g)=上层清液(U/mL)×30/1.5 计算酶活。其中,30 为提取粗酶液时加入的蒸馏水量,mL;1.5 为干物料质量,g。木质素氧化酶的酶活可通过下式计算:

$$木质素降解酶活(U/mL) = \frac{10^3 \Delta OD V_1}{\varepsilon \Delta t V_{酶}} \quad (4\text{-}13)$$

式中,V_1 和 $V_{酶}$ 分别是反应体系总体积及反应酶的体积,mL;ε 是吸光系数或消光系数,$M^{-1} \cdot cm^{-1}$;ΔOD 是吸光度变化量;Δt 是吸光度变化时间,min。

4.5.2 木质素降解菌改性吸附材料

1. 生长培养基对吸油性能的影响

考虑到营养成分和可操作性,小米和麦麸培养基更简单并且成本更经济,因此,相比于液体培养基,黄孢原毛平革菌首选小米和麦麸培养基。小米和麦麸营养组分完整,具有黄孢原毛平革菌生长所需的所有成分,包括碳水化合物、糖、蛋白质、铁、钙、锰、镁、磷、钾、硒、钠、锌、铜、硼、维生素、脂肪酸和氨基酸等。潮湿的小米和麦麸培养基有更高的比表面积供微生物附着,并具有更好的曝气效果(在颗粒之间的孔隙中创建出气囊)。Tien 等(1984)的研究表明,增加曝气可以提高黄孢原毛平革菌的木质素降解活性。与此相反,液体培养基可能使木质纤维素材料板结而使菌体生长缺乏氧气(Ofori-Sarpong et al., 2010, 2011)。

比较两种培养基对制备黄孢原毛平革菌改性玉米秸秆吸附材料的影响(图 4-35),以改性两周的玉米秸秆吸附材料对机油的吸油量为例,很明显小米和麦麸培养基提供了一个更好的改性条件,使真菌生长良好,使改性玉米秸秆吸油量为 7.87 g/g,而液体培养基改性玉米秸秆吸油量为 6.95 g/g。

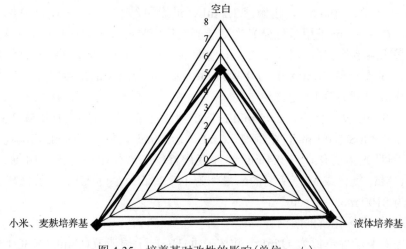

图 4-35　培养基对改性的影响(单位:g/g)

另外,在小米麦麸培养基上用黄孢原毛平革菌改性玉米秸秆、玉米芯和木屑时,菌体长势良好。

2. 改性时间对吸油性能的影响

温度为 37℃条件下改性木屑、玉米芯和玉米秸秆,培养四周后,对比改性时间对它们的吸油量影响(图 4-36)。随着黄孢原毛平革菌改性时间的延长,三种材料的吸油量都逐渐增多,第 3 周达到了最大值,改性木屑、改性玉米芯和改性玉米秸秆的吸油量,分别为 6.26 g/g、7.69 g/g 和 9.03 g/g。黄孢原毛平革菌改性玉米秸秆制备的吸附材料,吸油量是玉米秸秆原材料的 1.75 倍,同时黄孢原毛平革菌改性玉米芯、木屑制备的吸附材料吸油量分别是原材料的 1.78 倍和 1.79 倍。改性玉米芯、改性木屑和改性玉米秸秆吸油量的增加量分别为 85.7%、78.9% 和 75.3%,

说明木质素降解菌对三种材料的改性效果中，改性玉米芯稍有优势(图 4-37)。当改性时间超过 3 周后，制得的吸附材料吸油量稍有下降，但相比原材料吸油量仍然有所增加。吸油量的增加是由于真菌在其生长过程中可以降解材料的木质素，同时菌丝也能插入秸秆木质纤维束，从而使改性后的秸秆相对原材料而言表面结构部分被破坏，变得粗糙多褶，内部结构疏松，更易黏附原油，原油也得以渗入到材料内部。

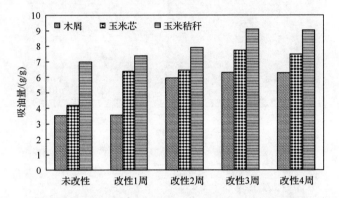

图 4-36　黄孢原毛平革菌改性时间对玉米秸秆、玉米芯和木屑吸附材料吸油量的影响

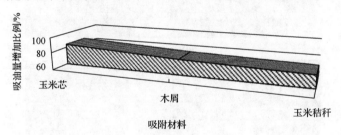

图 4-37　黄孢原毛平革菌改性前后玉米秸秆、玉米芯和木屑吸附材料吸油量增长效果

4.5.3　木质素降解菌改性吸附材料的特征

从 RCS、RCC、RWC、PCCS、PCCC 和 PCWC 的扫描电镜照片，可看到六者的微观结构，见图 4-38。与黑曲霉改性比较，玉米秸秆、玉米芯和木屑结构变化完全不同，这是因为两类真菌改性途径的不同。

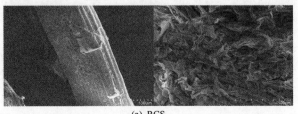

(a) RCS

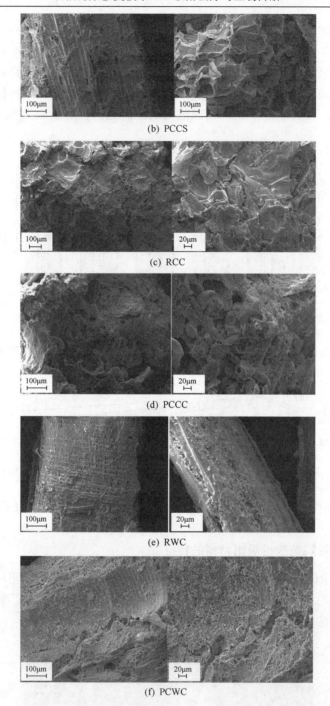

图 4-38 黄孢原毛平革菌改性前后玉米秸秆、玉米芯和木屑吸附材料的扫描电镜图

经过微生物处理,玉米秸秆的颜色变得较浅,用手触摸发现,经过处理的玉米秸秆显著柔软,这预示着黄孢原毛平革菌改性后玉米秸秆结构发生明显的变化。未经处理的玉米秸秆保留紧凑光滑的表面,纤维排列紧密,在它们之间无裂纹。经过黄孢原毛平革菌处理(改性 21 天)的玉米秸秆吸附材料表面出现许多凹槽,纤维素纤维变得稀疏。出现了许多小毛孔,侵蚀部分之间出现缝隙,这些变化导致了较大的比表面积,同时玉米秸秆纤维数量增加,随着处理时间延长,结构的变化显著。在此期间,半纤维素和木质素的含量减少。某些物理和化学预处理给出了相同的结果(Kim et al., 2005; Kim et al., 2006)。

玉米芯原材料结构致密(Chen et al., 2010; Dong et al., 2012; Potumarthi et al., 2012),其密度是三种材料中最大的。玉米芯被机械粉碎后,碎片紧密地包裹成团,而经过黄孢原毛平革菌改性后,其结构发生明显变化,玉米芯呈现多孔状,出现许多中空的管状结构,而紧密包裹的片状结构被降解,改性的玉米芯内部结构更有利于为吸收油分子提供更大的空间。

从木屑原材料的 SEM 图可以看到,木屑的木质纤维纵横交错,有规则地紧密交织在一起,表面较为平滑,而经过黄孢原毛平革菌改性的木屑,木质纤维被降解断裂,木质素是一种起支撑作用的聚合物,它的主要作用是支持纤维集合体和防止褶皱,由于黄孢的脱木素作用,连接在纤维束之间的木质素被降解,露出木屑中排列为层状的原纤维聚集体(Petruzzi et al., 2010; Yang et al., 2013)。

本节中使用的未经处理的玉米秸秆组分是约 46.31%纤维素、26.21%半纤维素、13.92%木质素。黄孢原毛平革菌改性 21 天的玉米秸秆吸附材料,造成的组分损失见表 4-22。结果表明,所有的组分和总质量随着处理时间逐渐降低。在第 21 天,玉米秸秆木质素损失最高达到 35.3%,这与半纤维素损失(39.29%)接近,最高的纤维素损失经过 21 天的发酵达到 47.89%。未经处理的玉米芯组分是:约 36.5%纤维素、28.73%半纤维素、14.65%木质素。玉米秸秆木质素损失最高达到 41.6%,在第 21 天,接近半纤维素的损失(46.09%)。最高的纤维素损失经过 21 天的发酵达到 31.98%。经过黄孢改性的木屑,其木质素、半纤维素和纤维素的降解率分别是 40.57%、59.27%和 42.88%。前人的研究表明,木质素不能被用作碳或作为真菌生存的能量,所以白腐菌水解纤维素和/或半纤维素,以支持其菌丝生长、代谢和降解木质素。根据研究知道,半纤维素降解速度比纤维素要低,并在初始阶段显著延迟。这些结果表明,相比于利用半纤维素,黄孢原毛平革菌更倾向于优选容易降解利用的纤维素为生存期提供养分。而其他研究显示了相反的结果,白腐菌选择性优先利用半纤维素,以支持其生长代谢,留下富含纤维素的残渣(Kirk et al., 1984; Shi et al., 2009; Zhao et al., 2012)。

选择性值是木质素损失与纤维素损失之比,它是一个重要的木质素降解指数。它代表白腐菌的选择性降解木质素的能力,较高值表示较高的选择性。如表 4-22 所示,在黄孢原毛平革菌对玉米芯处理期间选择性值大于 1,相比对玉米芯的选择性,黄孢原毛平革菌对木屑稍弱,而对玉米秸秆的木质素利用是最差的,这从其生长状况也能看出，黄孢原毛平革菌在木屑和玉米芯底物上生长远好于玉米秸秆。尽管对不同介质选择性不一，但是黄孢原毛平革菌仍是一种高效的木质素降解真菌。

表 4-22 黄孢原毛平革菌改性玉米秸秆、玉米芯和木屑吸附材料的组分损失

吸附材料	损失质量比例/%	选择性值	组分损失/%		
			半纤维素	纤维素	木质素
PCCS	28.00	0.74	39.29	47.89	35.3
PCCC	31.34	1.30	46.09	31.98	41.6
PCWC	33.13	0.95	59.27	42.88	40.57

由红外光谱图可看出，RCS、RCC、RWC、PCCS、PCCC 和 PCWC 六者的表面官能团结构(图 4-39～图 4-41)。红外光谱吸收峰及主要归属见表 4-23。

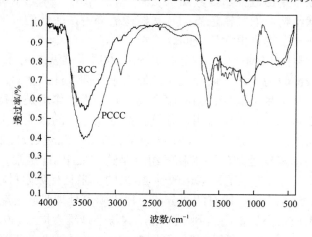

图 4-39 黄孢原毛平革菌改性前后玉米芯吸附材料的红外光谱图

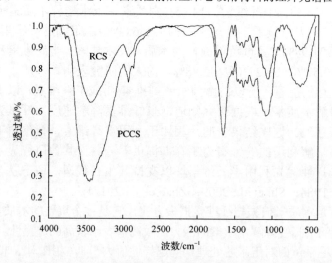

图 4-40 黄孢原毛平革菌改性前后玉米秸秆吸附材料的红外光谱图

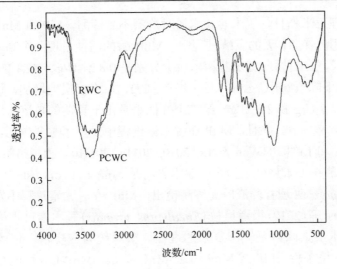

图 4-41 黄孢原毛平革菌改性前后木屑吸附材料的红外光谱图

表 4-23 红外光谱吸收峰及主要归属

吸收峰/cm^{-1}	主要归属
3430	O—H 伸缩振动
2921	—CH$_2$—官能团的特征峰和 C—H 反对称伸缩
2880	$-\overset{|}{\underset{|}{C}}-CH_3$ 中的 C—H 对称伸缩
2100	Si—H 吸收峰,也可能是胺类化合物中 C—N 的不对称伸缩
1735	C=O 伸缩
1637	木质素中芳香基骨架振动
1505	苯环中的环伸缩
1420~1430	木质素和脂肪化合物中的双键或者与羰基连接的—CH$_2$—官能团变形
1375	—CH$_3$ 弯曲振动
1051	木质素的羟基振动
900	β 糖苷键的特征峰
875	糖中的环振动
580	羟基基团

材料的表面官能团的变化，主要是黄孢原毛平革菌产的木质纤维素水解酶作用的结果。为确定木质素降解水解酶的活性,可提取真菌处理过程中产生的胞外酶并测定活性进行说明。漆酶、LiP 和 MnP 是三个主要的木质素降解酶(Cai et al., 1993；Gold et al., 1993；Reddy, 1993)；CDH 阻止纤维素和木质素的聚合,抑制纤维素酶和漆酶的产物,参与木质素和纤维素降解(Henriksson et al., 2000；Saha et al., 2005)。然而,不是每一种木质素降解菌都产所有的木质素降解酶,黄孢原毛

平革菌在处理玉米秸秆、玉米芯和木屑时检测不到漆酶，LiP 和 MnP 酶发挥主要的脱木素作用。在 21 天的发酵过程中，MnP 酶的活性呈现两个高峰。第一个峰出现在第 7 天，玉米秸秆、玉米芯和木屑上分别是 0.82.1 U/g、1.42.1 U/g 和 2.1 U/g，第 14 天急剧下降至 0.1 U/g、0.3 U/g 和 0.6 U/g，后来慢慢地增加，达到另一个高峰 1.2 U/g、2.5 U/g 和 2.8 U/g。第二个峰似乎是由于真菌的自溶作用，导致其胞内酶释放到培养基中。并且，MnP 在脱木素过程中发挥了主要作用。以上均有类似结论，Wan 和 Li 报道(Wan & Li, 2010, 2011a, 2011b)，虫拟蜡菌(*Ceriporiopsis subvermispora*)在玉米秸秆上生产的脱木素酶是 MnP 和 Lac，Costa 等(2005)报道，*C. subvermispora* 处理甘蔗渣时无漆酶检出，MnP 在脱木素过程中发挥了重要作用，Fernandes 等(2012)报道巨桉(*Eucalyptus grandis*)脱木素过程中只产生锰过氧化物酶。木质素降解是一个复杂的过程。酶系统为应变量，依赖于特定的菌种、底物和环境条件。LiP 或 MnP、Lac-MnP 或 Lac-MnP-Lip 可能是脱木素的主要酶系。

在黄孢原毛平革菌接种玉米秸秆、玉米芯和木屑过程中，产生大量木聚糖降解酶，导致了大量的半纤维素损失。木聚糖酶达到最大活性为 11.22 U/g、12.23 U/g 和 13.4 U/g，CMC 酶活和 FPA 酶活，这些与纤维素降解有关的酶活在 21 天的培养过程中也被检测到，纤维素酶活达到 2.86 U/g、2.93 U/g 和 1.78 U/g，FPA 慢慢增加至 0.59 U/g、1.03 U/g 和 1.34 U/g。在初始阶段木聚糖酶能渗透细胞壁降解半纤维素，木聚糖酶活性始终高于纤维素酶活，这或许可以解释半纤维素损失总是高于纤维素损失，纤维素损失可能与 FPA 有一定程度的关系。

图 4-42 是 RCS、RCC、RWC、PCCS、PCCC 和 PCWC 的 X 射线衍射谱图。在黄孢原毛平革菌处理过程中，因为黄孢原毛平革菌能产生相当活性的 CMC 酶活，随着结晶态纤维素发生部分水解被逐步除掉，同时无定形的木素和半纤维素也被水解部分，材料的结晶区比例稍有下降(幅度都很小)。计算得到 RCS、RCC、RWC、PCCS、PCCC 和 PCWC 的 CrI 见表 4-24。未改性的玉米秸秆结晶度高，说明排列致密的结晶区大，这不利于油分子的进入。而通过黄孢原毛平革菌改性的玉米秸秆结晶度稍有减低，但是相对于直接用纤维素酶改性和用纤维素降解菌改性，结晶度变化很小，这是因为黄孢原毛平革菌主要作用于无定形的木质素，而纤维素酶活很弱。改性玉米芯的结晶度减低幅度最大，其次是木屑，这可能是黄孢原毛平革菌更适应这两种底物，在玉米芯和木屑上生长更好。木聚糖酶和 FPA 的酶活在玉米芯和木屑上都高于在玉米秸秆上的值，这可能是黄孢原毛平革菌更适应玉米芯这种底物，在玉米芯上生长最好，各种酶活都高于在玉米秸秆和木屑上的值。

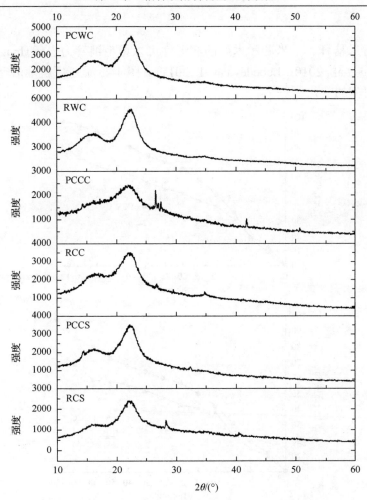

图 4-42 黄孢原毛平革菌改性前后玉米秸秆、玉米芯和木屑吸附材料的 XRD 图

表 4-24 黄孢原毛平革菌改性前后玉米秸秆、玉米芯和木屑吸附材料的结晶度

RCS	PCCS	RCC	PCCC	RWC	PCWC
46.8	43.7	33.5	24.7	50.8	46.5

4.5.4 木质素降解菌改性吸附材料的吸油性能

1. 毛细管力作用

为考察改性吸附材料的毛细管力作用，将 1 g PCCS、1 g PCCC 和 1 g PCWC 粉末分别载入直径为 1 cm，长度为 20 cm 的玻璃柱中，玻璃柱底端用棉纤维覆盖。将玻璃柱浸没在装有机油的玻璃烧杯中，在不同的间隔时间量取液面上升高度。液面在玻璃柱中高度与玻璃烧杯中一致时，计时为 $t=0$。做三个平行样以校正实

验结果。

油对玉米秸秆、玉米芯和木屑的润湿性可以用毛细管力表示(Inagaki et al., 2004；Yang et al., 2010；Lebedeva et al., 2011)。图4-43显示了机油沿毛细管上升高度随着时间的变化。

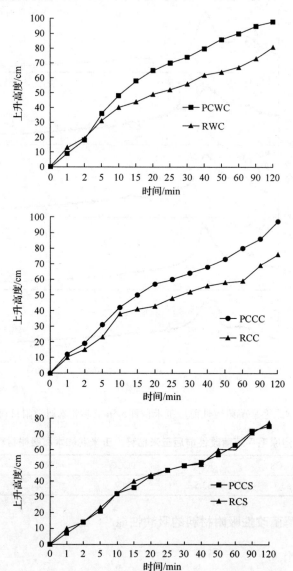

图4-43　黄孢原毛平革菌改性前后玉米秸秆、玉米芯和木屑吸附材料的毛细管作用

毛细作用过程的动力学是一个与材料润湿性、材料堆积密度和材料粒径相关的函数(Nishi et al., 2002a；Suzuki et al., 2004)。在材料堆积密度和材料粒径相同

时，根据机油上升速率可以比较玉米秸秆、玉米芯和木屑黄孢原毛平革菌改性前后的疏水性。从图中可以看出，玉米芯和木屑在改性后，疏水性增加了，而玉米秸秆的性质几乎保持不变。开始阶段，改性前后的三种材料机油上升率差不多，但是 PCWC 在 10 min 后机油上升速率明显加快，而 PCCC 比 PCWC 稍有延迟，在 15 min 后机油上升速率超过 RCC。但是在整个毛细管作用过程中，PCCS 与 RCS 始终保持一致。根据 Ribeiro 等(2000)的研究，不同植物材料之间的毛细管作用存在差异，即使同一株植物不同器官组织之间也存在显著不同(Tavisto, 2003)。总之，对于原材料的毛细管力，RWC＞RCC＞RCS。

2. 吸附速率

根据吸附过程中发生的反应不同，吸附分为物理吸附和化学吸附两类，引起物理吸附的主要作用力是范德华力，在过程中没有化学键的生成和电子的转移，有的是单层吸附，有的是多层吸附；在化学吸附过程中，吸附材料与吸附质之间发生了化学反应，这是选择性过程，通常发生的是单层吸附。在油/水系统中加入改性后的材料 PCCS、PCCC 和 PCWC，浮油在很短的时间内迅速被吸入到材料中。凭借优良的浮力，各吸附材料吸收油后仍然能漂浮在水面上。为了表示各种材料和两种改性方法对吸油能力的影响，考察了接触时间与对油的吸附能力之间的关系，见图 4-44。

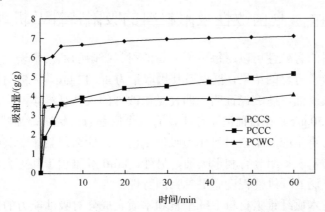

图 4-44　黄孢原毛平革菌改性后玉米秸秆、玉米芯和木屑吸附材料的吸油量-吸附时间变化曲线

(1)对于 PCCS，在吸附的前 5 min，它的吸油量与接触时间呈正相关性，在 1 min、3 min 和 5 min 的吸油量分别为 5.93 g/g、6.05 g/g、6.58 g/g；在吸附时间为 5～40 min 时，吸附过程伴有解吸，但是此时吸附速率大于解吸速率，使得吸油量仍然保持缓慢增长，10 min、20 min、30 min 和 40 min 的吸油量分别为 6.66 g/g、6.86 g/g、6.95 g/g 和 7.02 g/g；随后，随着吸附时间的延长，PCCS 的吸油量基本达到平衡，

稳定在 7 g/g。在整个吸附过程中，PCCS 的吸油量始终是三种材料中最大的。

(2) 对于 PCCC，在 1 min、3 min、5 min、10 min 和 20 min 的吸油量分别为 1.82 g/g、2.61 g/g、3.58 g/g、3.74 g/g 和 4.41 g/g，前 10 min 的吸附速率很高，随着材料表面吸附位点接近饱和，它的吸附速率有所降低；在吸附时间为 20~40 min 时，吸附过程伴有解吸，解吸速率逐渐增大，同时由于竞争斥力使吸附的油分子脱附，此时材料的吸附速率稍有减小，但是由于材料具有良好的保油性能，材料的吸油量仍然维持在较高水平；随后，随着吸附时间的延长，PCCC 的吸油量从 4.73 g/g 上升到 5.16 g/g。在整个吸附过程中，PCCC 的吸油量都比 PCCS 稍低，但是经过黄孢原毛平革菌改性后，玉米芯的吸油量提升比玉米秸秆的要高。PCCC 在吸附 5 min 后，吸附量就超过了 PCWC。

(3) 对于 PCWC，在 1 min 它的吸油量就达到 3.49 g/g，随后 PCWC 的吸油量变化不大，这可能是因为木屑质地致密，孔隙少，油分子很难进入材料内部，而只能吸附在表面。同时木屑表面的吸附位点迅速接近饱和，由于竞争斥力使吸附的油分子脱附，所以它的平衡吸油量为 4.07 g/g。显然，它们的吸油能力在 5 min 内几乎达到最大，随后可以观察到，它们的吸油量随着接触时间的延长只有轻微的增加。吸附速率快主要归因于材料间纤维构成的有效孔隙结构和材料较低的表面能 (Deschamps et al., 2003；Wu et al., 2011)。

4.6 真菌改性吸附材料的吸附特性及机理

吸附材料的有效性可以用每单位质量的材料吸附的油质量表示。用聚丙烯纤维吸油已取得了可喜的结果，据报道其摄取量为 4~13 g/g。天然材料也可用于从水溶液中除去溢油，研究已证明，即使是未改性的天然纤维素产品，其去除溢油能力也有 2~50 g/g。在目前的工作中，有一个问题有待解决，那就是使用广泛、价格低廉和可再生的纤维素材料作为吸油剂时，是什么因素影响其吸油量。原则上，芳香性的木质素组分有利于吸油，另外，kraft 纤维由于其更大的孔隙率、比表面积和更广泛的纤维性程度而更具吸油特性。

为了了解木质纤维素材料中纤维素和木质素成分对吸油能力的影响，本节将利用典型的纤维素降解菌(黑曲霉)和木质素降解菌(黄孢原毛平革菌)改性玉米秸秆、玉米芯和木屑，通过比较纤维素和木质素组成变化与材料吸油量的相关性，论述材料本性对吸油能力的影响。具体而言，将使用前文提及的黑曲霉改性玉米秸秆、玉米芯和木屑分别制备吸油材料 ANCS、ANCC 和 ANWC，黄孢原毛平革菌改性玉米秸秆、玉米芯和木屑分别制备吸油材料 PCCS、PCCC 和 PCWC，研究吸附材料投加量、初始油量对改性吸附材料吸油效果的影响，并对比其吸附动力学行为及吸附等温线的异同。

4.6.1 吸附材料投加量的影响

在初始油量为 20 g 和吸附时间为 60 min 条件下，ANCS、ANCC、ANWC、PCCS、PCCC 和 PCWC 对原油的吸附量与其投加量有密切的关系(图 4-45)。

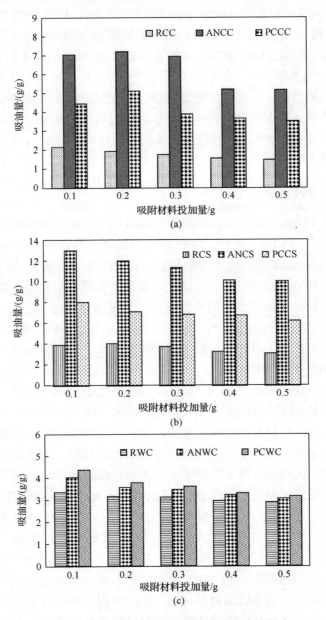

图 4-45 真菌改性吸附材料投加量对吸油量影响

在初始油量一定时，吸附材料的单位吸油量不会随着投加量的增加而增大，当投加量从 0.1 g 增加到 0.2 g 时，对于玉米芯，ANCC 的吸油量从 7.07 g/g 增加到 7.23 g/g，PCCC 的吸油量从 4.48 g/g 增加到 5.12 g/g，但是 RCC 的吸油量反而从 2.17 g/g 降低到 1.94 g/g；对于玉米秸秆，ANCS 的吸油量从 12.98 g/g 降低到 12.01 g/g，PCCS 的吸油量从 8.03 g/g 降低到 7.1 g/g，但是 RCS 的吸油量反而从 3.95 g/g 增加到 4.07 g/g；对于木屑，ANWC 的吸油量从 4.02 g/g 降低到 3.57 g/g，PCWC 的吸油量从 4.37 g/g 降低到 3.78 g/g，RWC 的吸油量从 3.36 g/g 降低到 3.17 g/g。但是继续增加吸附材料的投加量反而降低每单位质量的吸油量，所有的吸附材料均有相同的趋势。吸油剂的投加量增加反而降低每单位质量吸油剂的吸油能力，这是由于吸油表面和油量一定，增加吸附材料的投加量会造成吸附材料的团聚和出现吸附位点过剩现象。当投入过多的吸附材料时，吸附材料之间紧密黏结，这样会减少投入吸附的表面位点，阻碍扩散孔隙和造成吸附位点不饱和。

4.6.2 初始油量的影响

在吸附材料投加量为 0.2 g 和吸附时间为 60 min 条件下，考察初始油量对 ANCS、ANCC、ANWC、PCCS、PCCC 和 PCWC 吸油能力的影响。图 4-46 所示为吸油材料在六个不同初始浓度下对原油的吸附能力。当初始浓度为 5～20 g 时，所有吸附材料的吸油量随着初始油量增加而增加，这是因为随着初始油量增加，油层厚度也增加，吸附材料接触到水面的机会减小，同时油分子越多，接触黏附吸附材料表面的概率越大，越有利于油分子的扩散。但是初始油量高于 20 g 时，吸附材料的吸油量已达到平衡，不再随着初始油量增加而增加。这是因为此时吸附材料的吸油量已经达到平衡，吸附材料的吸油位点和空间已经饱和，不能再吸附油分子（Hussein et al., 2011；Sokker et al., 2011）。其中，原油的最佳吸附材料为 ANCS，最差吸附材料是 RCC，ANCS > ANCC > ANWC，PCCS > PCCC > PCWC，从这个趋势可以看出，原材料的选择很重要，不管是黑曲霉改性还是黄孢原毛平革菌改性，对于吸油量，都是玉米秸秆材质优于玉米芯材料，而玉米芯材料又优于木屑。从提升效果比较，纤维素降解菌优于木质素降解菌，这是因为纤维素降解菌改性能大幅度降低材料的结晶度（化学试剂很难进入纤维素的结晶区），同时脱纤维素材料后，其中疏水性木质素相对含量上升，RCS 和 ANCS 木质素相对含量分别为 13.92%和 15.12%；RCC 和 ANCC 分别是 14.65%和 15.78%；但是这种作用对于木屑除外，可能是因为黑曲霉很难在木屑上生长和水解其纤维素，所以 ANWC 的吸油量反而低于 PCWC。RWC 的木质素相对含量从 12.92%升高到 ANWC 的 15.5%，有利于吸附材料对油分子的吸收。而经过黄孢原毛平革菌脱木质素，各材料木质素相对含量均降低，使得材料亲水性增加，这可能是导致吸油量提升效果不高的原因。

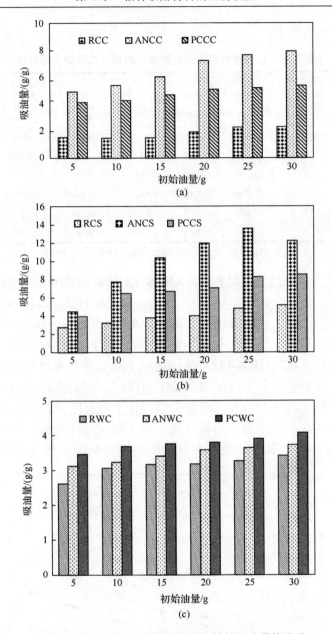

图 4-46　初始油量对真菌改性吸附材料吸油量的影响

4.6.3　吸附动力学行为

本节制得的改性吸附材料对原油的吸附动力学行为，可由准一级动力学方程和准二级动力学方程进行拟合分析（Yang et al., 2009；Angelova et al., 2011；Gui et al.,

2011），如表 4-25 所示。

表 4-25　真菌改性吸附材料的准一级和准二级动力学参数

吸附材料	$q_{e,\,exp}$ /(g/g)	准一级动力学方程			准二级动力学方程		
		q_{eq} /(g/g)	k_1 /min^{-1}	R^2	q_{eq} /(g/g)	k_2 /[g/(g·min)]	R^2
ANCS	12.01	0.8510	0.1099	0.9190	12.0048	0.274	0.9999
PCCS	7.1	0.9618	0.1421	0.9676	7.1276	0.2593	0.9999
ANCC	7.23	1.4265	0.0958	0.9952	7.2254	0.128	0.999
PCCC	5.16	2.5204	0.1108	0.9421	5.2549	0.0606	0.9968
ANWC	3.57	0.6549	0.1271	0.8525	3.5855	0.2836	0.9988
PCWC	4.07	0.4892	0.0495	0.7224	3.9920	0.4012	0.9984

注：在常温下，当油水比为 20 g∶150 mL，反应时间为 60 min 时进行动力学吸附。

从表 4-25 的拟合结果可以看到，ANCS、ANCC、ANWC、PCCS、PCCC 和 PCWC 的吸附动力学均很好地吻合准二级动力学方程（可以从图 4-47 直观地看出，R^2 均大于 0.99），但是将数据对准一级动力学方程进行拟合发现，只有 PCCS、ANCC 和 PCCC 较好地符合此方程，而 ANWC 和 PCWC 对其的拟合相关性系数 R^2 只有 0.85 和 0.72（图 4-48）。比较这两个动力学方程得到的理论平衡吸附量，用准二级动力学方程拟合出的理论平衡吸附量与实验得到的平衡吸附量几乎一致，而用准一级动力学方程拟合出的理论平衡吸附量均远远低于实验得到的平衡吸附量。准一级动力学方程只能应用于吸附反应过程，而准二级动力学方程可以应用于整个吸附过程，并且说明控制吸附的阶段是化学吸附。准二

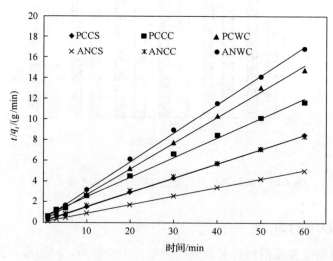

图 4-47　真菌改性吸附材料的准二级动力学曲线

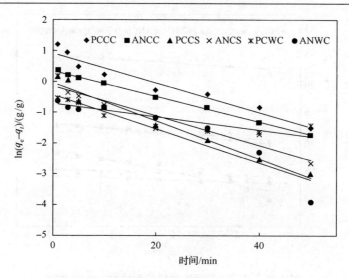

图 4-48　真菌改性吸附材料的准一级动力学曲线

级动力学方程能更好地描述 ANCS、ANCC、ANWC、PCCS、PCCC 和 PCWC 的吸油过程，这说明它们都发生化学吸附，而不只是简单的物理吸附。同时比较吸附半平衡时间（表 4-26），ANCS 是最快的，PCCS 和 PCWC 的半平衡时间也较快，说明它们可以提供更多的吸附位点。PCCC 和 ANCC 的吸附速率是最低的，这和材质有关，玉米芯的密度是三种材料中最大的，使比表面积和孔隙率很低。表 4-26 列出各个吸附材料的初始吸附速率，比较 h 值可以看出在吸附的初始阶段，ANCS 的初始吸附速率比其他吸附材料高许多，PCCS 次之，PCCC 的初始吸附速率是最低的。

表 4-26　真菌改性吸附材料的吸附半平衡时间

吸附材料	初始吸附速率(h)/(g/min)	吸附半平衡时间($t_{1/2}$)/min
ANCS	39.4876	0.30
PCCS	13.1731	0.54
ANCC	6.6824	1.08
PCCC	1.6734	3.14
ANWC	3.6459	0.98
PCWC	6.3935	0.62

为考察油分子扩散在整个吸附过程中的作用，可运用颗粒内扩散方程拟合实验数据（图 4-49），结果如表 4-27 所示。

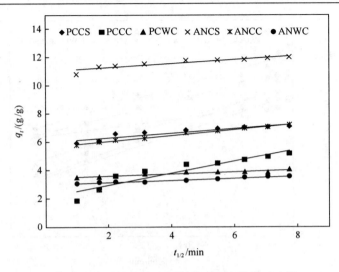

图 4-49　真菌改性吸附材料的颗粒内扩散动力学

在 ANCC 和 ANWC 吸油过程中，吸附质很容易在颗粒间扩散，扩散常数 k_i 分别为 0.209 g/(g·min$^{1/2}$) 和 0.0702 g/(g·min$^{1/2}$)。比较 C 值的大小，分别是 ANCS＞PCCS＞ANCC＞PCWC＞ANWC＞PCCC，C 值越小，说明吸附材料颗粒边界层对吸附过程的影响越小。同时，六者的拟合曲线均未通过坐标原点，说明油分子扩散不是控制吸附的唯一过程。它们对颗粒内扩散拟合都差于准二级吸附动力学方程，说明吸附材料颗粒内扩散不是控制吸附速率的主要因素(Nanseu-Njiki et al.，2010)。

表 4-27　真菌改性吸附材料的 intra-particle diffusion 方程参数

吸附材料	k_i / [g/(g·min$^{1/2}$)]	C	R^2
PCCS	0.1628	5.9794	0.8477
PCCC	0.4255	2.11	0.8682
PCWC	0.0739	3.4359	0.8827
ANCS	0.1438	10.977	0.8553
ANCC	0.209	5.6281	0.9911
ANWC	0.0772	2.9635	0.9526

4.6.4　吸附等温线拟合

本节制备的改性吸附材料，在常温下对原油吸附的吸附等温线模式可以用 Freundlich 恒温吸附方程和 Langmuir 恒温吸附方程进行考察(Nanseu-Njiki et al.，2010；Alihosseini et al.，2010；Chakraborty et al.，2011；Ding et al.，2012)。

根据 Langmuir 及 Freundlich 方程，就实验数据加以统计获得各拟合参数，如

表 4-28 所示。

表 4-28 真菌改性吸附材料的 Langmuir 及 Freundlich 等温方程参数

吸附材料	Langmuir 方程				Freundlich 方程		
	q_{max}/(g/g)	b/(L/g)	R_L	R^2	n	K_F	R^2
ANCC	9.27	0.0279	0.2119	0.9792	3.8095	1.9735	0.9307
PCCC	5.78	0.0590	0.1128	0.9956	6.8871	2.4789	0.919
ANCS	18.9	0.013	0.3659	0.9384	1.7652	0.7589	0.9352
PCCS	9.53	0.0093	0.4464	0.9444	1.6361	0.5434	0.9672
ANWC	3.87	0.0948	0.0733	0.9985	10.4384	2.2222	0.9537
PCWC	4.15	0.1168	0.0603	0.9972	13.1752	2.6647	0.9309
RCC	2.80	0.0202	0.2708	0.906	4.1648	0.6087	0.6507
RCS	6.46	0.0187	0.2862	0.9582	2.9429	0.8347	0.9606
RWC	3.52	0.1089	0.0644	0.9978	7.8989	1.7407	0.9243

(1) 玉米秸秆经黑曲霉和黄孢原毛平革菌改性后产物对原油的吸附，对于相关系数 R^2 值，Langmuir 方程分别为 0.9384 及 0.9444，Freundlich 方程分别为 0.9352 及 0.9672，由此结果得知，Freundlich 方程式相关性较佳，适用性较高，说明 ANCS 和 PCCS 的吸附过程是发生在非匀质表面的多层吸附，说明这个过程是一个物理吸附过程；玉米芯经黑曲霉和黄孢原毛平革菌改性后产物对原油的吸附，对于相关系数 R^2 值，Langmuir 方程分别为 0.9792 及 0.9956，Freundlich 方程式分别为 0.9307 及 0.919，由此结果得知，Langmuir 方程相关性较佳，适用性较高，说明 ANCC 和 PCCC 的吸附过程是单层吸附；拟合木屑经黑曲霉和黄孢原毛平革菌改性后产物对原油的吸附，发现它们更好地与 Langmuir 方程式符合，说明 ANWC 和 PCWC 对原油的吸附是单层吸附。

(2) 表中两方程吸附常数 b 及 K_F 相比较。b 值：PCWC＞ANWC＞PCCC＞ANCC＞ANCS＞PCCS；K_F 值：PCWC＞PCCC＞ANWC＞ANCC＞ANCS＞PCCS，可发现改性玉米秸秆的吸附常数皆比较小，木屑的吸附常数都是最大的，并且可以看出，经黄孢原毛平革菌改性的木屑和玉米芯吸附常数多大于经黑曲霉改性的材料，吸附常数越大则表示吸附力越强。

(3) Langmuir 方程中 q_{max} 为吸附材料单层吸附理论最大吸附量，ANCS＞PCCS＞ANCC＞PCCC＞PCWC＞ANWC，说明如果材料发生的都是单层吸附，对于玉米秸秆和木屑，经黄孢原毛平革菌改性吸油量优于黑曲霉改性，而对于玉米芯正好相反。同时可以看出，ANCC、PCCC、PCWC 和 ANWC 的单层吸附理论最大吸附量与实际平衡吸附量几乎一致，说明这四种改性吸附材料主要发生的是单层吸附，而两种菌改性的玉米秸秆的单层吸附理论最大吸附量远远大于实际平衡吸附量。

(4) 根据 Langmuir 方程得到的 R_L 均大于 0 且小于 1，Freundlich 方程中 n 皆大于 1，说明三种改性获得的吸附材料对原油的吸附行为属于有利性，另外此三种吸附材料对原油的等温吸附曲线(图 4-50，图 4-51)的趋势与 Freundlich 吸附曲线 $n>1$ 者相似。

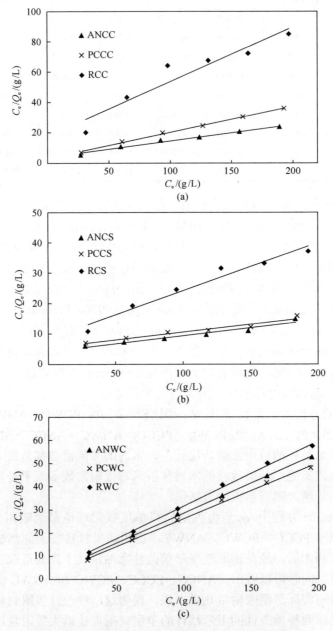

图 4-50　真菌改性吸附材料的 Langmuir 等温曲线

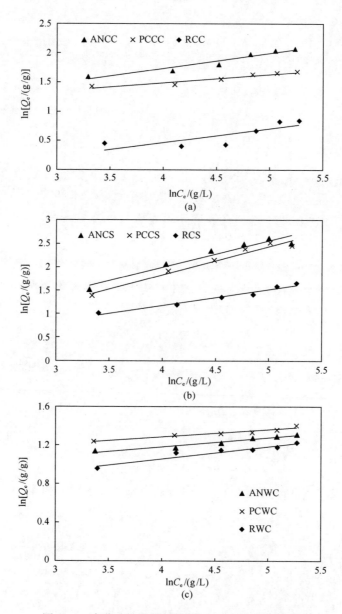

图 4-51 真菌改性吸附材料的 Freundlich 等温曲线

第三部分　基于生物降解的石油污染修复

本书第二部分以改性秸秆吸附材料进行水体溢油吸附为对象进行研究,为修复受石油污染的环境提供可参考的方法,然而,吸附过程只是将泄漏的石油吸附转移到吸油材料上,并没有完全清除石油。而部分细菌和藻类等微生物,对泄漏到水体中的石油污染,或者土壤环境中的石油污染,具有生物降解和转化的作用,为彻底清除环境中的石油污染提供了可能。

为介绍石油污染的生物修复技术,本部分内容将以微生物降解环境中的石油污染技术为基础展开,具体研究内容包括:①高效石油降解菌群的筛选驯化、生物强化及固定化;②藻菌共生体系对原油的降解;③石油污染土壤的生物修复。

第5章 高效石油降解菌的筛选驯化、生物强化及固定化

本章通过对稠油污泥当中微生物的筛选鉴定,获得两株能高效降解稠油的菌株,为稠油的生物降解修复提供参考。另外,通过对笔者课题组已获得的石油组分降解菌进行驯化,构建高效混合菌群,并将其固定化,以充分发挥高效菌群的降解潜力并防止其泄漏引起的生态问题,从而为石油污染的生物强化修复及固定化修复提供理论基础。

5.1 稠油降解菌的筛选鉴定及降解性能

石油根据其物理化学性质,分为轻油和稠油,轻油中的烷烃、芳烃所占比例较大,而稠油中沥青质的含量高(崔丽虹,2009)。当前,国内外稠油的开采量逐年增加,因此由稠油引起的环境污染问题也日益得到重视。当对稠油污染进行微生物修复时,由于稠油的黏度大,沥青质含量高,因而微生物对稠油污染的修复周期长、降解率低,修复效果并不理想(苏莹,2008)。在国内外对稠油微生物降解的研究报道中,已报道的菌株有:假单胞菌(*Pseudoxanthomonas japonensis*)、枯草芽孢杆菌(*Bacillus subtilis*)、微杆菌属(*Arthrobacter* sp.)等(徐玉林,2004;苏莹,2008;崔丽虹,2009;陈莉,2009),但这些菌株对稠油的降解率相对较低,都在30%左右。因此,从石油污染环境中筛选出对稠油有更高降解效果的菌株并对其降解性能进行研究,为稠油降解菌用于稠油污染的土壤修复提供一定的理论依据,具有重要意义。

为此,笔者课题组从广州石油化工厂总厂曝气池周围油泥中筛选驯化出两株可以降解稠油的菌株 GS02 和 GS07,经 16S rDNA 序列分析鉴定其均属于不动杆菌属(*Acinetobacter* sp.);同时,研究 GS02 和 GS07 在以稠油为唯一碳源时的生长情况、降解率及环境对其稠油降解性能的影响。

5.1.1 稠油降解菌的筛选鉴定和降解性能研究方案

1. 菌株筛选鉴定方法

1) 材料及前处理

研究使用的稠油购自中国石油化工股份有限公司广州分公司,其密度为 0.925g/cm^3。土样采自广州石油化工厂总厂曝气池旁的油泥。研究中使用的培养基如下。

(1) 无机盐液体培养基：KH_2PO_4 0.5 g，$K_2HPO_4 \cdot 3H_2O$ 1 g，NaCl 2g，$MgSO_4$ 水溶液(22.5 g/L) 3.0 mL，$CaCl_2$ 水溶液(36.4 g/L) 1.0 mL，$FeCl_3$ 水溶液(0.25 g/L) 1.0 mL，微量元素溶液 1.0 mL，蒸馏水 1 L。

(2) 降解用无机盐培养基：无机盐液体培养基 1 L，稠油 1 g。

(3) 微量元素溶液组成(阮志勇，2006)：$MnSO_4 \cdot H_2O$ 39.9 mg/L，$ZnSO_4 \cdot H_2O$ 42.8 mg/L，$(NH_4)_6Mo_7O_{24} \cdot 4H_2O$ 34.7 mg/L。

(4) 稠油固体培养基：无机盐液体培养基 1000 mL，琼脂 18 g，稠油 1 g。

(5) 固体培养基(NR)：蛋白胨 10 g，牛肉膏 5 g，NaCl 5 g，琼脂 18 g，蒸馏水 1 L。

对土样进行前处理时，称取 5 g 样品到 100 mL 的三角瓶中，加入 50 mL 已灭菌的焦磷酸钠溶液($Na_2P_2O_7$，2.8 g/L)(陈晓鹏等，2008)，置于摇床中震荡过夜，备用。取 2 mL 上述备用菌液的上层清液加入到 40 mL 已灭菌的降解用无机盐培养基中，振荡培养 5 天后，从其中移取 2 mL 菌液加入到新的降解用无机盐培养基中，如此重复培养 8 次。

2) 菌株的驯化分离

取富集培养液经过适量的稀释后涂于 NR 平板上，于 30℃ 人工气候箱中培养 24 h。挑取形态不同的单个菌落于无菌水中用旋涡振荡器将其打散，制成菌悬液。吸取适量菌悬液涂布在稠油平板上，可以选择在稠油平板上生长并且形成噬油斑的菌株进行实验。

3) 菌株的鉴定

菌株的鉴定采用革兰氏染色、形态观察及 16S rDNA 序列分析等方法。

PCR polymerase chain reaction，多聚酶链式反应采用通用引物(陶雪琴等，2006)F27(5′-AGAGT TTGAT CCTGG CTCAG-3′)和 R1522(5′-AAGGA GGTGA TCCAG CCGCA-3′)。

PCR 反应体系(25 μL)：dNTPs 0.5 μL，Taq 酶 0.5 μL，10×PCR 缓冲液 2.5 μL，模板 1.0 μL，引物 1.0 μL，ddH_2O 19.5 μL。

PCR 反应程序：94℃ 预变性 4 min，94℃ 变性 1 min，55℃ 退火 1 min，72℃ 延伸 2 min。此步骤共进行 30 个循环。72℃ 延伸 10 min，最后 4℃ 保存。

PCR 产物的纯化和测序是由华大基因生物科技(深圳)有限公司完成。测序结果用 GenBank 上的 BLAST 软件进行同源性比较。

2. 降解性能研究方法

1) 降解菌与稠油的测定

(1) 细菌的生长量测定方法：细菌的生长量测定是以 OD_{600} 代表细菌生长量。吸取不同时间培养基液面下的菌液，以空白培养基为对照，采用日本岛津公司

UV-2550 紫外-可见分光光度计在 600nm 处测定吸光度(武金装等，2008)。

(2) 稠油的测定方法：用环保级四氯化碳萃取培养基中的稠油，按照国家标准 GB/T16488—1996 用红外测油仪测定稠油的浓度，计算稠油的降解率(扣除空白对照实验中稠油的非生物降解去除率)。并用正己烷对残留稠油进行萃取，将正己烷萃取液于 4000 r/min 离心 10 min，取上层清液用于 GC-MS 检测。

(3) GC-MS 条件：采用 Thermo DSQⅡ气相色谱-质谱联用仪，HP-5MS 石英毛细管柱(30 m×0.32 mm×0.25 μm)。进样口温度 250℃，传输线温度 280℃，离子源温度 260℃，气体为高纯氦气，进样量 1 μL，不分流进样，扫描质量范围：50～550u，柱温在 60℃保持 5 min，再以 10℃/min 的速率升到 110℃，保持 2 min，最后以 2℃/min 的速率升到 280℃，保持 20 min。

2) 菌株降解率的测定

分别取已在降解用无机盐培养基中活化了的菌液 2 mL，接种到装有 40 mL 降解用无机盐培养基的 100 mL 三角瓶中，定时采样，分别测定细菌的生长曲线及对稠油的降解率。

另外，以稠油为唯一碳源，接种量为 5%(体积分数)的情况下，150 r/min 振荡培养菌株，分别测定不同初始稠油浓度、温度、pH 和盐(NaCl)浓度条件下稠油降解菌的降解率，从而得到环境条件变化对稠油降解菌降解性能的影响。

5.1.2 稠油降解菌的筛选鉴定结果

经过分离与纯化，得到两株能以稠油为唯一碳源生长并且对稠油有一定的降解作用的细菌，编号为 GS02 和 GS07。在显微镜下这两株菌均为非常短粗的杆菌，有些近乎球状，均无芽孢和鞭毛。在 NR 平板上均形成圆形、凸起光滑、边缘整齐、不透明、灰白色、有黏性的菌落；GS02 的菌落较大，直径为 2～3 mm；GS07 的菌落较小，为 0.5～1.0 mm。两株菌均为革兰氏阴性菌。将 GS02 和 GS07 的序列输入到 GenBank 用 BLAST 进行比对，两株菌与多株 *Acinetobacter* sp.的同源性分别达到 97%以上，其中 GS02 与 *Acinetobacter* sp(ACQF01000094)的相似度达到 100%，GS07 与 *Acinetobacter* sp.(ADCH0100068)的相似度达到 99%。通过形态与 16R sDNA 分析，这两株菌均属于不动杆菌属。GS02 和 GS07 的 GenBank 登录号分别是 HM452380 和 HM452381。

5.1.3 环境条件对稠油降解菌降解性能的影响

1. 培养时间对菌株降解率的影响

在稠油固体培养基中，GS02 和 GS07 都可以在稠油表面形成嗜油斑(图 5-1)。在稠油平板上菌株 GS02 的菌落较小，形成的嗜油斑也较小，但是稠油颜色相对 GS07 和对照来说明显变浅。GS07 在稠油平板上形成的嗜油斑较大，有些菌落的周围甚至变成了无色,可明显看到细菌对稠油的作用,但是在平板的某些地方形成了稠油的聚集,颜色较空白对照更深一些,这可能是两种菌对稠油不同组分的利用情况不同造成的。

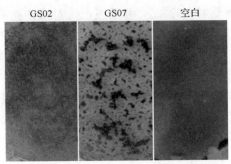

图 5-1 菌株在稠油平板上的生长情况

在无机盐培养基中,GS02 和 GS07 对稠油都有一定的降解作用。如图 5-2 所示,GS02 和 GS07 都在 24 h 左右达到稳定生长期,稠油降解率也随着菌密度的增大而提高。GS02 在 50 h 时,菌密度达到最大值,但是降解率并未达到顶峰,这可能是细胞对稠油的降解有滞后作用,稠油降解率在 72 h 时达到了最大值,为 44.8%。GS07 对稠油的降解率同样也是在 72 h 时达到最大值,为 46.1%。这两种菌在达到稳定生长期后对稠油的降解速率变缓,一方面可能是由于细菌首先利用稠油组分中的烷烃及小分子芳烃组分,当这些物质大部分被分解后,细菌才利用胶质和沥青质,但是这些物质较难生物降解,造成后期的降解减缓;另一方面,随着反应的进行,营养物质减少,溶液中积累的有毒有害物质越来越多,造成生物降解速率变慢。

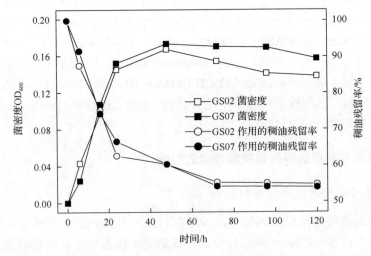

图 5-2 菌株的生长-稠油降解曲线

2. 初始稠油浓度对菌株降解率的影响

将 GS02 和 GS07 在稠油初始浓度分别为 0.5 g/L、1.0 g/L、1.5 g/L、2.0 g/L 和 2.5 g/L 的无机盐液体培养基中培养 5 天，其对稠油的降解效果如图 5-3 所示。

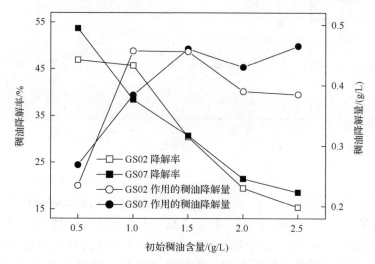

图 5-3 初始稠油浓度对菌株降解稠油的影响

3. 温度对菌株降解率的影响

相关研究表明，温度是影响烃类降解菌生长及代谢活动的主要因素之一，在对石油类污染物的去除过程中其对微生物的影响甚至超过营养的可给性(Margesin et al., 1997)。温度对菌体的作用主要是影响酶、核酸、蛋白质等组分，继而影响其生物化学反应速率和细胞生长速率(Tiehm et al., 1995)。另外，温度对稠油的物理状态及化学组成也有一定的影响（苏荣国等，2001；周海霞等，2008）。在稠油初始浓度为 1 g/L 的无机盐培养基中，将 GS02 和 GS07 分别于 25℃、28℃、30℃、35℃和 40℃下培养 5 天，如图 5-4 所示，菌 GS02 对温度变化比较敏感，在温度较低或较高时其降解率受到的影响较大。GS02 在 30℃对稠油的降解效果最佳，降解率为 45.7%。GS07 在 25~30℃时降解率都保持在较高水平，在 30℃以上随着温度的升高降解率下降，最适降解温度为 28℃，降解率为 41.3%。这两株菌都属于中温菌，适用于环境中稠油污染的生态修复。

4. pH 对菌株降解率的影响

pH 对细菌的生长及代谢有着重要影响。pH 主要影响细菌酶的活性、细胞质膜的透性及稳定性，从而影响石油烃的降解速率(Rahman et al., 2002)。由于所

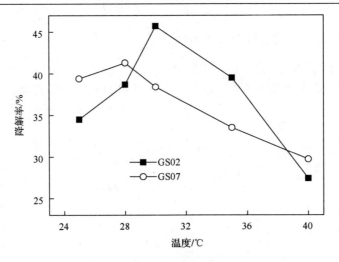

图 5-4　温度对菌株降解稠油的影响

筛菌的生长环境是中性的，为了确定这两株菌的最适生长和降解 pH，在稠油初始浓度为 1 g/L 时，选择 pH 为 6.5、7.0、7.2、7.5 及 8.0，将菌株培养 5 天。如图 5-5 所示，GS02 的最适 pH 范围是 7.0～7.2，GS07 的最适 pH 范围为 7.0～7.5。两株菌都是在中性偏碱性条件下对稠油的降解率最好，降解率分别达到 47.6%和 40.8%。在酸性环境下的降解率下降较大。

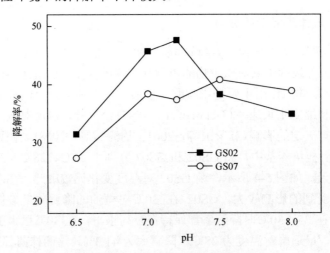

图 5-5　pH 对菌株降解稠油的影响

5. 盐度对菌株降解率的影响

无机盐对细菌细胞起着重要作用，为研究菌株 GS02 和 GS07 的最适盐度，在稠油初始浓度为 1g/L、pH 为 7.0 时，用 NaCl 调节盐度，分别配制 2 g/L、4 g/L、

6 g/L、8 g/L 和 10 g/L 5 个盐度值的降解用培养基将菌株培养 5 天。如图 5-6 所示，GS02 对盐的耐受能力较强且盐浓度范围较宽，在盐浓度为 4~6 g/L 时对稠油有较好的降解效果，降解率达到 30%以上；GS07 在盐浓度为 4 g/L 时对稠油的降解效果最佳，超过 4g/L 后降解率随着盐浓度的升高而降低。这个结果与张丛等（2000）及 Robert 等（1995）的报道一致，即当营养盐及温度不是限制因子时，石油烃的生物降解率随盐度的增大而减小。

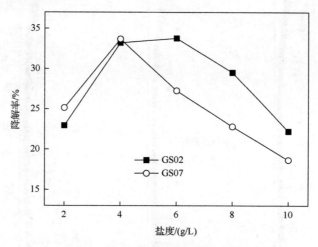

图 5-6　盐浓度对菌株降解稠油的影响

6. 降解后残余稠油的 GC-MS 分析

将分别经过 GS02 和 GS07 降解后的残油用正己烷萃取后进行 GC-MS 分析，结果如图 5-7 所示。从图 5-7 的饱和烃离子碎片图可以看到，空白中实验所用稠油的正构烷烃的碳数分布为 n-C_9~n-C_{35}，主峰为 C_{17}（29.78 min）。经过 GS02 和 GS07 降解后，碳数分布为 n-C_9~n-C_{17} 和 n-C_{23}~n-C_{35} 的烷烃数量明显降低。35 min 和 40 min 左右出的峰分别是生物标志化合物（孔淑琼等，2009）姥鲛烷（Pr）和植烷（Ph），这两种烷烃属于异戊二烯烃，很难被生物降解。与空白样相比，在降解后这两种物质的峰变成优势峰。在实际应用中，Pr/n-C_{17} 系数的高低常被作为检测原油被生物降解程度的指标（Wang et al.，1998；王海峰等，2009）。经 GS02 和 GS07 降解后，Pr/n-C_{17} 和 Ph/n-C_{18} 的比值（表 5-1）均呈显著增加趋势，说明这两株菌对稠油中的烷烃类物质有很好的降解效果。除此之外，姥鲛烷和植烷在降解后残油中的相对比值略有增加，其峰高也较空白有明显降低，可以推断出这两株菌对稠油中难降解的物质也有很好的分解作用。

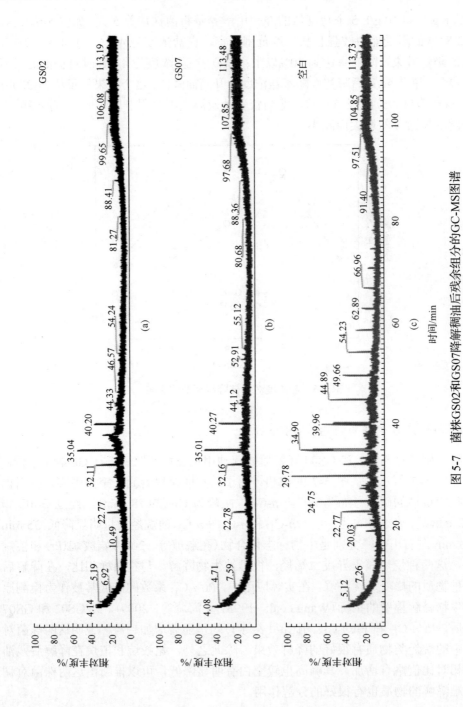

图 5-7 菌株GS02和GS07降解稠油后残余组分的GC-MS图谱

表 5-1 降解前后 Pr/Ph 值、Pr/n-C_{17} 值和 Ph/n-C_{18} 值

比值	GS02	GS07	空白
Pr/Ph	2.031	1.717	1.387
Pr/n-C_{17}	5.144	3.927	0.956
Ph/n-C_{18}	1.317	1.364	0.689

5.2 单菌株原油降解性能的驯化

石油是一种非常复杂的混合物,其中包括烷烃类物质、芳香烃类化合物和少量的沥青质、树脂类等,单一的菌种很难把石油完全去除。而利用混合菌群间的相互作用,针对石油中的不同组分进行生物降解,可以增强对石油的去除效果。本实验室已筛选得到的烷烃降解菌 GS3C、菲降解菌 GY2B 和芘降解菌(GP3A 和 GP3B),对石油中含有的一些组分有良好的去除效果;但这些菌种在筛选过程中使用的碳源并非原油,因此需要以原油为唯一碳源对这些微生物进行驯化,并使其对原油的降解效果逐渐加强和稳定下来。基于此背景,本节将以原油为唯一碳源,将上述 4 株单菌株进行梯度原油浓度驯化,以达到对原油降解的稳定效果,进而奠定构建高效石油降解菌群的基础。

5.2.1 驯化及降解性能研究方案

1. 菌种的来源与培养

选择对石油部分组分具有良好去除效果的菌株,进行驯化以强化和稳定其石油降解能力,包括烷烃降解菌 GS3C、菲降解菌 GY2B 和芘降解菌(GP3A 和 GP3B)。

(1) GS3C(吴仁人等, 2009):属于洋葱伯克霍尔德氏菌(*Burkholderia cepacia*),是由笔者实验室从广州石油化工厂总厂污水处理站旁的油泥混合物中筛选得到的一株烷烃降解菌,4 天能将 750 mg/L 的正十六烷降解 73.3%,在 GenBank 中的登录号为 EU2821101。

(2) GY2B(陶雪琴等, 2006):属于鞘氨醇单胞菌(*Sphingomonas* sp.),是由本实验室从广州油制气厂附近污染土壤筛选得到的一株菲降解菌,48 h 内对 100 mg/L 菲降解率达到 99.1%,在 GenBank 中的登录号为 DQ139343。

(3) GP3A(陈晓鹏等, 2008):属于假单胞菌(*Pseudomonas* sp.),是由本实验室从长期受石油污染土壤中筛选得到的一株芘降解菌,7 天内将 15 mg/L 的芘降解 50%,在 GenBank 中的登陆号为 EU233280。

(4) GP3B(陈晓鹏等, 2008):属于伯克氏菌科潘多拉菌 *Pandoraea pnomenusa*,

是由本实验室从长期受石油污染土壤中驯化筛选得到的一株芘降解菌，7 天内将 15 mg/L 的芘大概降解 44.7%，在 GenBank 序列的登陆号为 EU233279。

将四种菌株分别取富集液 1 mL 接种至已加入原油的无机盐培养基中，于 30℃、150 r/min 的摇床中培养驯化 5 天，重复驯化 8 周后将菌株分别划线于斜面，放置 4℃冰箱保存。研究中使用如下培养基进行微生物的培养与污染环境的模拟。

(1) 无机盐基础培养液(MSM) (Tao et al., 2007)。1 L 容量瓶中先加入 800 mL 左右的蒸馏水，再依次加入下面溶液：①5.0 mL 磷酸盐缓冲液(8.5 g/L KH_2PO_4，21.75 g/L $K_2HPO_4·H_2O$，33.4 g/L $Na_2HPO_4·12H_2O$，5.0 g/L NH_4Cl)；②3.0 mL $MgSO_4$ 水溶液(22.5 g/L)；③1.0 mL $CaCl_2$ 水溶液(36.4 g/L)；④1.0 mL $FeCl_3$ 水溶液(0.25 g/L)；⑤1.0 mL 微量元素溶液[39.9 mg/L $MnSO_4·H_2O$，42.8 mg/L $ZnSO_4·H_2O$，34.7 mg/L $(NH_4)_6Mo_7O_{24}·4H_2O$]。最后用 1 mol/L HCl 和 NaOH 溶液调节其 pH 为 7.4，蒸馏水定容至 1 L。

(2) 原油培养基。无机盐基础培养基 1 L，原油 2 g [轻质油是由中国石油化工股份有限公司广州分公司提供的奥斯柏格(Oseberg)油]，pH 为 7.0。

(3) 富集培养基。10 g 蛋白胨，5 g 牛肉膏，5 g NaCl，1 L 蒸馏水，调 pH 为 7.0。

(4) 固体培养基(NR)。在富集培养基中加入 15 g 琼脂和 1 L 蒸馏水，调 pH 为 7.0。

(5) 菲无机盐培养液。以正己烷配制 10 g/L 的菲(购自 Fisher 公司，纯度为 98%)储备溶液，取一定量的菲储备液置于已灭菌的三角瓶中，待正己烷挥发完毕后加入灭菌的无机盐基础培养基。

(6) 芘无机盐培养液。以正己烷配制 5 g/L 的芘储备溶液，取一定量的芘(购自 Sigma 公司，纯度为 98%)储备液置于灭菌的三角瓶中，待正己烷挥发完毕后加入灭菌的无机盐基础培养基。

2. 菌株的驯化方法

微生物驯化就是驯化微生物的行为。在细菌培养基中循序渐进地加入靶向环境的材料或基质，让细菌逐渐适应并依赖靶向环境的材料或基质，从而改善或改变环境中的有效成分。

分别从三种菌的固体培养基上挑取一环纯菌体接种至富集培养基中，在 30℃、转速 150 r/min，摇床振荡培养 48 h 后，取 1 mL 富集培养液进行接种驯化。驯化采取原油浓度梯度升高的方法(龚利萍等，2001)，培养周期为 7 天，于 30℃、150 r/min 恒温振荡培养。驯化时，先取 1 mL 富集培养液到含有最低原油浓度的驯化培养液中(驯化培养液中仍含有菌种原使用的碳源)，培养一个周期，重复接种两次。然后从培养液中取出 1 mL 加入含有较高原油浓度的驯化培养液中，培养一个周期，如此反复至驯化培养液中只有唯一碳源，即只有原油。驯化过程中每个周期使用的驯化液中的原油浓度要比上一个周期的大，如表 5-2 所示。

表 5-2 各菌种的驯化过程

菌种	碳源	周期			
		第一周期	第二周期	第三周期	第四周期
GS3C	原油/(mg/L)	500	1000	1500	2000
GY2B	菲∶原油/(mg/L)	100∶500	50∶1000	10∶1000	0∶2000
GP3A、GP3B	芘∶原油/(mg/L)	15∶500	10∶1500	5∶1500	0∶2000

3. 降解性能研究方法

将 GS3C、GY2B、GP3A、GP3B 分别从平板挑取一环至 50 mL 富集培养基中，在 30℃以 150 r/min 的转速摇瓶培养 24 h，获得高浓度菌液。以原油为唯一碳源，将 4%的菌液(光密度 OD_{600} = 0.5)接种至 30 mL 无机盐培养基中，原油初始浓度为 2000 mg/L，并分别测定原油的残余浓度。将 GS3C、GY2B、GP3A、GP3B 分别从平板挑取一环至 50 mL 富集培养基中，在 30℃以 150 r/min 的转速摇瓶培养 24 h，获得高浓度菌液。以原油为唯一碳源，将 4%的菌液(光密度 OD_{600}=0.5)接种至 30 mL 无机盐培养基中，原油初始浓度为 2000 mg/L，并分别测定原油的残余浓度。其中，涉及微生物生长量和原油样品的测定。

1) 微生物生长量的测定方法(武金装等，2008)

采用菌悬液 OD_{600} 间接测定生长量。将 10 mL 培养液于 8000 r/min 离心 15 min 后，收集菌体并用无菌水洗涤两次，最后用 10 mL 无菌水将收集到的湿菌体定容形成均匀的菌悬液，以无菌水为参比，在岛津 UV-2550 紫外-可见分光光度计 600 nm 处测定其吸光度。

2) 原油测定方法

微生物降解原油后，于每瓶培养液加入 10 mL 正己烷，振荡 100 次后，将培养液于 4000 r/min 离心 10 min，上层有机相过无水硫酸钠干燥后移至 25 mL 容量瓶中；然后，再次用 10 mL 正己烷萃取培养液，重复前面的离心振荡步骤；过无水硫酸钠干燥后将有机相移至容量瓶中，最后用正己烷定容至 25 mL。从定容样品中取 1 mL 移至进样瓶中用于 GC-MS 检测，再取 0.5 mL 样品稀释至 25 mL，于紫外-可见分光光度计 224 nm 处测定其吸光度值。

采用紫外分光光度法及气相色谱-质谱联用(GC-MS)法测定原油。其中，紫外分光光度法操作简单，复显性好，而且灵敏度也高，但较难获取标准油品，适用于石油浓度为 0.05~50 mg/L 的溶液(郑晓红等，2001)。GC 法测试简单，快速而准确，不仅能够测定石油的总含量，还能知道不同组分的分布及在降解过程中各组分的变化情况,因此 GC 法是微生物降解实验中用得最多的方法之一(Watson et al., 2002)。

(1) 紫外分光光度法(徐恒刚等,2006)。

石油及其产品在紫外区有特征吸收,带有苯环的芳香族化合物的主要吸收波长为 250~260nm,最终波长的选择应视实际情况而定。

配制标准油时,准确称取原油 0.1000 g,加入少量正己烷溶解后定容至 100 mL 容量瓶中,摇匀,配成 100 mg/L 的标准溶液。选取 20 mg/L 的标准油进行光谱扫描,出现两个吸收峰,分别在 224 nm 和 257 nm,其中最大吸收峰的波长为 224 nm,如图 5-8 所示。

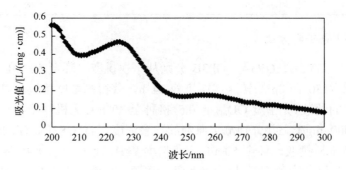

图 5-8　20 mg/L 标准油的光谱扫描

在最大吸收波长 224 nm 下分别测定标准浓度的吸光度,得到以浓度(mg/L)为横坐标,吸光度值为纵坐标的标准曲线,如图 5-9 所示。

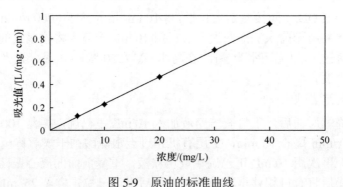

图 5-9　原油的标准曲线

标准曲线的回归方程为

$$y = 0.02327x + 0.00144 \tag{5-1}$$

$$R^2 = 0.9999$$

式中,y 是样品吸光值;x 是所测样品的原油浓度,mg/L。

生物降解后的样品测定应先测定其吸光度，对照原油的标准曲线找到其浓度值，进而求算其去除率。

$$原油去除率=(原油浓度-培养液原油浓度)/原油浓度×100\% \qquad (5-2)$$

(2) 气相色谱-质谱联用(GC-MS)法(De Oteyza et al., 2006)。

原油的组成非常复杂，在短时间内获得完整、准确的原油化学组成信息是原油成分分析的关键，因此气相色谱-质谱联用(GC-MS)技术成为原油分析表征的重要工具。GC-MS 同时具备 GC 的高分离能力和 MS 的高鉴别能力，在复杂混合物的分析中具有独特的优势。

GC-MS 条件：采用 Thermo DSQ II 气相色谱-质谱联用仪，HP-5MS 石英毛细管柱(30 m×0.32 mm×0.25 μm)。进样口温度 250℃，传输线温度 280℃，离子源 260℃；气体为高纯氦气；进样量 1 μL，不分流进样；扫描质量范围为 50~550 u；柱温在 60℃保留 5 min，再以 10℃/min 的速度升到 110℃，保留 2 min，最后以 2℃/min 的速度升至 280℃，保持 20 min。

5.2.2 菌株原油降解性能驯化结果

1. 原油的回收率

取 0.06 g 原油加入 30 mL 无机盐培养基中，按 5.2.1 节中所述的方法进行预处理后，用紫外分光光度法测定其原油含量，进行 4 次平行实验，计算其回收率和标准偏差，如表 5-3 所示。结果表明，紫外分光光度法测定原油的回收率符合定量分析的要求，精密度也能满足要求。

表 5-3 紫外分光光度法测定原油的回收率

编号	原油量/g	实际浓度/(mg/L)	测量值/(mg/L)	回收率
1	0.0580	46.40	46.05	99.24%
2	0.0603	48.24	46.48	96.35%
3	0.0588	47.04	44.59	94.79%
4	0.0603	48.24	44.98	93.23%
		平均回收率 $\bar{x}$		95.90%
		标准偏差 s		2.56%

注：标准偏差 $s = \sqrt{\dfrac{n\sum x^2 - (\sum x)^2}{n(n-1)}}$。

2. 菌种驯化结果

将四种单菌用原油重复驯化 8 周后，菌株对原油的降解情况趋于稳定，其驯化结果如表 5-4 所示。将驯化后的单菌株分别划线于斜面，放置 4℃冰箱保存备用。

表 5-4 各菌种的驯化结果

	烷烃降解菌 GS3C	菲降解菌 GY2B	芘降解菌 GP3A	芘降解菌 GP3B
第一周期	溶液略混浊，有油膜，少量小油滴分散于溶液中	溶液为棕黄色，瓶底菲的片状晶体消失，油膜较厚	溶液略混浊，瓶底芘的片状晶体减少，油膜较厚	溶液略混浊，瓶底芘的片状晶体减少，油膜较厚
第二周期	溶液混浊，油膜较薄，较多小油滴	溶液为黄色，瓶底菲晶体消失，有油膜	溶液略混浊，瓶底芘晶体减少，油膜较厚，少量小油滴	溶液略混浊，瓶底芘晶体减少，有油膜，少量小油滴
第三周期	溶液混浊，油膜很薄，大量小油滴和絮状油分散于溶液中	溶液为浅黄色，瓶底菲晶体消失，少量油滴，有乳化现象	溶液略混浊，瓶底芘晶体消失，表层油膜较厚，少量小油滴	溶液略混浊，瓶底芘晶体消失，少量小油滴
第四周期	溶液变深褐色，油膜基本消失，大量絮状油分散于溶液中	溶液为黄色，有一些絮状油，乳化现象明显	溶液略混浊，油膜较厚，有一些絮状油	溶液略混浊，有少量絮状油，有轻微的乳化现象

原油密度小、黏度大，只有极少量能溶于水，其余绝大部分都以乳化油和漂浮油的形式存在(李广贺等，2000)。因此石油的分散情况直接影响微生物对石油的降解。从表 5-4 可以看出，烷烃降解菌 GS3C 对原油的分散效果最好，到了驯化后期，基本能把原油分散于水相中，有利于微生物对原油的吸收和利用。菲降解菌 GY2B 和芘降解菌 GP3B 都对原油产生了乳化作用，也利于对原油的生物降解。

5.2.3 驯化菌株的降解性能

1. 原油去除率

从表 5-5 可见，经过长期的驯化后，四种单菌株都能以原油为唯一碳源进行良好的生长繁殖，并且对原油具有了一定的降解能力，去除率都达到30%以上。培养初期原油完全浮在培养液面上，GS3C 在降解 1 天后培养液中开始出现小油滴，GY2B 在降解 2 天后原油出现乳化现象。到 5 天时，GS3C 和 GY2B 都能将原油大量乳化，使其变成深褐色并形成小油滴分散在培养液中，表层油膜较薄。好的乳化可以使石油烃形成微小液滴，类似于溶解烃，增大了水油界面的面积，有利于菌株对原油的吸收降解(苏荣国等，2001)。而 GP3A 和 GP3B 在降解 5 天后培养液中才出现一些小油滴，表层油膜较厚，对原油的降解效果较差。

表 5-5 各菌株 5 天对原油的去除率及生长量

	空白	GS3C	GY2B	GP3A	GP3B
去除率/%	16.26	40.23	42.20	38.45	30.52
生长量(OD_{600})	0.000	0.156	0.086	0.111	0.103

2. 残油 GC-MS 分析

将培养液的残油用正己烷萃取后进行 GC-MS 分析,结果如图 5-10 所示。

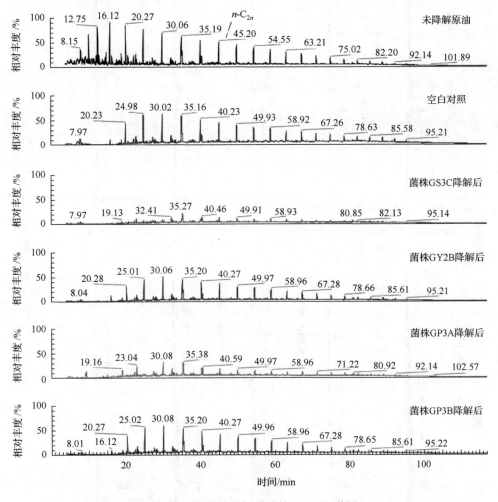

图 5-10 各菌株降解原油的 GC-MS 谱图

从图 5-11 可以看出,谱图中大多数物质的碎片离子峰十分相似,为烷烃类同系物。因此,原油样品中绝大部分组分为烷烃类化合物,以碳原子数为 10~25 的居多,只有少量为芳香烃类化合物。空白对照的谱图中 $n\text{-}C_{15}$ 峰(24.98 min)成为优势峰,分子量较低的烃类(碳原子数小于 15)容易通过物理和化学作用进入空气中分解造成空白损失(Galin et al., 1990)。而 GS3C 谱图中的优势峰为姥鲛烷峰(35.27 min),属于异戊二烯烃类化合物,绝大部分直链烷烃被去除,按总峰面积计算其去除率达

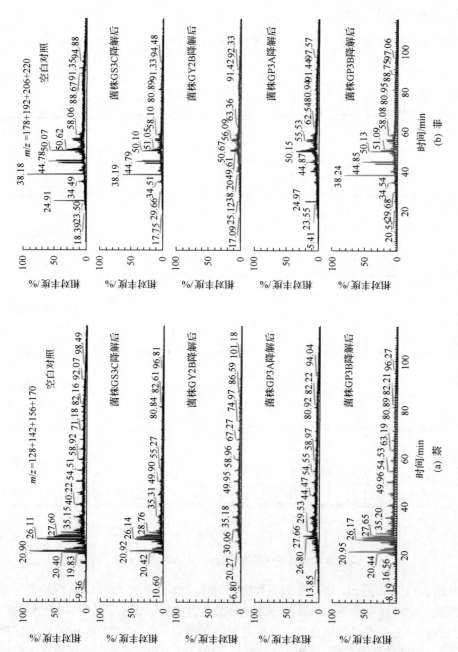

图 5-11 各种单菌降解原油的离子碎片图

到 83.52%，降解效果最佳。GP3A 降解后的优势峰为 n-C_{16} 峰(30.08 min)和姥鲛烷峰(35.38 min)，碳原子数小于 20 的中短链烷烃基本被去除，去除率为 70.48%，对长链烷烃的去除效果随着碳原子数的增加而逐渐减弱。GY2B 和 GP3A 对烷烃类的去除效果与空白对照大致相同。

分别在各种菌降解原油的 GC-MS 谱图中提取萘系列离子碎片 m/z =128+142+156+170 及菲系列离子碎片 m/z =178+192+206+220，观察各种菌对芳烃类物质的降解情况。从图 5-11 中可以看出，GY2B 对萘系列和菲系列的降解效果都非常好，对照空白，按总峰面积计算其去除率达到 93.94%。GP3A 对芳烃类的降解效果也较好，去除率达到 87.34%。GS3C 和 GP3B 对芳烃类物质没有明显的降解效果。

5.3 高效混合菌群的构建及其降解性能

石油是由饱和烃、芳香烃类化合物和少量的沥青质、树脂类等组成的复杂混合物，单一的石油降解菌难以将石油从环境中彻底去除。石油中的饱和烃类化合物最易被微生物降解，其次是低分子量的芳香烃类化合物，而最难被生物降解的是高分子量的芳香烃类化合物、沥青质和树脂，并且对微生物有一定的毒性(齐永强等，2003)。因此，石油成分的复杂性决定了其降解需要多种微生物的共同参与。不同的微生物对于石油的各组分具有不同的降解能力，利用菌群之间共生、协同等作用可以提高石油烃类的生物降解效率。因此本节将 5.2 节中经过驯化的、具有不同降解功能的四种单菌株进行混合，优化组合出合理、高效的降解菌群，利用菌群间的协同作用针对原油中的不同组分进行充分降解。

5.3.1 菌群的构建及降解性能研究方案

1. 菌种的培养与测定观察

研究中采用微生物生长量的测定和原油去除率的测定等方法，同 5.2.1 小节相对应内容所述方法。另外，选用的菌种、试剂及培养基，与 5.2.1 节所述一致。

利用 SEM 观察混合菌的生长情况。取少量样品用 0.1 mol/L 磷酸缓冲溶液清洗 3 遍，再用 2.5%的戊二醛浸泡 12 h 以上进行预固定，然后用磷酸缓冲液冲洗 3 次，每 30 min 一次，再用 1%四氧化锇固定 3h。分别用浓度为 30%、50%、70%、80%、90%、100%的乙醇溶液逐级脱水，然后用叔丁醇替换乙醇，每隔 10 min 一次，共三次，第三次放置冰箱冻层(−10℃左右)过夜。用 JFD-310 冷冻干燥仪将样品进行干燥，然后粘在具有双面胶带的样品台上，用 JFC-1600 离子溅射镀金膜约 10 nm。最后将样品放置 JSM-6360LV 扫描电子显微镜进行观察。

2. 混合菌群的构建和降解性能研究方法

将 GS3C、GY2B、GP3A、GP3B 分别从平板挑取一环至 50 mL 富集培养基中，在 30℃以 150 r/min 的转速摇瓶培养 24 h，获得高浓度菌液。以原油为唯一碳源，将 GS3C、GY2B、GP3A、GP3B 四种菌按等量配比的原则制成混合菌液，将 OD_{600} =0.5 的混合菌液按总量为 2 mL 接入原油培养基中，于 30℃，150 r/min 摇床培养 5 天后测定去除率，以构建最优混合菌群。

以原油为唯一碳源，将 OD_{600}=0.5 的混合菌液 2 mL 接入原油培养基中，初始 pH7.0，初始含油量为 2000 mg/L，于 30℃，150 r/min 摇床培养 3 天，分别测定温度、初始 pH、混合菌液接种量、石油浓度等环境影响因素对微生物生长量和对原油降解性能的影响。

将温度、pH、接种量、石油浓度都设置为优化后的最佳条件，以原油为唯一碳源，将 OD_{600} =0.5 的混合菌液 2 mL 接入原油培养基中，于 30℃，150 r/min 摇床培养，测定微生物随培养时间变化而产生的降解情况。

5.3.2 高效混合菌群的构建

1. 混合菌群的构建及选择

用不同菌株配比混合构建的菌群对石油进行降解，其石油去除率如表 5-6 所示，可见，混合菌组 G1、G3、G8、G11 对原油的去除率都达到 50%以上，较单一菌株有明显的提高。其中，构建的混合菌组 G8 效果最佳，比单菌株的去除率提高近 30%。这四组混合菌都包含了能利用原油组分中的烷烃类化合物的菌株(GS3C)和芳烃类化合物的菌株(GY2B、GP3B)，这些菌通过共代谢作用，在降解时产生协同效应来提高对原油的降解率。由此可见，利用不同原油组分的菌株构建成的混合菌可以促进对原油中各组分的降解。而有单菌株 GP3A 参与组合的混合菌对原油的去除率提高较少，有些组合甚至比单菌株的去除率还低，如混合菌组 G9 的去除率只有 32.75%。GP3A 可能对其他菌产生了抑制作用。苊降解菌 GP3A 对原油中的烷烃类化合物和芳烃类化合物都有一定的降解效果，与烷烃降解菌 GS3C、菲降解菌 GY2B 组合后，利用同一组分的菌株增多，在原油含量一定的条件下就可能产生竞争和抑制作用，阻碍混合菌对原油的降解(Shan et al., 2002)。

将混合菌组 G1、G3、G8、G11 培养液中的残油进行 GC-MS 分析，结果如图 5-12 所示。四组混合菌对烷烃类化合物的降解效果相差不大，其优势峰都为姥鲛烷峰(35.36 min)和植烷峰(40.57 min)，按总峰面积计算去除率都达到 80%以上。据文献报道(Wang et al., 1998)，C_{17}/Pr 系数的高低常在实际应用中作为指标，检测石油烃被生物降解的程度。四组混合菌的 C_{17}/Pr 都比空白对照低很多，说明它们都对原油有较强的降解能力，能将原油中的直链烷烃类化合物基本去除，剩余一些难降解的支链烷烃。这四组混合菌里都包含烷烃降解菌 GS3C，在混合体系中完好地保留 GS3C 对烷烃类化合物的降解特性，对原油中的烷烃类表现出强降解能力，有利于混合菌对原油的完全去除。

表 5-6 混合菌 5 天对原油的去除率

编号	混合菌株	混合比例(体积比)	去除率/%
G1	GS3C+GY2B	1∶1	52.53
G2	GS3C+GP3A	1∶1	37.03
G3	GS3C+GP3B	1∶1	63.85
G4	GY2B+GP3A	1∶1	38.81
G5	GY2B+GP3B	1∶1	40.32
G6	GP3A+GP3B	1∶1	39.17
G7	GS3C+GY2B+GP3A	1∶1∶1	46.38
G8	GS3C+GY2B+GP3B	1∶1∶1	68.76
G9	GS3C+GP3A+GP3B	1∶1∶1	32.75
G10	GY2B+GP3A+GP3B	1∶1∶1	39.25
G11	GS3C+GY2B+GP3A+GP3B	1∶1∶1∶1	58.68

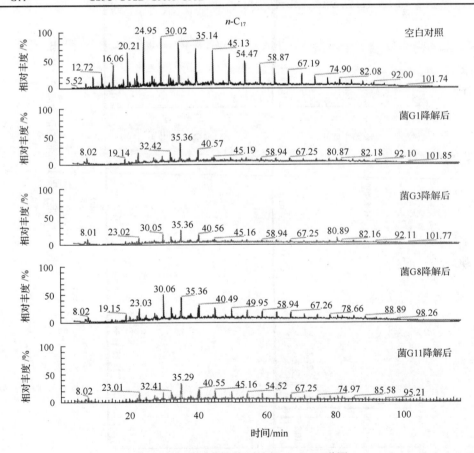

图 5-12 混合菌降解原油的 GC-MS 谱图

四组混合菌中，G8 对原油的去除率最高，因此提取萘系列和菲系列的离子碎片图，观察其对芳烃类化合物的降解情况，如图 5-13 所示。最佳混合菌组 G8 对

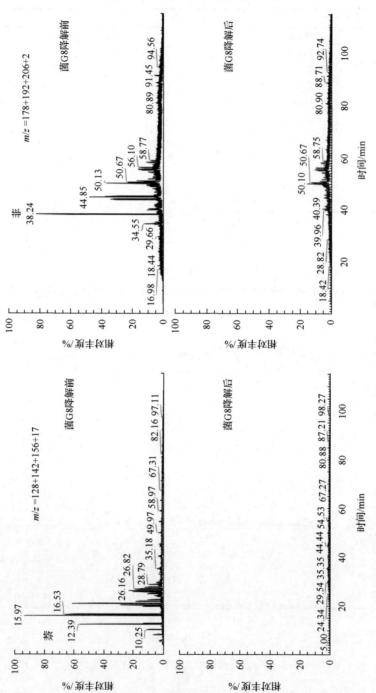

图5-13 混合菌G8降解原油的离子碎片图

芳烃类化合物的降解效果显著，对萘同系物的去除率达到 99.22%，对菲同系物的去除率达到 86.02%。混合菌 G8 中包含对芳烃类化合物有强降解能力的单菌 GY2B，在混合体系中 GY2B 依然发挥了其降解特性。由此可见，G8 对原油组分中的烷烃类和芳烃类化合物都表现出较强的降解能力，有利于对原油组分的完全降解，故选择其进行以后的实验。

2. 混合菌 G8 的菌种配比

在 5.3.2 节的"混合菌群的构建及选择"部分，已知石油去除效果最佳的混合菌群为 G8，其菌种组合为 GS3C + GY2B + GP3B［混合比例（在 OD_{600}=0.5 时的体积比，下同）为 1∶1∶1］，然而，混合菌 G8 的菌种混合配比在何种情况下具有更佳的石油降解率仍未知。因此，以原油为唯一碳源，将 GS3C、GY2B、GP3B 三种菌按不同的比例配制成混合菌液，将 OD_{600} = 0.5 的混合菌液按总量为 2 mL 接入原油培养基中，于 30℃，150 r/min 摇床培养 3 天后测定去除率，以研究三种菌种间不同比例对降解原油的影响，结果如图 5-14 所示。

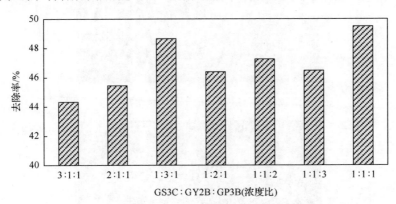

图 5-14 混合菌 G8 的菌种间不同比例对降解原油的影响

结果表明，混合菌群 G8 中的三种菌 GS3C、GY2B 和 GP3B 之间以不同的比例组合后对原油都有较好的降解效果，去除率基本在 45%以上。当混合菌群中 GS3C 的比例较高时，降解效果受到了明显影响。GS3C 是烷烃降解菌，而烷烃类化合物是原油中最容易被降解的组分，因此在三种菌中 GS3C 能较早地利用原油进行生长繁殖。而当混合菌中 GS3C 的比例较高时，碳源及营养物质首先被 GS3C 利用，从而抑制了其他两种菌的生长繁殖，使原油的其他组分不能得到很好的降解，导致去除率下降。GY2B 和 GP3B 对原油有一定的乳化作用，有利于微生物对原油的降解，因此适当增加其比例可以增强原油的去除效果。但是三种菌之间以不同的比例组合后对原油降解的影响不大，各种比例组合的降解效果基本都在 45%～50%，相差不超过 5%，其中以 1∶1∶1 的比例混合后效果最佳。GS3C、

GY2B 和 GP3B 以等比例混合后,各种菌的降解优势都能正常发挥,且菌种之间的协调作用最明显,能针对原油中的不同组分同时进行较好的降解。混合菌 G8 中的三种菌在平板中都能良好地生长,其形态如图 5-15 所示。在扫描电子显微镜(SEM)下观察混合菌 G8 的微观形态,明显有三种不同形态的细菌,并且各种菌的菌体表面光滑,生长良好,如图 5-16 所示。

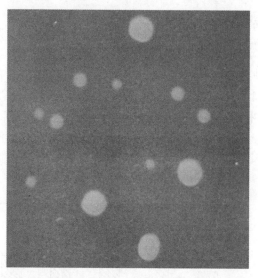

图 5-15　混合菌 G8 在平板生长的菌落形态(第 5 天)

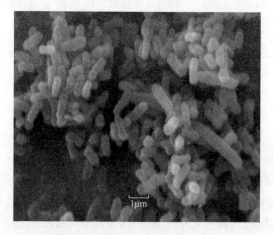

图 5-16　混合菌 G8 的 SEM 照片

5.3.3　环境条件对混合菌 G8 降解性能的影响

根据 5.3.2 节的研究,选择 GS3C、GY2B 和 GP3B 以等比例混合构建的混合菌 G8 作为具有高效石油降解性能的混合菌群。然而,除了自身菌种配比,温度、初始 pH、接种量、石油浓度和培养时间等环境条件也会对混合菌群的原油降解性能产生影响，对此须做进一步研究。

1. 温度对降解性能的影响

温度对微生物降解原油的影响主要表现在三个方面：影响石油烃的物理状态、化学组成和微生物本身的代谢活性(Leahy et al., 1990; Margesin et al., 1997)。如图 5-17 所示，混合菌 G8 在 25～40℃均能生长良好，并对原油进行很好的降解。在 30℃时，对原油的去除率在 50%以上，而 30℃是混合菌 G8 降解原油的最适温度，其生长量最大，去除率可达到 55.30%。微生物对原油的降解需要借助酶催化作用来完成，在最适温度下微生物生长最好，酶活性较高，促进对原油的降解，降解效率最大。而后随着温度的升高，混合菌 G8 的生长量明显降低，去除率也随之下降。当温度在 25℃时，生长量 OD_{600} 值最小(只有 0.057)，降解率也较低，只有 35.07%。温度较低时微生物的生长受到抑制，代谢活性降低，且在低温下对微生物有毒的低分子量石油烃类难以挥发，抑制微生物对原油的降解(陈熹夕等，2001)。

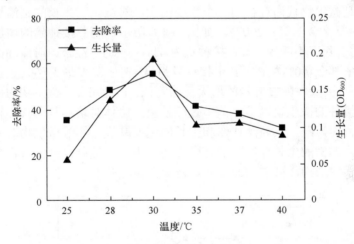

图 5-17　温度对混合菌降解原油的影响

2. 初始 pH 对降解性能的影响

pH 对于微生物生长和代谢有着重要的作用，影响微生物细胞内的酶活性及土壤营养状况(Ayotamuno et al., 2006)，微生物只有在最适 pH 下才能进行良好的生长和代谢。如图 5-18 所示，混合菌 G8 在初始 pH 为 4～7 时，生长量和去除率都随着 pH 的升高而增大。混合菌 G8 的最适初始 pH 为 7，此时微生物的生长量最大，对原油的去除率达到 59.98%。当初始 pH 超过 7 后，去除率和生长量都随着 pH 的升高而降低，说明混合菌 G8 适宜在中性及偏微酸的土壤环境中生长，有利于投入污染土壤现场进行生物修复。

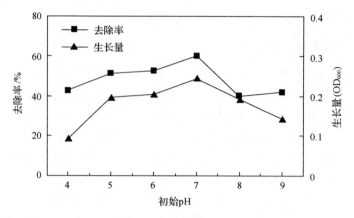

图 5-18　初始 pH 对混合菌降解原油的影响

3. 接种量对降解性能的影响

接种量是微生物代谢过程的一个重要因素，对微生物生长的延滞期和生长速度有一定影响（徐金兰等，2007）。如图 5-19 所示，随着接种量的增加，混合菌 G8 对原油的去除率不断提高。在接种量为 4%～8%时，混合菌对原油的降解趋于平稳，去除率都在 60%左右，其中接种量为 4%时去除率最大（60.20%）。当接种量超过 8%后，去除率随接种量的增大反而降低。由此可见，微生物的接种量并非越大越好。接种的微生物过多，菌体过度繁殖，菌体对培养基中营养物质的相互竞争将造成营养短缺，其新陈代谢和生长的速度减缓，影响微生物对原油的吸收降解。同时，恶劣的生长环境可能使微生物产生一些抑制自身生长甚至导致自身死亡的次生代谢产物，微生物的存活量将极大地降低。

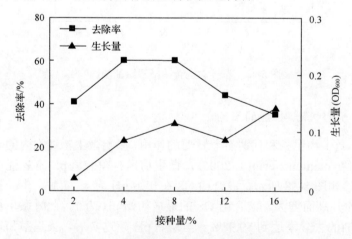

图 5-19　接种量对混合菌降解原油的影响

4. 石油浓度对降解性能的影响

石油浓度对微生物的生长和活性有重要的影响。如图 5-20 所示，石油浓度较低时，碳源不足，抑制微生物的生长繁殖，导致混合菌 G8 对石油的去除率不高。当石油浓度为 2000 mg/L 时，混合菌的生长量增长迅速，对石油去除率达到 62.69%。此时供微生物生长繁殖的碳源充足，细菌活性高，促进了对石油的降解效果。而随着石油浓度的继续增加，氮磷营养盐的浓度相对不足，难以达到微生物充分降解石油的需求，微生物生长量降低，去除率反而下降。石油浓度过高其毒性也增强，抑制微生物的生长，严重时导致微生物大量死亡，对石油的降解效果显著下降。另外，石油浓度过高，表层覆盖的油层过厚，影响微生物与氧气的接触，抑制微生物的生长。

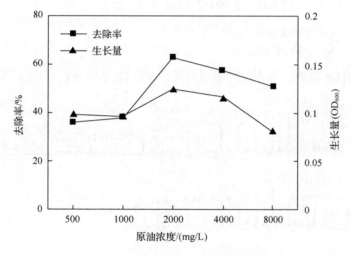

图 5-20 不同石油浓度对混合菌降解的影响

5. 培养时间对降解原油的影响

构建的混合菌 G8 在最佳环境条件下降解 5 天后，对初始浓度为 2000 mg/L 的原油去除率达到 69.20%。如图 5-21 所示，混合菌 G8 在培养初期生长缓慢，随着时间的延长，微生物生长进入对数期，对原油的降解效果逐步增强。到 4 天时，混合菌的生长量激增，对原油的去除率达到了 68.04%。此时混合菌产生大量乳化剂，使原油形成小油滴，分散在培养液中形成水包油的状态，有利于微生物充分接触原油和氧气，促进混合菌对原油的吸收和降解。此后微生物生长进入稳定期和衰亡期，老龄菌增多，幼龄菌减少，使得反应体系中的菌体活性减弱，并且剩余的原油组分也难被生物降解，对微生物形成了反馈抑制，因此混合菌对原油的降解速率越来越低。

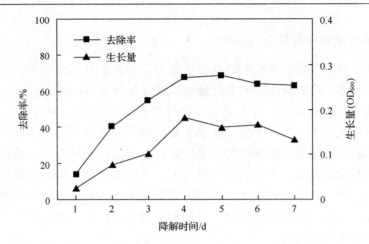

图 5-21 培养时间对混合菌降解原油的影响

6. 残油的 GC-MS 分析

将混合菌 G8 降解原油不同时间后的残油进行 GC-MS 分析,结果如图 5-22 所示。

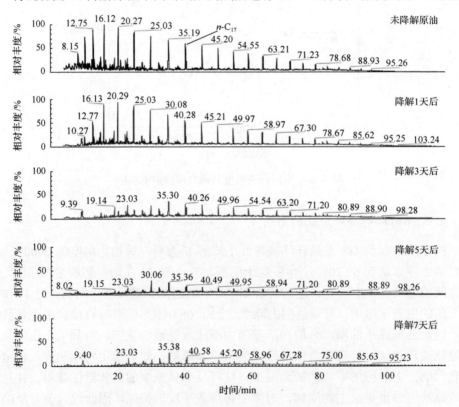

图 5-22 混合菌降解原油的 GC-MS 谱图

随着降解时间的增加,混合菌 G8 对原油的去除效果越来越明显。在降解 1 天时,混合菌 G8 要适应新的生长环境,所以对原油去除效果不明显。到第 3 天时,谱图中的优势峰为姥鲛烷峰(35.30min)和植烷峰(40.26min),按总峰面积计算去除率达到 62.48%,大部分碳原子数小于 20 的直链烷烃类化合物被去除,混合菌对长链烷烃化合物的降解效果较差。降解 5 天后,直链烷烃类化合物已经基本被去除,去除率达到 83.15%,剩余一些难降解的支链烷烃类如姥鲛烷、植烷等。此后随着降解天数的增加,混合菌对原油的降解速率越来越低,降解 7 天的效果与 5 天时基本相同。

从图 5-23 可以看出,混合菌 G8 对萘系列和菲系列化合物的降解效果非常好。降解 1 天后,混合菌对萘系列化合物的去除率就达到了 76.03%,3 天后基本把萘系列化合物去除掉。三环芳烃类化合物较难被生物降解,因此混合菌 G8 对菲系列化合物的降解效果没有萘系列好。降解 3 天后,混合菌对菲系列化合物的去除率才达到 73.69%,5 天后的去除率大概都保持在 86% 左右。但是观察菲的峰可以发

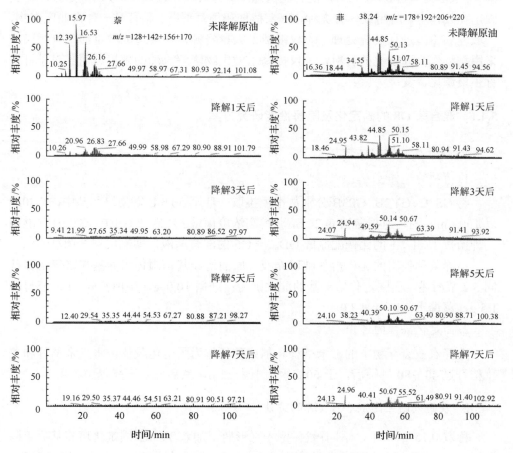

图 5-23 混合菌 G8 降解原油的离子碎片图

现，混合菌 G8 对菲表现出了较强的降解效果，降解 3 天后基本把菲去除掉，说明在混合菌 G8 中保留了菲降解菌 GY2B 的对菲强烈降解的特性。

5.4 固定化混合菌的构建及其降解性能

生物固定化技术是现代生物工程领域中的一项新兴技术。该方法通过一定的技术手段(如利用载体材料、包埋物质或合理控制水力条件等)使微生物固着生长，使微生物高度密集并保持其生物活性，有利于去除油类、氮、有机物及难以生物降解的物质(王建龙，2002)。目前常用的微生物固定化技术主要有表面吸附固定技术、键联固定技术和多聚体包埋技术。表面吸附固定技术的制备方法简单、固定化成本低，而且固定化微生物的活性强。因此，本节将使用 5.3 节构建的混合菌 G8(GS3C+GY2B+GP3B，混合比例为 1∶1∶1)，采用表面吸附固定技术将其固定在载体上。所用载体有 2 种，玉米秸秆和稻草秸秆。秸秆是一种农业废弃物，一般在农田里进行焚烧处理，不仅浪费了大量资源，还会造成严重的空气污染。采用秸秆作为固定化的材料，不仅提高了微生物降解原油的效果，而且对秸秆进行了资源化，变废为宝。

5.4.1 混合菌 G8 的固定化及降解性能研究方案

1. 菌种及载体的选择

1)菌种的选择

将 GS3C、GY2B、GP3B 分别从平板挑取一环至 50 mL 富集培养基中，在 30℃以 150 r/min 的转速摇瓶培养 24 h，获得高浓度菌液。然后把 GS3C、GY2B、GP3B 三种菌按 1∶1∶1 的比例配制成 OD_{600} = 0.5 的混合菌液，即制成混合菌群 G8。

培养菌种使用的无机盐基础培养液、原油培养基、固体培养基和富集培养基同 5.2 节所述。而固定化培养基的配比则为：蔗糖 10.0 g，牛肉膏 6.0 g，酵母粉 1.5 g，蒸馏水 1 L，pH 7.0。

2)固定化载体的选择

选择农业废弃物中的玉米秸秆和稻草秸秆作为固定化载体。将玉米秸秆和稻草秸秆过 40~80 目筛后，于 60℃烘箱中烘 12 h，然后放入干燥器中备用。

2. 表面吸附固定混合菌 G8 的方法

称取 0.75 g(干重，下同)载体倒入锥形瓶，加入 30 mL 固定化培养基后灭菌备用。在固定化培养基中加入菌密度 OD_{600} = 0.5 的混合菌 2 mL，摇匀，放置 30℃、转速 180 r/min 的摇床振荡培养 36 h。然后将固定好的载体在 4000 r/min，30℃条件下离心 10 min，倒掉上层清液，加入生理盐水清洗载体，然后再离心 10 min。用生理盐水清洗两次后，将载体离心后取出备用。

3. 固定化混合菌 G8 的观察及降解性能研究方法

利用扫描电子显微镜观察固定化载体的微观结构及微生物在载体中的生长情况。

降解性能测定方面，包括固定化菌与游离菌降解性能的对比，以及固定化混合菌 G8 降解性能随时间的变化。

1) 固定化菌与游离菌降解性能的对比

原油培养基中分别加入已分别用两种载体固定化的混合菌 G8，并以相同质量的玉米秸秆、稻草秸秆分别加入混合菌配成载体与菌液的混合物，以及只有游离菌 G8 的对照，于 30℃、转速 180 r/min 的摇床振荡培养 3 天，测其原油去除率。

2) 固定化混合菌 G8 降解性能随时间的变化

采用最优载体固定混合菌 G8 后，接入原油培养基中，于 30℃，150 r/min 摇床培养，测定固定化混合菌随培养时间变化而产生的降解情况。

另外，原油去除率的测定，同 5.2 节所述。

5.4.2 固定化混合菌 G8 的降解性能

1. 固定化菌与游离菌降解性能的对比

由图 5-24 可见，采用稻草秸秆固定化混合菌 G8 的效果高于游离菌 G8，也高于稻草秸秆与 G8 的混合物。稻草秸秆对原油有很好的分散作用，同时还能将原油吸附到秸秆表面(邵娟等，2006)。观察只加入稻草秸秆的原油培养基，发现放置摇床 1 天后，表面的油膜已经完全消失，原油都分散到溶液中形成大量的油/水界面，有利于界面上原油的生物降解。稻草秸秆与 G8 的混合物对原油的去除效果提高较少，因为大量的原油被吸附到载体的表面，使游离在溶液中的混合菌能摄取到的原油量少，影响了对原油的生物降解。而经过固定化的混合菌 G8 表现出很强的原油去除效果，去除率达到 90%~95%，比游离混合菌 G8 提高近 40%。混合菌经过固定化后，大量微生物被吸附到秸秆内的孔隙中形成高浓度菌群，而培养基中还有少量悬浮的微生物，两部分微生物同时作用对原油进行降解，对原油的去除效果得到很大的提升。

同样，如图 5-25 所示，采用玉米秸秆固定化混合菌 G8 的效果高于游离菌 G8，也高于玉米秸秆与 G8 的混合物。单纯投加玉米秸秆到原油培养基中培养 1 天后，培养基的表面上仍有一些原油，对原油的分散效果没有稻草秸秆好。但是经过固定化后，玉米秸秆与混合菌 G8 的联合作用非常强，使原油的去除率达到了 95%~

98%，比稻草秸秆固定化混合菌的效果好。混合菌经过固定化后，玉米秸秆中吸附了大量的微生物，能更好地发挥微生物对原油的生物降解作用，对原油的去除率比载体与微生物的混合物提高了近 25%，生物降解效果显著。由此可见，用玉米秸秆进行固定化时，混合菌 G8 对原油的降解作用在去除原油中占有重要地位。

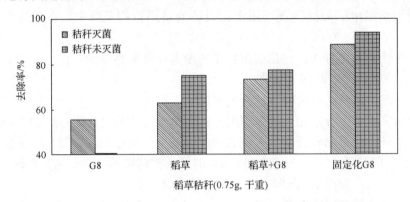

图 5-24 稻草秸秆固定化 G8 与游离菌对原油的降解

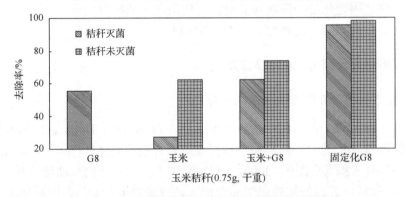

图 5-25 玉米秸秆固定化 G8 与游离菌对原油的降解

另外，秸秆是否经过灭菌处理对原油的去除效果也有一定的影响。从图 5-24 和图 5-25 可见，不灭菌的效果都比灭菌的效果要好。单纯加入秸秆吸附原油时，不灭菌的秸秆对原油的吸附效果比灭菌的好。秸秆类物质一般含有 16%～25%的木质素，它是纤维素的外围基质，起着赋予纤维机械强度及保护纤维素免遭破坏的作用(张红莲等，2004)。但是在温度达到 170℃时，木质素会在热蒸汽的作用下软化，导致纤维素的结晶度降低，并使一些高分子物质分解(陈卫民，2003)。秸秆在温度为 120℃，压力维持在 0.1～0.15 MPa 的高温高压状态下灭菌 20 min 后，部分木质素受到了高温蒸汽的破坏。因此秸秆上的吸附位减少，对原油和混合菌的吸附能力下降，影响了对原油的去除效果。

因此，选择最佳的固定化载体为不灭菌的玉米秸秆。将不灭菌的玉米秸秆作为载体固定混合菌 G8，既利用了秸秆对原油的分散和吸附作用，又充分利用了混合菌对原油的生物降解作用,促进了对原油的去除效果,能更有效地把原油从环境中清除。

2. 固定化混合菌 G8 的微观结构

将载体为未灭菌的玉米秸秆的固定化样品进行 SEM 观察,结果如图 5-26 所示。从图 5-26 可以看出,未灭菌的玉米秸秆表面经过破碎机后部分碎裂,暴露出秸秆内部紧密排列的中空纤维素管,与 Zhang 等(2007)报道的 SEM 照片基本相同。未灭菌的玉米秸秆的表面是致密的纤维结构,秸秆内的木质素未被破坏,仍能支撑起秸秆内多片层结构的中空纤维素管,使秸秆具有较大的比表面,吸附位点多,有利于吸附混合菌 G8 进行表面吸附固定化,如图 5-26(a)、图 5-26(b)所示。此外,秸秆内的中空纤维素管还有利于底物和代谢产物的扩散,为维持微生物正常生理代谢提供了足够的空间和氧气。图 5-26(c)显示,玉米秸秆与 G8 的混合物因未进行固定化,秸秆表面吸附的微生物量较少且吸附得不牢固,容易被冲洗下去。图 5-26(d)中经过固定化的混合菌 G8 能吸附在中空纤维素管内部及秸秆的缝隙间,

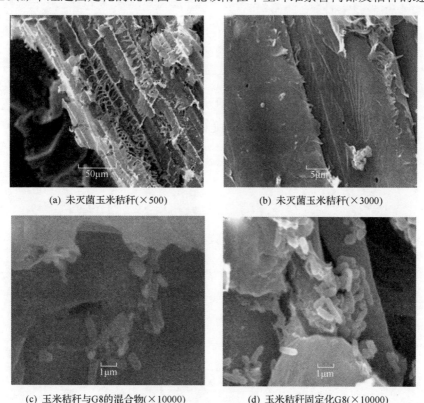

图 5-26　玉米秸秆的 SEM 照片

混合菌菌体密度明显比图 5-26(c) 中高，而且混合菌成团状生长，菌体形态均匀、表面光滑，活性未受到影响，因此对原油的去除率高于玉米秸秆与 G8 的混合物。

3. 固定化混合菌 G8 降解原油随时间的变化

如图 5-27 所示，玉米秸秆固定化 G8 对原油的去除率随着时间的增加而逐渐增大。在降解 1 天后，培养液的表面仍漂浮有少量原油，但此时对原油的去除率已经达到了 84.39%，相比游离混合菌 G8 在 1 天时的去除率，提高了近 60%，去除速率提升迅猛，显著强化了混合菌的降解效果。降解 3 天后，表层原油完全消失，对原油的去除率达到了 93.81%，此后随着时间的增加对原油的去除效果趋于平缓。

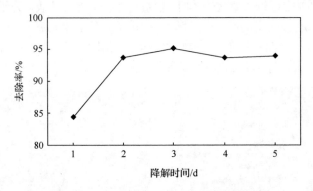

图 5-27　玉米秸秆固定化 G8 对原油的降解

第6章 藻菌共生体系的构建及其对原油的降解性能

藻类是一类能够进行光合作用的自养型真核生物,其适应性强,分布广泛,巨大的生物量承载了整个地球 1/3 的初级生产力(刘永定等,2001)。微藻是在显微镜下才能分辨形态的微小藻类类群,其广泛分布于陆地和海洋,是水生生态系统的初级生产者。微藻作为一种光合作用高的自养植物,已被广泛用于污水的微生物处理中,如处理水体富营养化、污水中重金属及许多其他化合物。其具体的处理过程如下:

(1)微藻对污水中氮、磷物质的应用。氮是藻类生物量的一个重要元素,一般而言,约占藻类干重的 10%,藻类可利用的氮源类型包括无机氮和有机氮。微藻可以把污水中 NH_4^+、NO_3^-、NO_2^-、$H_2PO_4^-$ 等无机离子和尿素等有机物质所含有的氮和磷等元素缔合到碳骨架上形成藻类细胞(许春华等,2001)。磷用于藻细胞能量传递和核酸合成细胞过程,$H_2PO_4^-$ 和 HPO_4^{2-} 的无机磷形式常被优先利用。

(2)微藻对污水中重(类)金属的去除机理。根据藻类生长过程对重(类)金属的需要与否将重(类)金属分为二类,必需元素有 Fe、Mn、Cu、Zn、Co、Mo、V;非必需元素有 Hg、Cd、Cr、Pb、Ag、As。对于金和银等贵重金属可利用微藻进行回收。微藻去除污水中重金属的主要机制如下(Vilchez et al.,1997):①生物吸附(非依赖型):通过金属离子交换或与功能基因形成复杂结构的方式束缚在细胞壁上。生物吸附不受代谢抑制剂、解偶联剂或光暗循环影响。②主动吸收(依赖型):可同时发生在微藻生长消耗金属离子或胞内累积金属离子时。此外,重金属也可被分泌的次生代谢物沉淀。这些过程是能量依赖型的,将受到低温、能量缺乏、代谢抑制剂、解偶联剂等抑制。

(3)其他化合物的去除。许多藻类除了自养方式外,还可以运用有机物进行混合培养。市政污水中包含大量挥发酸(甲酸、乙酸、丙酸、丁酸、戊酸)和不挥发可溶性酸,而脂肪酸、氨基酸和糖类(碳水化合物)中有许多物质已被证明可被藻类利用进行兼养和异养生长(王冰,1998)。

其实,利用藻类处理污水的研究已超过 40 年(黄魁,2007)。与其他生物技术过程相比,微藻生物过程具有以下几个优点:①微藻利用太阳能,符合自然生态原则;②无二次污染(假如收获生物量);③可导致有效的营养物循环。1957 年开始,有学者提出以藻类为主体取代传统污水处理中以活性污泥为主体的生物系统,50 年代末,利用藻类处理污水的生物稳定塘(waste stabilization pond,WSP)在世界范围开始得到广泛应用。

另外,细菌和微藻是关系非常密切的两类微生物,在微藻污水处理工艺中,污水中有机物质的降解实际上也是细菌和微藻共同作用的过程。微藻与细菌之间的协同作用体现出许多优越性:微藻能为细菌提供丰富的 O_2,细菌代谢污染物产生的 CO_2 能被微藻利用于生长(Muñoz et al., 2006)。另外,细菌附着微藻生长,微藻为细菌提供一个受保护的适合生存的微观环境,而细菌也能通过释放生长因子等促进微藻的生长。微藻对污染物的吸附富集作用还能使细菌更有效地接触污染物(Radwan, 2005)。藻菌协同作用提供的有利条件大大提高了有机污染物的降解效率,目前被用于环境有机污染物降解研究的藻菌体系主要包括绿藻-菌体系和蓝藻-附生菌体系。本章将构建藻菌体系降解水体石油污染,探究其降解机理,拟进一步提高水体石油污染降解效率并丰富完善生物修复石油污染的思路。

6.1 微藻的分离鉴定与培养

6.1.1 微藻的分离鉴定与培养方法

1. 微藻的分离

用 BG11 培养基(表 6-1)(Rippka, 1989)富集培养微藻,静置于光照培养箱内,每天手动摇动 3~4 次,直至有藻生长且使得培养液颜色变绿/蓝绿时作为备用藻液。取 3 mL 备用藻液按 10%的接种比例接种至含有一定原油浓度的 BG11 培养液中,培养 7~10 天后,再转接至新鲜培养基,如此重复培养几个周期,取最后一周期驯化培养液,利用平板稀释法涂布于 BG11 固体平板,置于光照培养箱。7~10 天后,待平板上长出藻落/藻丝,挑取平板上优势藻的藻落/藻丝转接至 30 mL 含原油(0.3%,体积分数)的 BG11 培养基中。重复涂平板纯化三次,显微镜镜检确认只有一种藻即得到单种藻。除非特别说明,微生物的培养条件均为:温度(25 ± 1℃),光照强度 8000lx,光暗比 L/D(light:dark)=14:10,摇床转速 150 r/min,振荡培养。

表 6-1 BG11 培养基组成

组成	含量/(g/L)	组成	含量/(g/L)
$NaNO_3$	1.5	Na_2CO_3	0.02
$K_2HPO_4 \cdot 3H_2O$	0.04	H_3BO_3	6.1×10^{-5}
$MgSO_4 \cdot 7H_2O$	0.075	$MnSO_4 \cdot H_2O$	1.69×10^{-4}
$CaCl_2 \cdot 2H_2O$	0.036	$ZnSO_4 \cdot 7H_2O$	2.87×10^{-4}
柠檬酸	0.006	$CuSO_4 \cdot 5H_2O$	2.5×10^{-6}
柠檬酸铁铵	0.006	$(NH_4)_6Mo_7O_{24} \cdot 4H_2O$	1.25×10^{-5}
EDTA	0.001		

2. 微藻的鉴定

1) 形态学观察

参照胡鸿钧和魏印心(2006)编著的《中国淡水藻类——系统、分类及生态》一书,用 OlympusCX41 显微镜,在放大倍数为 400 条件下对微藻进行形态学鉴定。

2) 丝状蓝藻的分子生物学鉴定

由于丝状蓝藻种类较多,且形态相似,形态学鉴定结果不一定很准确,故对蓝藻进行分子生物学鉴定。

提取蓝藻基因组 DNA(Sánchez et al.,2005):取培养液 2 mL,14000 r/min 离心 2 min,弃上层清液。生物体重悬于 0.55 mL 1×TE 缓冲液,加 10 μL 玻璃珠,旋涡振荡器振荡打碎。加入 30 μL 10%十二烷基硫酸钠(SDS)和 30 μL 2 mg/mL 蛋白酶 K、50 μL 20 mg/mL 溶菌酶。37℃温水浴 1 h 后加入 100 μL 5 mol/L NaCl,80 μL CTAB/NaCl 溶液,65℃恒温水浴 20min。加入等体积苯酚:氯仿:异戊醇(25:24:1)混合液,颠倒试管混匀后,离心 5 min。取上层清液于另一 EP 管,加入等体积氯仿:异戊醇(24:1)混合液,再次抽提。再取上层清液入 1.5 mL 小管,加入异丙醇使 DNA 沉淀,再用 75%乙醇洗涤沉淀 DNA 后,离心,去上层清液,DNA 风干后重新溶解于 50 μL 1×TE 缓冲液中。

用蓝藻特异引物 CYA359F,CYA781R(Nübel et al.,1997)对蓝藻进行 16S rDNA PCR 扩增。引物序列如下:

CYA359F:GGG GAA TYT CCA CAT GG

CYA781R:CYA781(a)、CYA781(b)等量混合

CYA781R(a):GAC TAC TGG GGT ATC TAA TCC CAT T

CYA781R(b):GAC TAC AGG GGT ATC TAA TCC CTT T

19PCR 反应体系为 50 μL 体系:25 μL Premix Tap 酶(Takara),1 μL 模板,正反向引物各 1 μL,22 μL 去离子水。PCR 扩增程序(Nübel et al.,1997):94℃ 5 min,94℃ 1 min,60℃ 1 min,延长时间 72℃ 1 min,35 个循环。

琼脂糖电泳检测基因组 DNA 提取和 PCR 扩增结果,方法为:用 1×TAE 配制 1%的琼脂糖凝胶,加热溶解后倒入胶模板中,使凝胶聚合。将 10 μL DNA 样品/PCR 产物与 1 μL 加样缓冲液、0.5 μL Gelred 染色液混匀后,注入加样孔中。电泳缓冲液为 1×TAE,电压 80 V,电泳时间为 30 min。

所得序列通过 BLAST 程序与 GenBank (http://blast.ncbi.nlm.nih.gov)中核酸数据进行比对分析。Mega 软件 UPGMA 法构建系统发育树。

3. 微藻的培养

1) 无菌化培养抗生素的选择

为得到无菌藻，必须选择对附生菌除菌效果最好而又对微藻抑制效果最小的抗生素。参照文献筛选出一系列抗生素（屈建航，2004；黄振华等，2007；张冬宝等，2007）：青霉素、链霉素、庆大霉素、卡那霉素、利福平、四环素。首先对微藻附生菌菌株进行药敏性测试：分别在颤藻平板上挑取 A1、A2、A3 三个菌落，栅藻平板上挑取 B1、B2 两个菌落，无菌水稀释后涂布于平板，将浸泡过抗生素溶液的小纸片，平贴于固体 BG11 培养基表面，纸片抑菌圈直径反映各抗生素抑菌效果。根据实验结果选择青霉素、庆大霉素、卡那霉素、利福平、四环素进行下一步实验。

由于各种抗生素抑菌的作用机制不同，青霉素通过抑制细胞壁的合成引起溶菌，而庆大霉素及卡那霉素则通过干扰蛋白质合成抑制细菌生长，抗生素合用可以有效地排除微藻培养液内的细菌（林伟，2000），故将青霉素与其他抗生素进行组合（表 6-2），用于微藻无菌化培养。抗生素先配制母液：四环素母液体积分数为 6%，其他四种抗生素母液浓度为 50 μg/mL。

表 6-2 抗生素组合

抗生素	青霉素/mL	庆大霉素/mL	卡那霉素/mL	利福平/mL	四环素/mL
K1	1	0.5	0	0	0
K2	1	0	0.5	0	0
K3	1	0	0	0.5	0
K4	1	0	0	0	0.5

2) 微藻纯化培养

栅藻预处理选用溶菌酶/SDS 法（Sun et al., 2007）：取培养 7 天的藻液，2000 r/min 离心 10 min，去上层清液，无菌蒸馏水重复洗涤离心 3～5 次，加 1mL 吐温 80(Tween80)(0.005%)，5 滴 EDTA(0.1 mol/L)，30 mL 无菌水，摇匀放置 10 min。再加 1 mL 溶菌酶，5 滴 SDS，摇匀，放置 10 min。离心去上层清液后，再用无菌水洗涤 3～5 次。

由于颤藻用溶菌酶/SDS 法预处理时全部死亡，故采用超声波清洗预处理法（Fujishiro et al., 2004）：取培养 7 天的藻液，4000 r/min 离心 10 min，去上层清液，蒸馏水洗涤重复三次。超声波振荡打断藻丝（50% Power，5 min），无菌水再重复洗涤 3 次。

将预处理的藻液接种至含抗生素的 BG11 培养基中培养，观察藻的生长情况。

6.1.2 微藻分离培养结果

1. 微藻的分离结果

按照上述方法,从水样中分离得到一株单种蓝藻和一株单种绿藻,分别命名为 GH1、GH2。这两个藻株已经在中国典型培养物保藏中心(CCTCC)保藏,GH1 保藏编号为 M209252,GH2 保藏编号为 M209253。

在固体培养基上,蓝藻 GH1 的藻丝蔓延生长在平板上;绿藻 GH2 在平板上生长为单个绿色小圆点的藻落。挑取单个藻丝或藻落,多次转接、反复涂平板纯化,平板上仍有细菌长出,用平板法只能分离得到带有附生菌的单种藻。

2. 微藻的鉴定结果

1) 微藻形态学鉴定

微藻的形态学图片如图 6-1 所示。

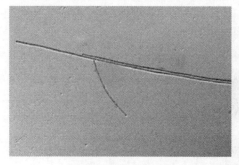
(a) 颤藻 (*Oscillatoriales*) GH1

(b) 斜生栅藻 (*Scenedesmus obliqnus*) GH2

图 6-1 微藻显微镜照片(×400)

蓝藻 GH1 形态学特征为:藻丝蓝绿色,单条,直或略弯曲,无鞘,无伪分枝,横壁处不收缢,顶端细胞钝圆,无帽状体。藻丝由圆柱形细胞组成,细胞长大于宽,细胞顶部具气囊。参照《中国淡水藻类——系统、分类及生态》(胡鸿钧和魏印心,2006)进行图片比对,该藻隶属于蓝藻门 Cyanophyta,蓝藻纲 Cyanophyceae,颤藻目 Oscillatoriales。

颤藻是一种在运动过程中会作节律性颤动而得名的丝状蓝藻。常见于各种淡水水体,光能自养,主要呈现蓝绿色和棕绿色,是水体中氮营养盐的重要来源,对铁、碳、氮的循环有重要作用。颤藻是一种裂生生殖的有机体,双凹形长细丝的细胞可以分成若干个段殖体,段殖体又可以重新生长为一个新的更长的丝状细胞。大多数蓝藻的细胞膜外还覆盖着复杂的不同厚度(最大为 35 nm)的肽聚糖膜,包括一个外部膜,一个由厚达 0.3 nm 的细纤维组成的外部单层鞘。此外颤藻还能分泌一种促使其运动的多糖胶质。这些物质使丝状颤藻的自身形成了紧密的结构，以致很难分离出单独的没有细菌附着的藻丝(Guadalupe et al., 2004)。

绿藻 GH2 形态学特征为：藻细胞为真性定形群体，扁平，4 个细胞为一组，群体细胞并排成一列，细胞纺锤形，上下两端逐渐尖细，群体两侧细胞凸出，细胞壁平滑。参照《中国淡水藻类——系统、分类及生态》中的进行图片比对，该藻应隶属于绿藻门 Chlorophyta，绿藻纲 Chlorophyceae，绿球藻目 Chlorococcales，真集结体亚目 Eucoenobianae，栅藻科 Scenedesmaceae，栅藻属 *Scenedesmus*，斜生栅藻 *Scenedesmus obliqnus*。

栅藻又称栅列藻，通常是由 4~8 个细胞，有时由 16~32 个细胞组成的定形群体，极少为单细胞。栅藻是淡水中常见的浮游藻类，广泛分布于湖泊、池塘、沟渠、水坑等各种水体中，极喜在营养丰富的静水中繁殖。栅藻在水体自净和污水净化中有一定作用，是有机污水氧化塘生物相中的优势种类(谢树莲等，1999)。

2) 蓝藻的分子生物学鉴定

图 6-2 是颤藻 GH1 培养液基因组 DNA 提取电泳图。M 为 lamda DNA/Hind Ⅲ marker[①]。其中编号 1、2 为两个平行样。由图可知，基因组 DNA 提取效果较好，片段长度在 23 kb[②]左右，获得了较长片段的颤藻基因组 DNA。

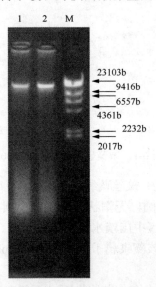

图 6-2　蓝藻 GH1 基因组 DNA 电泳图

利用蓝藻特异引物对其 16S rDNA 进行扩增，得到 396 bp[③]长的 DNA 片段，

---

① marker 表示用于 DNA 标准对照。
② kb 为千碱基对。
③ bp 为碱基对。

图 6-3 为 PCR 产物电泳图，M 表示 marker，1、2 为两个平行样。

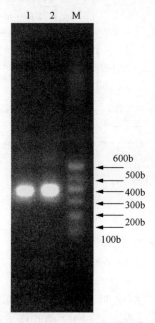

图 6-3 蓝藻 GH1 的 16S rDNA PCR 产物

将测序所得 DNA 序列提交 GenBank，获得登录号为 GU596950。通过 BLAST 与 Genbank 数据比对，同源性结果如表 6-3 所示。用聚类分析法构建了丝状蓝藻 GH1 的系统发育树(图 6-4)。由图可知，GH1 与颤藻目中的湖生蓝丝藻(*Limnothrix*)、伪项圈藻(*Geitlerinema*)同源性高达 99%，但其系统发育树表示的亲缘关系都在不同的小分支，故与湖生蓝丝藻(*Limnothrix*)、伪项圈藻(*Geitlerinema*)不属于同一种，因而只能确定其隶属颤藻目。这与其形态学鉴定结果一致。

表 6-3 BLAST 比对结果

GenBank 登陆号	名称	相似度/%
gb|EF634458.1|	*Limnothrix redekei* M2-7	99
gb|EF088338.1|	*Limnothrix* sp. CENA110	99
emb|AJ505943.1|	*Limnothrix redekei* 165c	99
gb|EU078512.1|	*Limnothrix redekei* LMECYA 145	99
gb|AF527478.1|	*Oscillatoria planctonica*	98
gb|DQ264190.1|	*Geitlerinema* sp.1ES37S1	99
gb|EU072718.1|	*Geitlerinema lemmermannii* 0513	99
gb| AF132931.1|	*Stanieria cyanosphaera* PCC 7437	91
gb|AF317507.1|	*Leptolyngbya* sp. PCC 9221	90
gb|EU249123.1|	*Aphanocapsa* sp. HBC6	90

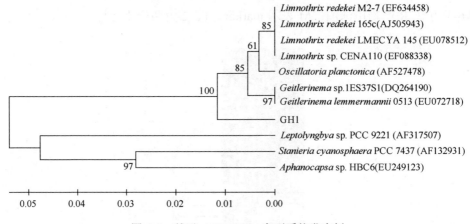

图 6-4 基于 16S rDNA 序列系统发育树

3. 微藻的培养结果

1) 抗生素抑菌性能

附生菌菌株的药敏性测试结果如表 6-4 所示，除链霉素对 A1，A2，B1 三种细菌无效果(抑菌圈＜10 mm)，青霉素对 B2 菌和庆大霉素对 A1 菌为中度抑制(抑菌圈 11～19 mm)，其他三种抗生素均对所有细菌表现出明显抑制作用(抑菌圈≥20 mm)。

表 6-4 附生菌菌株的药敏性测试

抑菌圈直径/mm	菌株					
	青霉素	庆大霉素	链霉素	卡那霉素	利福平	四环素
≥20	A1, A2, A3 B1	A2, A3 B1, B2	A3, B2	A1, A2, A3 B1, B2	A1, A2, A3 B1, B2	A1, A2, A3 B1, B2
11～19	B2	A1				
＜10			A1, A2, B1			

2) 颤藻 GH1 的无菌化培养

表 6-5 为颤藻 GH1 在抗生素培养基中生长情况，由表可知，无论是哪种抗生素组合，颤藻菌都不能生长，因而都不能获得纯培养的无菌蓝藻。这与 Radwan (2005) 和 Abed 等(2005)的研究结果一致。Radwan(2005)认为，蓝藻与其附生菌之间可能有着某种微观的相互依存关系，以至随着细菌的除去，蓝藻也逐渐停止生长。

表 6-5 颤藻 GH1 在抗生素培养基中生长情况

抗生素组合	生长状态
K1	颤藻萎缩成团状，溶液几乎透明，转接后无藻生长
K2	几乎无藻生长，溶液为透明
K3	有微量藻，溶液呈深红色透明状，转接后无藻生长
K4	有少量藻，溶液为浅透明绿色，转接后无藻生长

3) 斜生栅藻 GH2 的无菌化培养

表 6-6 为斜生栅藻 GH2 在抗生素培养基中生长情况，由表可知，除 K1 组合外，斜生栅藻 GH2 能在其他三种抗生素组合的培养基中生长。K2 组合中藻的生长情况最好。

表 6-6 斜生栅藻 GH2 在抗生素培养基中生长情况

抗生素组合	生长状态
K1	溶液几乎透明
K2	藻生物量多，生长较好，溶液为较深绿色
K3	藻生物量中等，溶液为褐绿色
K4	藻生物量中等，溶液为翠绿色

涂平板检测各抗生素组合除菌效果，结果显示：青霉素+庆大霉素组合(K1)对斜生栅藻和细菌都有强烈的抑制性能，使细菌和藻都不能生长。青霉素+利福平组合(K3)和青霉素+四环素组合(K4)则除菌不彻底，平板上仍长有细菌。青霉素+卡那霉素组合(K2)能彻底除去附生菌，且对斜生栅藻 GH2 的生长抑制最小，利用这两种抗生素组合可得到纯培养的无菌斜生栅藻。

6.2 单种藻降解原油性能的初步研究

本节运用紫外分光光度法，了解初始原油浓度、降解时间等参数对石油降解率的影响，对单种藻降解原油机理进行初步研究。

6.2.1 单种藻降解原油性能的研究方案

1. 原油的测定方法

1)原油萃取方法

将样品倒入离心管，加入 10 mL 正己烷，混合振荡萃取后 4000 r/min 离心 10 min，转入三角瓶用正己烷进行润洗后进行超声波振荡(时间 10 min，功率 80%)，离心后取上层液，经无水硫酸钠过滤后，冰箱保存，待分析。同时，对萃取方法回收率进行检验：在灭菌 BG11 培养基(30 mL)中分别加入体积分数为 0.1%、0.3%、

0.8%、1%的原油，每个浓度三个平行，依上述方法萃取，紫外分光光度法测定，计算原油回收率。

根据式(6-1)和式(6-2)分别计算出的本试验萃取方法回收率和标准偏差（表6-7）。本次萃取方法对7天培养藻液中0.1%～1%的原油回收率为95.72%～103.46%，标准偏差在2.37%～7.64%。均在误差允许范围内，因此此萃取方法是可行的。

$$萃取回收率 = \frac{萃取后实测原油浓度}{萃取前加入原油浓度} \times 100\% \quad (6\text{-}1)$$

$$标准偏差 = \sqrt{\frac{\sum(回收率 - 平均回收率)^2}{N-1}} \times 100\% \quad (6\text{-}2)$$

式中，N是平行样个数，表6-7中为3。

表6-7　不同浓度原油的回收率　　　　　　　　　　（单位：%）

原油体积分数/%		0.1		0.3		0.8		1	
		W225	W254	W225	W254	W225	W254	W225	W254
回收率	A	98.65	95.89	105.3	95.85	98.56	94.6	101.2	94.25
	B	99.37	107.64	98.67	93.66	109.37	97.84	99.32	93.76
	C	112.23	99.57	99.43	100.97	96.53	99.31	93.57	99.17
	$\bar{x}$	103.46	101.03	101.15	96.82	101.48	97.27	98.04	95.72
	s	7.64	6.01	3.67	3.75	6.90	2.37	3.98	2.99

$\bar{x}$ 为平均回收率；s 为标准偏差 W255 对应吸收波长为 225nm 的共轭聚烯烃；W254 对应吸收波长为 254nm 的芳烃。

2) 原油浓度测定方法

根据《海洋监测规范》（国家海洋局，2007），原油在紫外波段有两个特征吸收峰——225 nm（共轭聚烯烃）和254 nm（芳烃），用岛津 UV2550 紫外分光光度计在此两个波段对原油进行定量，根据标准曲线计算原油浓度。

$$原油降解率 = \frac{(空白对照中原油浓度 C_0 - 样品中剩余原油浓度 C)}{空白对照中原油浓度 C_0} \times 100\% \quad (6\text{-}3)$$

绘制标准曲线，得浓度-吸光值方程 $y = 43.913x - 0.389$，$R^2 = 0.9993$（$\lambda = 225$ nm）；$y = 116.46x - 0.214$，$R^2 = 0.9993$（$\lambda = 254$ nm）。原油标准液的吸光值见表6-8。

表6-8　原油标准液的吸光值

	原油浓度/(mg/L)					
	0	10	20	30	40	50
A225（吸光值）	0	0.088	0.172	0.268	0.342	0.429
A254（吸光值）	0	0.238	0.467	0.712	0.913	1.139

2. 降解影响因素的研究方法

1) 降解时间的影响

取 3 mL 单种藻培养液接种到 27 mL BG11 灭菌培养基,原油初始浓度为 0.3%(体积分数),在 0～20 天内选取 3 天、5 天、7 天、10 天、15 天、20 天分别测定原油降解率,每样品三个平行。空白对照样为只加原油于 BG11 培养基。接种所用的藻液或菌液,均预先在 0.3%(体积分数)原油培养基活化培养 7 天,叶绿素浓度为:栅藻 2.62 μg/mL,颤藻 2.43 μg/mL(本章以下相同操作不再说明)。

2) 原油初始浓度的影响

取 3 mL 单种藻培养液接种到 27 mL BG11 灭菌培养基,设定原油初始体积分数为 0.1%、0.2%、0.3%、0.5%、0.8%、1%,于第 7 天测定其对原油的降解率,每样品三个平行。空白对照样为只加原油于 BG11 培养基。

6.2.2 单种藻的原油降解性能

1. 降解时间的影响

图 6-5 为单种颤藻 GH1 对原油降解率-降解时间变化图,由图可知,单种颤藻 GH1 对原油的降解主要集中在前 7 天,对于初始浓度为 3%的原油,颤藻 GH1 对原油中的共轭聚烯烃(225 nm)和芳烃(254 nm)第 3 天降解率分别为 65.5%和 52.45%,第 7 天则分别达 91.73%和 81.31%,7 天之后,降解率几乎不再随时间变化而增加。

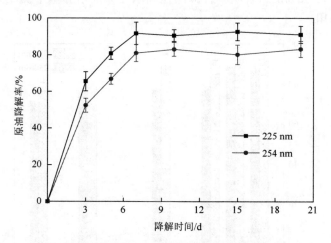

图 6-5 单种颤藻 GH1 对原油降解率-时间变化图

由图 6-6 可知,单种栅藻 GH2 对原油的降解也主要集中在前 7 天,7 天之后,降解率几乎不再随降解时间而增加。单种栅藻 GH2 对原油的去除率要低于单种颤藻 GH1，第 7 天对共轭聚烯烃(225 nm)和芳烃(254 nm)降解率分别只有 38.76% 和 24.99%。

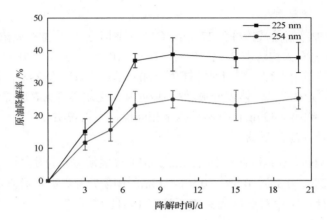

图 6-6　单种栅藻 GH2 对原油降解率-时间变化图

2. 原油初始浓度的影响

图 6-7 和图 6-8 为初始原油浓度对原油降解率的影响图。

由图 6-7 可知，在初始原油体积分数为 0.1%～1%，单种颤藻 GH1 对原油的降解率随着原油浓度增加呈轻微的下降趋势，但下降程度不大。在初始原油浓度达 1%时，单种颤藻 GH1 7 天对共轭聚烯烃(225 nm)和芳烃(254 nm)降解率仍能达 80.48%和 71.56%，这表明单种颤藻在高浓度原油培养基中仍能高效地发挥其降解原油的作用。

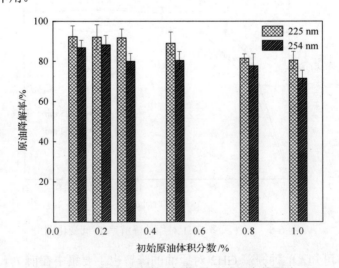

图 6-7　初始原油浓度对颤藻 GH1 降解率的影响

如图 6-8 所示，初始原油浓度对单种栅藻 GH2 对原油的降解影响作用非常明显，降解率随着初始浓度的增加几乎呈线性降低。在初始原油浓度为 0.1%的低浓度原油培养基中，栅藻 GH2 7 天对共轭聚烯烃(225 nm)和芳烃(254 nm)的降解率为 69.26%和 52.59%。当初始原油浓度达 1%时，共轭聚烯烃的降解率低于 10%，而对芳烃的降解率接近 0。高浓度原油会抑制单种栅藻 GH2 的降解性能，在高浓度原油培养基中，单种栅藻 GH2 不能有效发挥降解原油的作用。

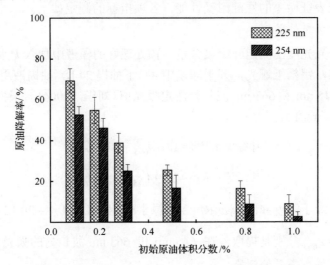

图 6-8　初始原油浓度对斜生栅藻 GH2 降解率的影响

6.3　微藻对原油的耐受性能研究

对于微藻而言，叶绿素和蛋白质含量被认为是生物量的指标。叶绿素含量的高低表明生物量的大小；藻细胞蛋白质不仅是藻细胞体(包括叶绿体)的有机成分，而且一些蛋白质作为酶和细胞生长的调节成分，是藻细胞正常生理功能的物质保障(杜青平等，2007)，因而可溶性蛋白更能体现细胞活性。

为了避免外界环境的氧化胁迫，生物体自身具有一套抗氧化酶系统来消除多余的活性氧，超氧化物岐化酶(SOD)、过氧化氢酶(CAT)和过氧化物酶(POD)是该酶系统的重要成员。SOD 能够把超氧阴离子自由基 O_2^- 分解成 O_2 和 H_2O_2，CAT 能够进一步把 H_2O_2 降解成 H_2O 和 O_2。POD 是生物代谢的末端氧化酶之一，属呼吸功能酶，也具有清除 H_2O_2 的功能，还能把逆境下形成的一些有毒物质氧化成无毒物质，从而起到对生物体的保护作用(范媛媛等，2007)。

本节将以叶绿素和可溶性蛋白含量及超氧化物岐化酶、过氧化氢酶和过氧化物酶活性为微藻生理生化指标，研究原油对微藻生长情况影响及微藻对原油毒性作用的耐受机制。

6.3.1 微藻的原油耐受性能研究方案

1. 微藻生理生化指标的测定

研究中使用包括叶绿素含量、可溶性蛋白含量和抗氧化酶活性等微藻的生理生化指标，来表征微藻的原油耐受性能。各项指标的测定如下。

1) 叶绿素含量的测定

用乙醇分光光度法测定叶绿素含量。预处理好的藻液中加入无水乙醇 5 mL，聚四氟膜封口，锡箔纸遮光，置于冰箱中 4℃下抽提 24 h。抽提液用紫外-可见分光光度计于 645 nm 和 663 nm 波长处测定吸光值(刘华，2004)。根据下列公式计算叶绿素浓度(mg/L)：

$$\text{叶绿素a浓度} = 12.7 A_{663} - 2.69 A_{645} \tag{6-4}$$

$$\text{叶绿素b浓度} = 22.9 A_{645} - 4.68 A_{663} \tag{6-5}$$

$$\text{总叶绿素浓度} = \text{叶绿素a浓度} + \text{叶绿素b浓度} = 8.02 A_{663} + 20.12 A_{645} \tag{6-6}$$

式中，A_{645} 和 A_{663} 分别是提取液在 645 nm 和 663 nm 波长处的吸光值。

2) 可溶性蛋白含量的测定

采用考马斯亮蓝法测定可溶性蛋白含量。将藻液加入 5 mL 0.05 mol/L pH 7.0 的磷酸缓冲溶液，再用超声细胞破碎仪进行冰浴细胞破碎：功率 300 W，破碎时间 3min(破碎 5 s，冷却 5 s，重复进行)，镜检无完整藻细胞。然后在 4℃下 4000 r/min 离心 10 min，取上层清液测试。具塞试管中加入上层清液 3 mL 和考马斯亮蓝 5 mL，混匀后，放置 2 min，在 595 nm 波长处比色测定，比色反应在 1 h 内完成。以牛血清蛋白作标准曲线，根据所测样品提取液的吸光度，在标准曲线上查得相应的蛋白质含量(李如亮，1998)。按以下公式计算蛋白质含量：

$$\text{蛋白质含量} = \frac{\text{查得蛋白质含量(μg)} \times \text{提取液总体积(mL)}}{\text{样品质量(g)} \times \text{测定时取用提取液体积(mL)}} \tag{6-7}$$

3) 抗氧化酶活性的测定

将藻细胞液放入离心管中，4000 r/min 离心 10 min，弃上层清液，藻中加入 5 mL 预冷的 0.05 mol/L pH=7.6 的磷酸缓冲液，用超声细胞破碎仪进行冰浴细胞破碎：功率 300 W，破碎时间 3 min(破碎 5s，冷却 5s，重复进行)，镜检无完整藻细胞。然后在 4℃ 4000 r/min 离心 5 min，上层清液即为粗酶液。

超氧化物岐化酶活性的测定参照 Beauchamp 等(1971)建立、Bewley(1979)改进的氮蓝四唑(NBT)光化学还原反应法(唐学玺等，1995)。1 个 SOD 酶活力单位定义为能引起反应初速度(指不加酶时)半抑制时的酶用量。按式(6-8)求得

$$\text{SOD酶活力单位(U)} = (A_{\text{对照}} - A_{\text{样品}}) / 50\% A_{\text{对照}} \times \text{样品稀释倍数} \quad (6\text{-}8)$$

CAT 活性的测定参照 Chance 等(1995)的方法，以每分钟 A_{240} 下降 0.01 为 1 个 CAT 活力单位(U)。

POD 活性的测定采用愈创木酚显色法(波钦诺克等，1981)，以每分钟 A_{470} 上升 0.01 为 1 个 POD 活力单位(U)。

2. 原油对微藻生理生化指标影响的研究方法

1) 培养时间对微藻生理生化指标的影响

对含初始体积分数为 0.3%原油的样品和空白样品，在 0～20 天培养时间内选取 3 天、5 天、7 天、10 天、15 天、20 天分别测定微藻的叶绿素、可溶性蛋白、抗氧化酶活性，每个培养时间测定 3 个平行样。对有无原油培养条件下微藻的各项生理生化指标进行比较。

2) 初始原油浓度对微藻生理生化指标的影响

设定培养基中初始原油浓度为 0、0.1%、0.2%、0.3%、0.5%、0.8%、1%，培养时间为 7 天，测定微藻各项生理指标情况，每个浓度测定 3 个平行。

3) 数据处理与分析

用 SPSS 10.0 统计软件对数据进行方差分析，采用独立样本 T 检验，比较原油样品与空白样品之间微藻生理生化指标的差异显著性，显著性水平为 $P<0.05$(显著性差异)和 $P<0.01$(极显著性差异)。

6.3.2 微藻的原油耐受性能

1. 颤藻 GH1 的原油耐受性能

1) 培养时间对颤藻 GH1 生理生化指标的影响

颤藻 GH1 在含 0.3%(体积分数)原油培养基及空白培养基的生长情况如图 6-9 所示。原油能促使颤藻 GH1 更快地生长，培养的第 5 天，原油样品叶绿素含量显著高于空白样品($P<0.05$)，第 7 天则极显著高于空白样($P<0.01$)。在原油培养基中，叶绿素含量第 7 天即达到最大值，而空白对照样第 10 天才到达生长稳定期。对可溶性蛋白而言，在 0～20 天的培养过程中，可溶性蛋白含量呈先上升后下降的趋势。

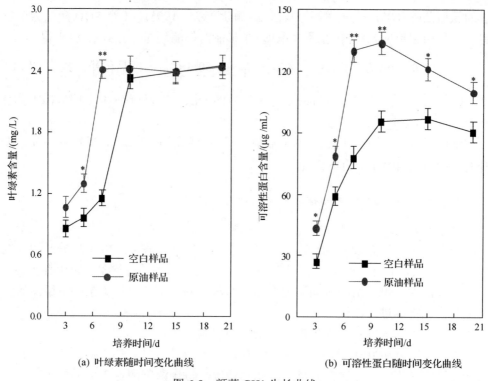

(a) 叶绿素随时间变化曲线   (b) 可溶性蛋白随时间变化曲线

图 6-9　颤藻 GH1 生长曲线
*表示 $P<0.05$；**表示 $P<0.01$

  原油样品中可溶性蛋白含量始终显著高于空白样，第 7 天和第 10 天则极显著高于空白样。在含原油的培养体系中，前 7 天藻细胞的叶绿素及可溶性蛋白活性都明显高于空白样品，其可能的原因是藻附生菌对原油的降解主要集中在前 7 天，细菌代谢产生的 CO_2 等能提供给藻光合作用，促进藻的生长。第 10 天之后，原油中能被降解的物质基本被代谢，而滞留的难降解物质对藻表现出一定的毒性作用。虽然未造成藻生物量明显降低（叶绿素含量未下降），但藻细胞内的生物活性物质逐渐减少，原生质中出现一些非生命物质，细胞发生水分减少的现象，构成蛋白质亲水胶体系统的胶粒逐渐失去电荷而相互聚集，胶粒的分散度降低（汪星等，2006），使得可溶性蛋白大幅度降低。

  图 6-10 所示为颤藻 GH1 三种抗氧化酶活性随生长时间变化情况。在空白培养条件下，三种酶的变化都是比较平缓的，并未随时间增加出现非常明显的增加或者下降的趋势。在原油培养条件下，颤藻 GH1 的三种酶对原油都表现出非常敏感的反应。SOD 对原油刚开始表现出"应激"作用，第 3 天活性极显著高于空白

样($P<0.01$),随着对原油的适应,其"应激"作用下降,使得酶活性呈下降趋势;第 10 天以后,原油中滞留的难降解高毒性物质和可能产生的中间产物使 SOD 受到抑制作用,活性显著低于对照样。CAT 酶活性在培养初期也极显著高于空白样($P<0.01$),虽然随时间增加呈下降趋势,但在实验过程中始终显著高于空白样($P<0.05$)。只有 POD 随培养时间增加而升高,并从第 7 天开始一直维持高于空白样。POD 与 SOD、CAT 表现出互补的变化趋势。

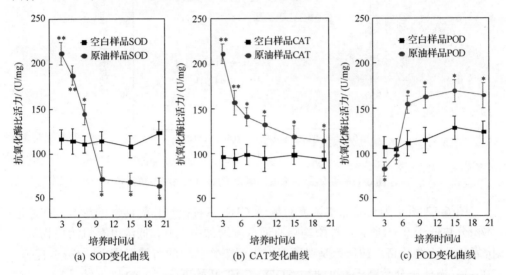

图 6-10 颤藻 GH1 抗氧化酶活性随时间变化曲线
*表示 $P<0.05$;**表示 $P<0.01$

在逆境胁迫下,藻体中 O_2^- 积累,从而诱导 SOD 活性迅速升高,歧化 O_2^- 生成 H_2O_2,H_2O_2 由 CAT 加以清除,这两者协同作用将 O_2^- 转变为 H_2O 和 O_2,使藻细胞免遭伤害。POD 是植物代谢的末端氧化酶之一,属植物呼吸功能酶(彭金良等,2001),它能催化分解逆境下产生的 H_2O_2 等过氧化物及原油降解产生的活性中间物,当 SOD、CAT 受到胁迫导致其合成或结构受破坏而引起含量与活力下降后,POD 底物浓度增加,其活性也随之提高,从而继续对藻细胞起保护作用。图 6-10 很好地反映了三种酶的协同关系。

2) 初始原油浓度对颤藻 GH1 生理生化指标的影响

初始原油浓度对颤藻 GH1 生长情况的影响如图 6-11 所示。在 0~0.3%(体积分数)时,颤藻的叶绿素和可溶性蛋白含量都随原油浓度增加呈上升趋势,原油含量高于 0.3%时,曲线趋于平缓。在 0~1%时,叶绿素和可溶性蛋白含量均高于空白值,这表明在 0~1%时原油对颤藻 GH1 生长均有促进作用。在低浓度(低于 0.3%)原油培养条件下,随着原油浓度的增加,被细菌代谢产生的 CO_2 增多,对藻生长的促进作用也更明显；随着浓度继续增加，原油中对藻有抑制作用的毒性物质也增加，抑制作用与促进作用相互抵消，使藻生物量和细胞活性基本不再变化。

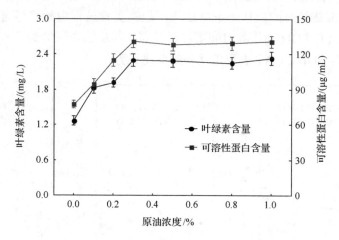

图 6-11　初始原油浓度对颤藻 GH1 生长情况的影响

图 6-12 所示为初始原油浓度对颤藻 GH1 三种抗氧化酶活性的影响。在原油体积分数低于 0.3%时，三种酶均随原油浓度增加而上升，低浓度有机污染物刺激抗氧化酶活性升高，被认为是微藻对有机污染物胁迫的可能反应之一（彭金良等，2001）。当体积分数高于 0.3%时，SOD、CAT 开始下降，POD 则继续升高。在高浓度原油培养条件下，POD 与另外两种酶同样表现出互补作用。

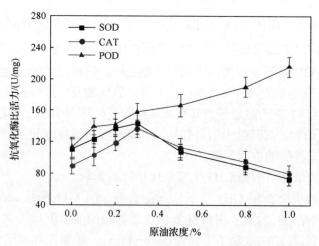

图 6-12　初始原油浓度对颤藻 GH1 抗氧化酶活性的影响

2. 栅藻 GH2 的原油耐受性能

1) 培养时间对栅藻 GH2 生理生化指标的影响

图 6-13 为栅藻 GH2 在含 0.3%(体积分数)原油培养基及空白培养基的生长情况。

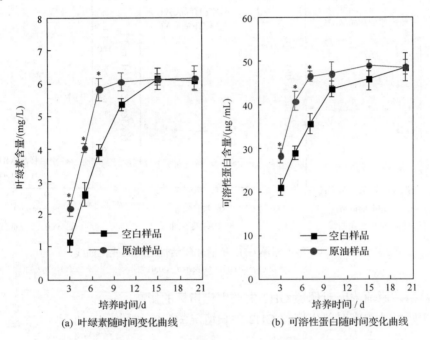

图 6-13 斜生栅藻 GH2 生长曲线
*表示 $P<0.05$；**表示 $P<0.01$

在前 10 天培养时间，原油样品中叶绿素含量显著高于空白样品($P<0.05$)，前 7 天培养时间里，可溶性蛋白含量显著高于空白样品($P<0.05$)。单种栅藻 GH2 体系中附生菌对原油的降解也主要集中在前 7 天，故对斜生栅藻生长的促进作用也主要集中在前 7~10 天。单种栅藻 GH2 对原油中物质降解程度不及单种颤藻 GH1，代谢产生可被藻利用的 CO_2 也相对较少，因而促进作用也相对小些。至培养时间为 15 天和 20 天时，原油样品和空白样品中斜生栅藻 GH2 叶绿素含量基本相等。

图 6-14 所示为斜生栅藻 GH2 三种抗氧化酶活性随生长时间变化情况。在空白培养条件下，三种酶随培养时间的增加呈轻微上升的趋势。在原油培养条件下，SOD、CAT 随培养时间呈先上升后下降趋势，SOD 在培养时间为第 3 天和第 5 天显著高于空白样($P<0.05$)，7 天和 10 天略高于空白样，培养时间为 15 天和 20 天则下降至与空白样相同。CAT 在培养时间为第 7 天和第 10 天的样品显著高于

空白样($P<0.05$)。与颤藻 GH1 相似,栅藻的 POD 也随培养时间呈一直上升的趋势,并从第 7 天开始显著高于空白样($P<0.05$)。栅藻 GH2 的三种酶对原油的"应答"不及颤藻敏感,且在 0~20 天培养过程中,原油样品中的三种抗氧化酶活性基本保持不低于空白样。

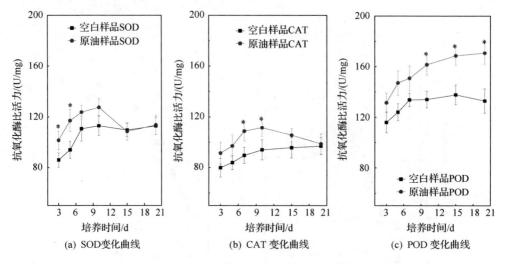

图 6-14　斜生栅藻 GH2 抗氧化酶活性随时间变化曲线
*表示 $P<0.05$；**表示 $P<0.01$

2) 初始原油浓度对栅藻 GH2 生理生化指标的影响

初始原油浓度对斜生栅藻 GH2 生长情况的影响如图 6-15 所示。

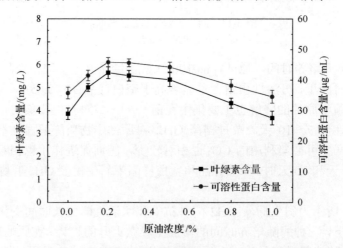

图 6-15　初始原油浓度对栅藻 GH2 生长情况的影响

随着原油浓度的增加,叶绿素和可溶性蛋白含量均呈现先上升后下降的趋势。原油初始浓度范围为 0.1%~0.5%时,原油样品中叶绿素和可溶性蛋白高于空白样，这是因为在这个浓度范围内，栅藻附生菌代谢原油产生的 CO_2 能促进栅藻的生长。随着原油浓度进一步增加，附生菌对原油的代谢能力受到抑制，到 1%高浓度原油培养条件下，细菌几乎不再降解原油，此时原油样品中的叶绿素和可溶性蛋白与空白样几乎持平。在高浓度原油培养基中，没有原油代谢产物促进栅藻的生长，但其生长也未受到原油中有毒物质的抑制。图 6-16 所示为初始原油浓度对斜生栅藻 GH2 中抗氧化酶活性的影响。原油样品中三种酶的活性均高于空白样，但酶活性并不会随着原油浓度的增加而增大，低浓度原油和高浓度原油对酶活性的影响作用相差不大，原油浓度的增加并未对抗氧化酶系统产生较大的影响。

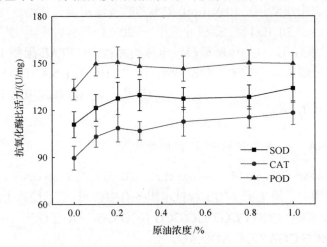

图 6-16　初始原油浓度对栅藻 GH2 抗氧化酶活性的影响

6.4　单种藻体系生物多态性研究

聚合酶链式反应-变性梯度凝胶电泳(denatured gradient gel electrophoresis, DGGE)是用于环境微生物群落的结构和功能的多态性分析的最常用的方法之一，其最大优点是可不经过分离培养微生物，而直接从自然环境样品中提取 DNA，可鉴定出群落中的可培养和不可培养微生物。由于其可对多个样品进行同时分析，还非常适合调查微生物群落的时空变化(杨朝晖, 2007)。

本节将利用 PCR-DGGE 对微藻体系中的附生菌进行鉴定，同时对体系中无藻的情况下附生菌的生长情况进行比较，证明藻在体系中对细菌生长的影响作用。

6.4.1　PCR-DGGE 研究方案

1. DNA 提取及检测方法

基因组 DNA 的提取采用改进的 CTAB 提取法，参照《精编分子生物学实验指南》(奥斯伯等，2001)和文献(Sánchez et al.，2005)。取微藻培养液 2 mL，14000 r/min 离心 2 min，弃上层清液后加入 0.55 mL 1×TE 缓冲液，用移液器反复吸取混匀，再加入 50 μL 玻璃珠后旋涡振荡器震荡 1 min；加入 30 μL 10% SDS、50 μL 2 mg/mL 蛋白酶 K、50 μL 20 mg/mL 溶菌酶，用移液器反复吸取混匀后 37℃恒温水浴 1h；加入 100 μL 5 mol/L NaCl、80 μL CTAB/NaCl 溶液，再次混匀，水浴锅 65℃放置 10 min；加入等体积苯酚/氯仿/异戊醇混合液，混匀，离心 5 min，取上层清液移入新管；加入等体积氯仿/异戊醇混合液，混匀，离心 5 min，取上层清液移入新管；加入等体积异丙醇，60 μL NaAc，轻轻混匀，-20℃冰箱放置 15 min，离心 10 min，弃上层清液；加入 1 mL 75%乙醇洗涤沉淀，离心 5 min，弃上层清液，干燥后重溶于 50 μL 1×TE 缓冲液中，-20℃保存。

DNA 的完整性用 1%的琼脂糖凝胶电泳检测：用 1×TAE 配制 1%的琼脂糖凝胶，加热溶解后倒入胶模板中，使凝胶聚合。将 10 μL DNA 样品与 1 μL 加样缓冲液、0.5 μL Gelred 染色液混匀后，注入加样孔中。电泳缓冲液为 1×TAE，电压 80 V，电泳时间为 30 min。

2. 16S rDNA V3～V5 区的 PCR 扩增方法

选择引物 358F-GC、907R(Sánchez et al.，2005)，对 16S rDNA V3～V5 区进行 PCR 扩增，引物由上海生工生物工程技术服务有限公司(以下简称上海生工)合成。

358F-GC：CGC CCG CCG CGC GCG GCG GGC GGG GCG GGG GCA CGG GGG G CCT ACG GGA GGC AGC AG。

907R：CCG TCA ATT CA/CTT TGA GTTT。

PCR 反应体系包括：25 μL Premix Tap 酶(Takara)，正反引物各 1 μL，DNA 模板 1 μL(60～100 ng/μL)，补足超纯水至 50 μL。

PCR 扩增程序(Sánchez et al.，2005)：初始变性温度(95℃，5 min)；10 touchtown[①]变性循环(94℃，1 min)；退火(65～55℃，1 min，每个循环渐减 1℃)；延伸(72℃，3 min)；20 个标准循环(退火 55℃，1 min)；最后延伸 72℃，5 min。用琼脂糖电泳检测 PCR 产物。

3. 变性梯度凝胶电泳

1) DGGE 所需溶液

(1) 50×TAE 缓冲液(2 mol/L Tris(三羟甲基氨基甲烷)-乙酸盐，0.05 mol/L EDTA，pH = 8.0)，242 g Tris，57.1 mL 冰醋酸，100 mL 0.5 mol/L EDTA，调节 pH = 8.0，加水至 1 L。

---

① touchtown 是 RCR 中每隔一个循环 1℃或 0.5℃时的反应退火温度。

(2) 丙烯酰胺储存液：40%丙烯酰胺(37.5∶1)，称取丙烯酰胺 38.93 g、双丙烯酰胺 1.07 g，加超纯水至 100 mL，过滤后置于棕色瓶避光保存于 4℃。

(3) 变性剂储存液(0%)(凝胶浓度 6%)：15 mL 丙烯酰胺储存液，2 mL 50×TAE 缓冲液，加超纯水至 100 mL，过滤后置于棕色瓶避光保存于 4℃。

(4) 变性剂储存液(100%)(凝胶浓度 6%)：15 mL 丙烯酰胺储存液，2 mL 50×TAE 缓冲液，42 g 尿素，40 mL 去离子甲酰胺，加少量超纯水至 100 mL，50℃水浴助溶，置于棕色瓶避光保存于 4℃。

(5) 过硫酸铵储存液(10%)：称取过硫酸铵 100 mg 溶解于 1 mL 超纯水中(现配现用)。

2) DGGE 操作方法

(1) 将两套玻璃板用硫酸与重铬酸钾所配成的洗液浸泡 24 h 以上，彻底洗净后以超纯水冲洗干净，60℃烘干。

(2) 在一洁净的操作台上，将一块相对长的玻璃板朝下，两边各放置一条 1 mm 的隔条，在其上再放上另一块相对短的玻璃板，两边分别夹上与隔条平行的玻璃板夹并稍旋紧固定旋钮。

(3) 将上述装好的玻璃板固定在制胶器上，其下方垫一块密封海绵垫，调整隔条垂直。

(4) 重复以上操作，两套玻璃板做同样的固定后待用。

(5) 在冰上分别用 100%变性剂溶液和 0%变性剂溶液按比例配制 30%和 60%的胶液各 15 mL，并保存于冰上。

(6) 在上述两种胶液中分别加入 100 μL 10%的过硫酸铵溶液，搅匀后再分别加入 10 μL 冰冷的 TEMED，迅速搅匀。

(7) 取出在−20℃预冷的 2 个 30 mL 注射器，尽快将步骤(6)的两种胶液分别吸入两个注射器，连接好胶管和 Y 形适配器，排除气体及多余胶，使吸入量各为 14.5 mL。将注射器固定于梯度混合器上。

(8) 顺时针方向缓慢而匀速地转动推动轮，保证在 8～10 min 完成整个注胶过程。

(9) 插入具有所需胶孔的 1 mm 的梳子，保证没有产生气泡。

(10) 将上述灌注好的梯度胶放于光下聚合至少 1 h 以上。

(11) 垂直向上拨去梳子，用 1×TAE 电泳缓冲液通过注射器彻底洗净未完全聚合的丙烯酰胺胶液。

(12) 取出清洗好的电泳核心，按说明将两套梯度胶玻璃板固定其上，并将整个装置放入加有 7 L 1×TAE 电泳缓冲液(pH 7.4)的电泳仪中。

(13) 接通控制器电源，启动缓冲液泵，将升温速率设在 200℃/min(最大)，温度设于 60℃。

(14) 当达到预设温度时，取下加样盖，按样品与上样缓冲液体积比为 4∶1，上样约 50 μL。

(15) 盖好加样盖，设置电压为 80 V，时间为 15 h。

3) 凝胶染色（银染法）

(1) 银染需配制的溶液：

固定液：10%冰乙酸；

染色液：1 g $AgNO_3$，1.5 mL 37% 甲醛，溶于 1 L 超纯水；

显色液：30 g 无水 $NaCO_3$，200 μL 10 mg/L $5H_2O \cdot NaS_2O_3$，1.5 mL 37% 甲醛，溶于 1 L 纯水，用前 4℃预冷。

(2) 银染方法步骤：

固定：在 10% 冰乙酸中固定 30 min 以上，充分振荡，然后用去离子水洗 3 次，每次 2 min；

染色：用 1 L 染色液染色 30 min，为了染色均匀，将胶板放入染色液之初要剧烈晃动凝胶 3～5 min，然后每隔 5～8 min 晃动一次，30min 后去离子水洗 2～3s 后立即取出；

显色：先用 500 mL 4℃预冷的显色液显色，待第一批条带出现时，再加入 500 mL 显色液，至理想效果；

终止：10% 冰乙酸终止显色 2～5 min，再用去离子水冲洗干净。

4) DGGE 胶回收、测序及序列分析

(1) 胶回收需配制以下溶液：

洗脱缓冲液 1∶10 mmol/L Tris-HCl，pH=8.0；0.1 mmol/L EDTA，pH = 8.0；

洗脱缓冲液 2∶0.5 mol/L NH_4AC；10 mmol/L Tris-HCl，pH = 8.0；0.1 mmol/L EDTA，pH = 8.0。

(2) 胶回收方法：用干净手术刀割下凝胶上的条带，少量洗脱缓冲液 1 将胶条洗脱至小管，捣碎胶条，加入 150 μL 洗脱缓冲液 2；振荡后置于 37℃中 3～5h 或过夜；离心 10min，取上层清液。再用 200 μL 洗脱缓冲液 2 洗脱小管，离心再取上层清液；合并上层清液，加入异丙醇、醋酸钠和糖原沉淀，−20℃沉淀 2h；离心去上层清液，75%乙醇洗涤，风干后重溶于 TE。

将回收的 DNA 用引物 358F（不带 GC 夹）、907R 进行重新扩增，引物由上海生工合成。

358F：CCT ACG GGA GGC AGC AG；

907R：CCG TCA ATT CA/CTT TGA GTTT。

所得 PCR 产物送交上海生工测序。使用 BLAST 程序将所得序列与 NCBI (http://www.ncbi.nih.gov) 数据库中已有的序列进行相似性比较分析，在 DNAstar 的 EditSeq 中整理序列；使用软件 ClustalX1.83 比对序列，在 Mega 中进行各种分析，以聚类分析法（UPGMA）构建系统发生树。

4. 微藻培养方法

对微藻同时进行光暗培养，条件同 6.1 节。暗培养的主要目的是在长期无光照环境下培养和转接，使得培养液中几乎无藻生长，可用于比较无藻(暗培养)与有藻(光培养)培养液的区别。方法为：在其他培养条件相同的情况下，进行无光照培养(黑塑料布和锡箔纸裹住三角瓶瓶身)，单种藻培养液每 7 天按 10%接种比例转接至新鲜培养基，微藻叶绿素随着每次转接而降低，大约转接 3~4 次培养液即无叶绿素的颜色，如此重复转接大约 2 个月后，为可用于实验的暗培养液。将微藻的光、暗培养液接种至 BG11 培养基，原油体积分数为 0.3%，培养 7 天后各取 2 mL 培养液进行多态性分析。

6.4.2 单种藻体系生物多态性

1. 单种颤藻体系生物多态性

1)基因组 DNA 提取结果

电泳是分子实验中用于大分子的一个标准的方法，即带电的大分子在电场的作用下，在琼脂糖凝胶中迁移，从而得到分离。图 6-17 是单种颤藻培养液基因组 DNA 提取电泳图。M 为 lamda DNA/Hind Ⅲ marker(下同)，是完整的条带。编号 1、2 分别是光培养液、暗培养液的电泳条带。从图 6-17 可以看出，提取的基因组 DNA 片段长度均在 23kb 左右，证明已获得较长片段的总 DNA 基因组。

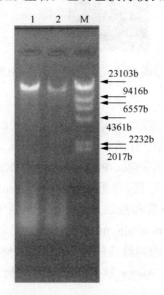

图 6-17 单种颤藻 GH1 光、暗培养液基因组 DNA 电泳图

2) PCR 扩增结果

图 6-18 为单种颤藻 GH1 光、暗培养液 16S rDNA PCR 产物琼脂糖电泳图。M 为 100bp marker，1 为光培养液，2 为暗培养液。蓝藻和细菌都是原核微生物，一般的细菌通用引物在 PCR 扩增中会将细菌和蓝藻同时扩增出来，由于蓝藻的生物量远远多于细菌，会对细菌附生菌 DNA 的扩增产生极大的干扰作用。引物 358F-GC、907R 对蓝藻 16S rDNA 有选择性不扩增作用，这就排除了在体系中占主导地位的蓝藻微生物的背景干扰（Sánchez et al.，2005）。图 6-18 扩增出大小为 500～600 bp 的目标 DNA 片段，证实为 16S rDNA V3～V5 区特异片段，没有出现非特异扩增产物及二聚体，且条带清晰，可用于下一步的 DGGE 实验。

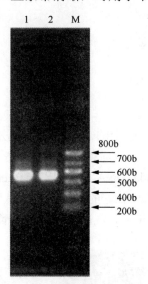

图 6-18　单种颤藻 GH1 光、暗培养液 16S rDNA PCR 产物

3) DGGE 结果及分析

图 6-19 中，1 为光培养液，2 为暗培养液。从图 6-19 可知，在有光照的条件下，单种颤藻 GH1 培养体系中有 7 个附生菌，C1～C7 分别表示 7 个附生菌对应的条带。DGGE 中条带经切胶回收、PCR 重扩增和 DGGE 鉴定后，送交测序，一共获得 7 条不同的 16S rRNA 序列，使用 GenBank 的 Banklt 将序列提交给 GenBank，并获得 Genbank 登录号，条带与登录号之间的对应关系见表 6-9。使用 GenBank 的 BLAST 程序（https://blast.ncbi.nlm.nih.gov/Blast.cgi）将 7 条序列与数据库中的序列进行比对，获得各条序列的同源性信息（表 6-9），然后从 GenBank 下载多条与其同源性相近的序列，使用 Mega 软件，用聚类分析法方法建立系统发育树（图 6-20）。

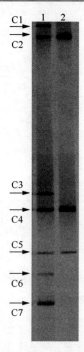

图 6-19　单种颤藻 GH1 光、暗培养液 DGGE 电泳图

表 6-9　条带序列 BLAST 比对结果（颤藻 GH1）

条带	DNA 长度	登录号	比对序列		
			登录号	种属名	同源性
C1	561bp	GU596951	AY429693.1	*Sphingomonas* sp.	99%
C2	562bp	GU596958	DQ205302.1	*Sphingomonas* sp.	98%
C3	560bp	GU596952	EU781656.2	*Rhizobium* sp.	98%
C4	588bp	GU596959	AM403231.1	*Aquimonas* sp.	99%
C5	586bp	GU596953	EU919798.1	Uncultured bacteria	99%
C6	579bp	GU596954	EU746772.1	Uncultured bacteria	96%
C7	579bp	GU596955	AB264128.1	Flavobacteriaceae bacteria	99%

表 6-9 显示，切胶测序的 7 条条带均可以在 GenBank 中找到与其序列同源性较高（>95%）的种群。C1 和 C2 与 GenBank 中同源性最高的为鞘氨醇单胞菌（*Sphingomonas*），相似性分别达 99%和 98%。C3 属于根瘤菌（*Rhizobium* sp.），C4、C7 分别与水单胞菌（*Aquimonas* sp.）、黄杆菌（*Flavobacteriaceae*）同源性达 99%。C5、C6 为不可培养细菌。C6 与 Sánchez 等（2005）报道的能降解石油的蓝藻体系中一株不可培养细菌（EU746772.1）同源性为 96%。

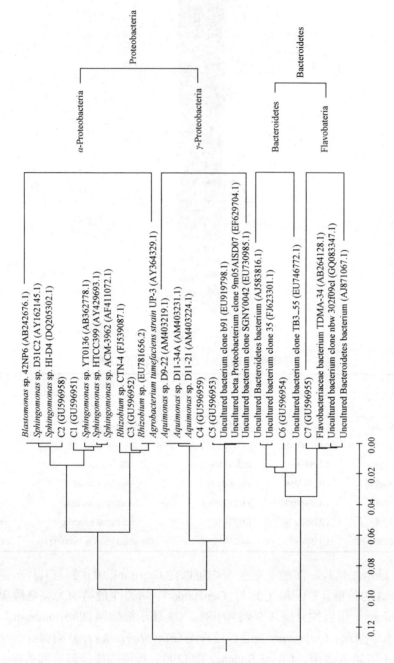

图 6-20 单种藻藻 GH1 附生菌的系统发育树

单种颤藻 GH1 体系附生菌的系统发育树显示了它们在系统发育上的关系，整个体系的附生菌分属为两大类：变形菌门(Proteobacteria)和拟杆菌门(Bacteroidetes)。变形菌门细菌包括 C1、C2、C3 所属的 α 亚类和 C4、C5 所属的 γ 亚类，C5 虽为不可培养细菌，但它与 C4 水单胞菌亲缘性最近，同属 γ-Proteobacteria 这个分支。C6 属于不可培养拟杆菌，与 C7 亲缘性较为接近。

鞘氨醇单胞菌(*Sphingomonas*)属于变形细菌 α 亚类，学者们对鞘氨醇单胞菌认识较晚，Yabuuchi 等(1990)在 1990 年根据 16S rDNA 序列分析及细胞含特殊组分——鞘糖脂(glycosphingolipids，GSLs)、辅酶 Q10 等特征，建立鞘氨醇单胞菌属(*Sphingomonas*)，将少动假单胞菌重新划分少动鞘氨醇单胞菌，Takeuchi 等(1993)又做了修正。该属菌株凭借自身的高代谢能力与多功能的生理特性，在环境保护中起着非常重要的作用，被认为是降解芳香族化合物的新型微生物资源(Fredrickson et al.，1995)。该属的菌株能够降解多种芳香族化学污染物，如甲苯、萘(Xia et al.，2005)、菲(Feng et al.，1997；Kim et al.，2000；Cho et al.，2001)、芳香环杀虫剂虫螨威(又名卡巴呋喃，carbofuran)(Riegert et al.，1999)和萘磺酸盐(naphthalenesulfonate)(苟敏等，2008)等。

根瘤菌(*Rhizobium* sp.)属于变形细菌 α 亚类，根瘤菌目(Rhizobiales)，根瘤菌科(Rhizobiaceae)，由于其能在植物根际产生根瘤并具有固氮性能而得名。该类菌能与植物一起用于污染物的修复，Kaksonen 等(2006)曾报道山羊豆根瘤菌 HAMBI 540(*Rhizobium galegae*)与假单胞菌 PaW85(*Pseudomonas putida*)一起定殖于山羊豆根际，用于石油污染土壤的生物修复。同时，根瘤菌还具有降解高毒性难降解有机物的性能，与 C3 同源性达 98%的 *Rhizobium* sp.W3(EU781656.2)能降解六六六(农药，hexacholorocyclohexane)，*Rhizobium* sp. CTN-4(FJ539087.1)能降解百菌清(杀虫剂，chlorothalonil)。

水单胞菌(*Aquimonas*)属于变形细菌 γ 亚类中黄色单胞菌目(Xanthom- onadales)，黄色单胞菌科(Xanthomonadaceae)。对该属的菌株报道较少，最初 *Aquimonas* 被认为是从温泉中分离得到的细菌(Saha et al.，2005)，与 C4 同源性最接近的 *Aquimonas* sp. D11-21(AM403224.1)则为具有硝化-反硝化功能的海洋微生物。

黄杆菌科(Flavobacteriaceae)属拟杆菌门中的黄杆菌纲(Flavobacteria)，黄杆菌目(Flavobacteriales)。黄杆菌被认为是水体环境中一类非常重要的有机污染物降解菌(Tadonléké et al.，2009)。由于其在水体中无处不在，且具有很高的酶活性，对水体中可溶的和不溶的高分子及难降解有机物都有特别的降解能力(Bauer et al.，2006)。Sánchez 等(2005)在分析蓝藻体系附生菌多态性时，发现在有无油污染的环境里，这类菌都是蓝藻的优势附生菌。

在暗培养(无藻)的情况下，C1、C3、C6、C7 条带也随着消失(图 6-19)，体系中只剩 C2、C4、C5 三个附生菌。这说明这四种附生菌必须在颤藻存在的情况下才能在培养体系中生长。在微藻纯菌纯化工作(6.1 节)中已发现,除去细菌,颤藻 GH1 不能生长;同时,笔者尝试将附生菌分离出来单独培养,但也未能成功,附生菌在单独培养 1~2 代后消失(涂平板不生长,重复若干次均出现此现象)。无藻条件下培养体系中某些附生菌也不能生存,再次证明了丝状蓝藻与其附生菌在生长过程中有着某些相互依赖生存的关系。

2. 单种栅藻体系生物多态性

1)基因组 DNA 提取结果

图 6-21 为单种栅藻培养液基因组 DNA 提取的电泳图,M 为 lamda DNA/Hind Ⅲ marker;1 为光培养液;2 为暗培养液。光培养液和暗培养液都得到了 23 kb 左右的总基因组 DNA。泳道 2 的 DNA 条带亮度比 1 要淡很多,是因为暗培养液中无藻生长,培养液中生物量比光培养液要低。泳道 1 下面出现了两条小分子的亮带,可能是栅藻 DNA 中的小分子物质,或者在抽提过程中会使少量栅藻 DNA 发生断裂,产生这种小 DNA 片段(在以后的实验中,凡是有栅藻存在的微生物培养液 DNA 提取图中都有这种小片段出现),但并不影响后续实验的 PCR 和 DGGE 结果。

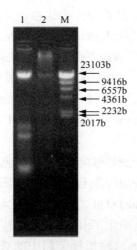

图 6-21　单种栅藻 GH2 光、暗培养液基因组 DNA 电泳图

2)PCR 扩增结果

图 6-22 为单种栅藻 GH2 光、暗培养液 16S rRNA PCR 产物琼脂糖电泳图,M 为 100bp marker;1 为光培养液;2 为暗培养液。扩增出大小约为 500~600 bp 的目标 DNA 片段,证实为 16S rDNA V3~V5 区特异片段,没有出现非特异扩增产物及二聚体,且条带清晰,可用于下一步的 DGGE 实验。

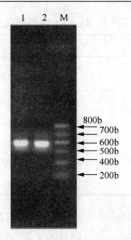

图 6-22　单种栅藻 GH2 光、暗培养液 16S rDNA PCR 产物

3) DGGE 结果及分析

图 6-23 为单种栅藻 GH2 光、暗培养液 DGGE 电泳图,1 为光培养液;2 为暗培养液。在有光照条件下,DGGE 图有 S1~S5 5 个条带,而在暗培养条件下,泳道 2 只有 S3 和 S5 两个条带。对 DGGE 中条带进行切胶回收、PCR 重扩增和 DGGE 鉴定后,送交测序,一共获得 5 条不同的 16S rRNA 序列,使用 GenBank 的 Banklt 将序列提交给 GenBank,获得 GenBank 登录号,条带与登录号之间的对应关系见表 6-10。使用 GenBank 的 BLAST 程序(https://blast.ncbi.nlm.nih.gov/Blast.cgi),将 5 条序列与数据库中的序列进行比对,获得各条序列的同源性信息(表 6-10)。

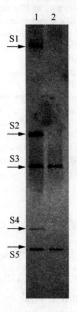

图 6-23　单种栅藻 GH2 光、暗培养液 DGGE 电泳图

表 6-10　条带序列 BLAST 比对结果（栅藻 GH2）

条带	DNA 长度	登录号	比对序列 登录号	比对序列 种属名	同源性
S1	556bp	GQ920625	AF394206.1	斜生栅藻（*Scenedesmus obliquus*）	99%
S2	552bp	GQ920626	AJ871067.1	无法培养的拟杆菌门（Uncultured Bacteroidetes bacterium）	99%
S3	560bp	GQ920627	AB193724.1	甲烷单毛杆菌（*Methylophilus methylotrophus*）	98%
S4	560bp	GQ920628	FJ517736.1	无法培养的 β 变形杆菌（Uncultured beta Proteobacterium）	98%
S5	555bp	GQ920629	FJ009392.1	嗜氢菌属（*Hydrogenophaga* sp.）	99%

从表 6-10 可知条带 S1 对应的是斜生栅藻 GH2 16SrRNA 片段，与登录号为 AF394206.1 的 *Scenedesmus obliquus* 16SrRNA 同源性达 99%。S2～S5 为四个附生菌，S2 为不可培养拟杆菌，S3 则与嗜甲基菌属的 *Methylophilus methylotrophus* 同源性达 98%，S4 属不可培养的变形菌门 β 亚类细菌，S5 与氢噬胞菌 *Hydrogenophaga* sp. 同源性达 99%。

栅藻 GH2 的附生菌系统发育树如图 6-24 所示，单种栅藻体系中的附生菌也是由变形菌门和拟杆菌门两大类细菌组成，除 S2 为不可培养拟杆菌外，其他三种附生菌均属变形菌门种的 β 亚类。S4 虽为不可培养细菌，但与 S3（*Methylophilus methylotrophus*）亲缘性非常接近。

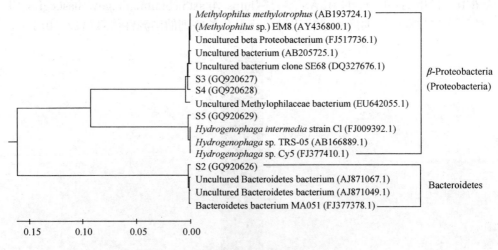

图 6-24　单种栅藻 GH2 附生菌的系统发育树

氢噬胞菌（*Hydrogenophaga* sp.）属于变形菌门 β 亚类，伯克氏菌目（Burkholderiales），丛毛单胞菌科（Comamonadaceae）。该属菌曾被报道可以降解多种有机污染物，如苯、甲苯、多氯联苯等（Lambo et al.，2007a，2007b；Fahy et al.，2008）。

嗜甲基菌(*Methylophilus*)属于变形菌门 β 亚类，嗜甲基菌目(Methylophilales)嗜甲基菌科(Methylophilaceae)。该类菌主要用于甲醇生物合成蛋白质工艺中(Gunji et al.，2006；Schrader et al.，2009)，这是第一次报道这种菌能与栅藻一起在含原油的培养体系中生长。

在暗培养条件下，栅藻 GH2 条带消失，而 S2、S4 这两个不可培养细菌的条带也随之消失。斜生栅藻虽然能在除去细菌纯培养的条件下生长，但与颤藻体系类似，仍有 3 个附生菌不能在无藻的体系中生长。这可能是因为在自然环境中，微藻与附生菌长期共存条件下，微藻能为附生菌提供生长所必需的物质，而这种生长因子的缺失将使得某些附生菌无法生长。

6.5 单种颤藻体系的原油降解过程研究

由于原油的成分太复杂，各种组分在测定的时候容易互相产生干扰，给分析带来困难，利用柱层析法可将原油进行组分分类，再对各组分进行分别测定。本节将利用硅胶-氧化铝作吸附剂，选用不同极性的洗脱剂将原油洗脱成饱和烃、单环芳烃、多环芳烃和极性物质 4 个组分。用 GC-MS 对原油中的主要物质(饱和烃、单环/多环芳烃)的分布及在降解过程中的变化进行详细分析。同时用 PCR-DGGE 检测单种颤藻体系在降解原油的过程中生物多态性的变化，探讨体系成员与原油降解相关性。

6.5.1 单种颤藻原油降解过程研究方案

1. 原油组分的测定方法

1)原油的萃取回收

原油的萃取回收方法同 6.2 节所述。

2)柱层析法洗脱原油组分

目前国内行业标准方法要求吸附剂(硅胶和氧化铝)与样品的质量比为 100∶250，洗脱剂用量为样品量的 1800～4600 倍。根据文献(孙培艳等，2008；徐世平等，2006)报道，本实验采用的柱层析法在原有常规层析柱法的基础上做出一些改变，吸附剂氧化铝在底层，硅胶在上。层析柱采用 30 mL 酸式滴定管，内径 10 mm，长度 300 mm，下端烧结微孔玻璃砂芯。参照文献(De Oteyza et al.，2004，2006)选择洗脱剂：用正己烷做洗脱剂洗脱饱和烃组分，二氯甲烷与正己烷体积比为 1∶1，洗脱单环芳烃；二氯甲烷与正己烷体积比为 1∶1，洗脱多环芳烃；二氯甲烷与甲醇体积比为 4∶1，洗脱极性物质。对原油中的主要物质饱和烃和芳烃用 GC-MS 测定分析。

3) GC-MS 测定参数

Thermo DSQ Ⅱ 气相色谱-质谱联用仪(美国)，HP-5MS 石英毛细管柱(30 m×0.32 mm×0.25 μm)。进样口温度 250℃，传输线温度 280℃，离子源 260℃；气体为高纯氦气，进样量 1 μL，不分流进样；扫描质量范围为 50~550 u。

测定饱和烃升温程序：初始温度 60℃(保持 5 min)，10℃/min 升温至 120℃(保持 2 min)，再以 3℃/min 升温至 280℃(保持 20 min)。

测定芳烃升温程序：初始温度 60℃(保持 5 min)，10℃/min 升温至 140℃(保持 2 min)，再以 2℃/min 升温至 280℃(保持 5 min)。

4) GC-MS 图谱分析

参照文献(De Oteyza et al., 2004, 2006)提取离子片段对原油中饱和烃和芳烃进行分析：饱和烃包括烷烃和烷基环己烷，分别对应离子片段 $m/z = 57$ 和 $m/z = 82$。单环芳烃烷基苯对应 $m/z = 92$；多环芳烃中的萘、芴、菲系列同系物质对应的离子片段分别为 $m/z = 128$、142、156、107；$m/z = 166$、180、194、208；$m/z = 178$、192、206、220。对各离子图总峰面积进行积分，计算各物质降解率：各物质降解率=(空白对照样总峰面积−样品总峰面积)/空白对照样总峰面积×100%。

2. 单种颤藻原油降解过程的研究方法

取 3 mL 单种颤藻 GH1 培养液接种入 27 mL 无菌 BG11 培养基，原油初始浓度为 0.3%(体积分数)。分别取培养时间为 2 天、3 天、4 天、5 天、7 天、10 天的样品，分析原油中各主要成分的降解情况。同时，取 2 mL 单种藻液(萃取后正己烷相分离的微生物培养液)，用于生物多态性的分析(方法详见 6.4 节)。

6.5.2 单种颤藻的原油降解过程

1. 单种颤藻体系对原油的降解过程

研究所用奥斯柏格(Oseberg)原油烷烃主要含 C_{11}~C_{32} 的直链烷烃(以 n-C 表示)和 C_{14}~C_{20} 支链烷烃(以 i-C 表示)。烷烃分布偏向碳数较低的直链烷烃部分，C_{11}~C_{21} 直链烷烃占了较大比重，C_{21} 以上的直链烷烃含量次之，支链烷烃含量较少。从图 6-25 可知，第 2 天，各种烷烃的峰都有不同程度的降低，C_{11}~C_{21} 直链烷烃峰降低程度最大，异构烷烃降解程度稍小，总烷烃降解率约为 40%。第 3 天，约 78%的烷烃被降解，仍然是正构烷烃去除程度比异构烷烃大。第 4 天，直链烷烃完全被降解，但 C_{14}~C_{20} 支链烷烃峰均有部分滞留，总降解率达 95%。第 10 天，仍有少量支链烷烃滞留，总降解率约为 97%。直链烷烃的降解过程中，长链烷烃和短链烷烃的降解几乎同步进行，并未出现短链烷烃先大量降解、长链烷烃滞留，或者长链烷烃分解成短链烷烃的现象。

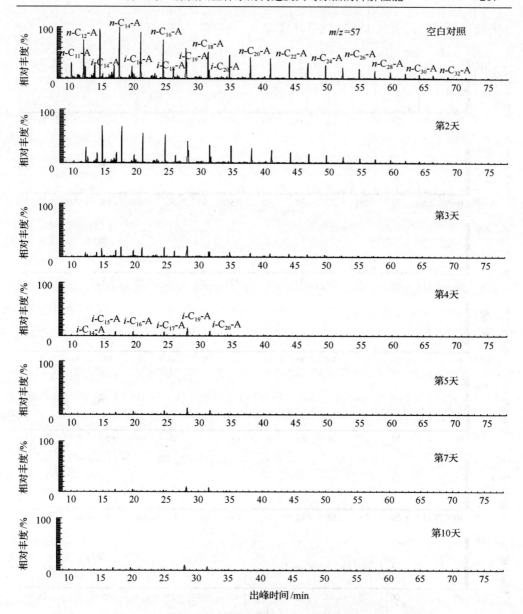

图 6-25 不同降解时间-烷烃降解图
$n\text{-}C_x$ 表示直链烷烃；$i\text{-}C_x$ 表示支链烷烃；A 表示烷烃

图 6-26 为烷基环己烷系列空白对照及不同时间阶段降解图。标注 $C_x\text{-}C$ 中，C 为环己烷(cyclohexane)的缩写，C_x 表示其取代基长链有 x 个碳原子。实验所用奥斯柏格原油含 $C_5 \sim C_{13}$ 长链取代环己烷，$C_6 \sim C_{11}$ 之间物质含量较高。第 2 天，烷基环己烷总降解率约为 42%，第 3 天达 80%，第 4 天约为 93%，而第 5 天接近 100%。烷基环己烷的降解主要集中在第 2 到第 4 天，长链和短链同系物被同步降解。第

5 天及以后的谱图上基本无该物质峰残留。

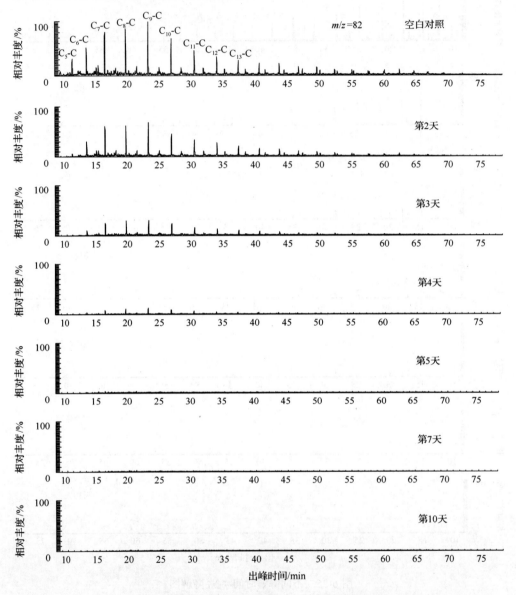

图 6-26　不同降解时间-烷基环己烷同系物降解图
C_x-C 表示 C_x-环己烷

图 6-27 为烷基苯同系物空白对照及不同时间阶段降解图。标注 C_x-B 中，B 表示苯环，C_x 表示其取代基长链有 x 个碳原子。实验所用奥斯柏格原油含 C_4～C_{23} 长链烷基苯，其中以 C_6～C_{13} 的长链烷基苯含量相对较高。第 2 天，烷基苯总物质峰约下降 40%，第 3 天，约 80%该类物质峰被去除，第 4 天，总降解率达 94%，到第

7天，烷基苯同系物基本完全被降解，第7天和第10天的谱图上均无物质残留。

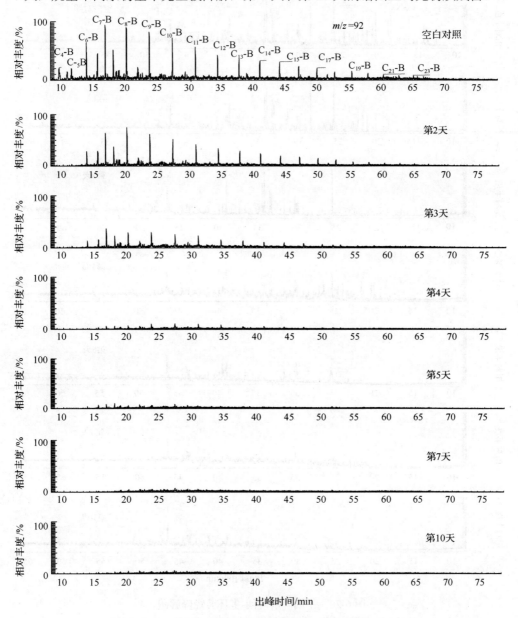

图 6-27　不同降解时间-烷基苯同系物降解图
C_x-B 表示烷基苯同系物

图 6-28 为多环芳烃总离子流图，实验所用原油中多环芳烃组分主要为萘、芴、菲及其同系物，包括 $C_1 \sim C_4$ 萘同系物、$C_1 \sim C_3$ 芴同系物、$C_1 \sim C_4$ 菲同系物。多环芳烃降解过程为：第2天，萘和 C_1、C_2 萘被完全降解，C_3、C_4 萘分别被去除 70%、

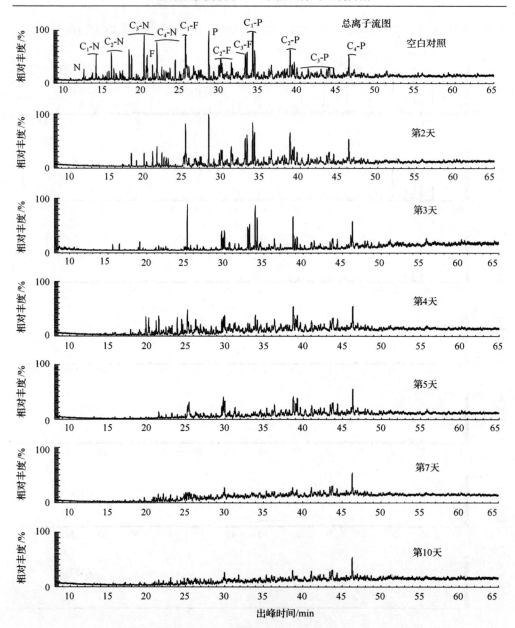

图 6-28　不同降解时间-多环芳烃降解图
C_x-N 表示 C_x-萘同系物；C_x-F 表示 C_x-芴同系物；C_x-P 表示 C_x-菲同系物

60%左右；芴物质峰降低约 90%，其他物质则基本无变化。第 3 天，C_3、C_4 萘进一步被降解，在降解过程中去甲基而生成了少量 C_2 萘；芴和菲被完全降解，而芴、菲同系物的物质峰则变化不大。第 4 天，芴、菲同系物开始被大量降解，C_1、C_2、C_3 芴分别被降解 65%、30%、85%；菲系列同系物中 C_1、C_2 菲分别降低约 80%和

35%，但 C_3、C_4 菲物质不变；C_3、C_4 萘对应的物质峰反而有所增加，可能是高环物质的降解生成了低环物质。第 5 天，图谱上萘系列物质中只有少量 C_4 萘残留，芴系列中的 C_1、C_2 芴被进一步降解，C_3 芴被完全去除；菲系列中，C_1、C_2 菲物质峰进一步降低，C_3、C_4 菲仍不能降解，C_3 芴被完全去除；菲系列中，C_1、C_2 菲物质峰进一步降低，C_3、C_4 菲仍不能被降解。第 7～10 天，芳烃中大部分物质被去除，谱图上残留物质有：少量 C_4 萘，少量 C_2 芴和少量 C_4 菲，C_3、C_4 菲基本不被降解。多环芳烃物质的降解基本上在前 7 天完成，从第 7 天到第 10 天，图谱上残留物质峰基本不再变化,萘系列、芴系列、菲系列物质总体降解率分别达 98%、85%和 80%。

由此可见，颤藻-附生菌体系对芳烃中各物质降解顺序为芴和菲，然后是芴、菲的同系物，基本上遵循低环和取代基少的芳烃物质优先被降解，高环和取代基多的芳烃物质较难降解的规律。C_3、C_4 菲因其多甲基、高环而始终不能被降解。

2. 单种颤藻体系生物多态性的变化

1) 基因组 DNA 提取

图 6-29 是不同培养时间的单种颤藻培养液 DNA 提取图，M 是 DNA marker，2、3、4、5、7、10 表示培养天数。由图可知，对于各培养时间的单种颤藻培养液，提取的 DNA 片段长度都在 23 kb 左右，均获得了较完整的总基因组 DNA 片段。

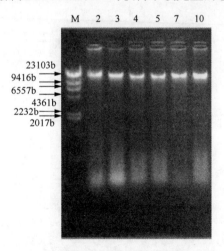

图 6-29 单种颤藻体系基因组 DNA 电泳图

2) PCR 扩增

图 6-30 是不同培养时间的单种颤藻培养液 16S rDNA PCR 产物琼脂糖电泳图，扩增出大小为 500～600 bp 的目标 DNA 片段，证实为 16S rDNA V3～V5 区特异片段，没有出现非特异性扩增产物及二聚体，且条带清晰，可用于下一步的

DGGE 实验。

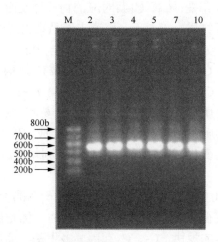

图 6-30　单种颤藻体系 PCR 产物电泳图

3) DGGE 及结果分析

图 6-31 是反映单种颤藻 GH1 体系中附生菌多态性变化的 DGGE 图，2、3、4、5、7、10 是培养天数。由 6.4 节可知，条带 C1、C2 对应的是两株鞘氨醇单胞菌，C3 对应的是附生菌属根瘤菌，C4 对应水单胞菌（*Aquimonas*），C5、C6 为不可培养细菌，C7 属黄杆菌（*Flavobacteriaceae*）。

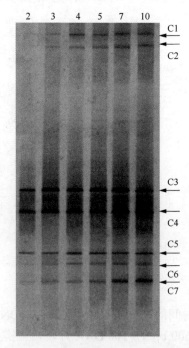

图 6-31　单种颤藻 GH1 DGGE 电泳图

根据 DGGE 的原理，条带的亮度可体现体系中细菌的相对含量。由图 6-31 可知，第 2 天除 C3、C4、C5 条带比较亮，其他各条带亮度均不太明显。第 2 天开始，根瘤菌、水单胞菌和 C5 不可培养细菌已经在体系中大量繁殖。由前述可知，第 2 天烷烃、烷基环己烷和烷基苯已经开始大量降解，这三种附生菌可能在这些物质的降解中起主要作用。与芳烃降解有关的鞘氨醇单胞菌和与高分子有机物降解有关的黄杆菌在第 3 天到第 4 天才开始逐渐变亮，而对多环芳烃的降解，第 2、3 天主要是对分子量较低的萘系列物质的降解，高分子量的芴、菲同系物在第 2、3 天基本不变化，第 4 天却突然被大量降解，说明这三种菌与原油中高分子量多环芳烃物质的降解有密切的关系。从第 5 天开始，细菌菌群的生长基本达到稳定状态。第 7 天到第 10 天细菌条带的亮度基本不再变化。

早期的一些研究报道曾将有机物的降解归于蓝藻的作用，Cerniglia 等(1980a, b)曾报道颤藻能降解萘(naphthalene)和联苯(biphenyl)，Narro 等(1992)报道海洋单细胞蓝藻阿格门氏藻(*Agmenellum quadruplicatum*)对菲的降解。对此，Radwan 等(2000)提出质疑，他认为很多这样的研究中研究者并未能清楚说明蓝藻是无菌的，到目前为止还没有非常明确的证据证明蓝藻具有有机物代谢能力。Sánchez 等(2006)利用一个含原油但不含其他无机碳的填充柱反应器，并尽可能排除细菌代谢的 CO_2，发现蓝藻自身并不能以原油为唯一碳源在里面生长。Abed 等(2005)将蓝藻的附生菌洗脱至培养液，用于石油组分的降解，他们认为附生菌才是降解者。

本研究同样发现颤藻体系中附生菌的生长与原油的代谢有很密切的相关性，附生菌应该是降解原油的主要作用者，然而由 6.4 节可以发现，颤藻的缺失会使鞘氨醇单胞菌、根瘤菌、黄杆菌这些主要降解菌也随之消失，说明不管颤藻是否直接参与原油的代谢，在降解体系中颤藻仍然起着非常重要的作用。蓝藻-菌之间密不可分的相互作用机理及蓝藻本身是否参与有机污染物的代谢，需开展进一步的研究工作。

6.6 石油组分降解菌构建人工藻-菌体系

在颤藻-菌体系降解原油的过程中，附生菌的变化与原油降解情况呈现密切的相关性，研究表明，藻-菌体系在降解原油的过程中，细菌起着直接的作用，而藻则促进其降解作用(田立杰等，1999)。单种栅藻体系 4 个附生菌只有一个是被报道与有机物降解相关联的，那么是否可以人为地用石油降解菌与其构建菌藻体系呢？在构建的过程中，外加菌与藻附生菌相互适应性能又如何？为此本节选择三种石油组分降解菌：烷烃降解菌、菲降解菌、芘降解菌，分别与单种栅藻和无菌纯栅藻进行人工藻-菌体系的构建，并测定其石油降解性能。

6.6.1 人工藻-菌体系构建及其降解性能测定方法

1. 菌株来源

石油组分降解菌包括以下几种。

(1) 菲高效降解菌 *Sphingomonas* GY2B (GenBank 登录号 DQ139343) (Tao et al., 2007a): 从广州油制气厂周边受多环芳烃污染的土壤中分离得到, 该菌能利用菲作为唯一碳源和能源生长繁殖, 在纯培养条件下, 该菌 48 h 能将无机盐培养基中的 100 mg/L 菲降解 99.1% 以上。

(2) 芘降解混合菌 GP3: 从中国石油化工股份有限公司广州分公司附近受污染土壤中分离得到, 由 *Pseudomonas* GP3A (GenBank 登录号 EU233280) 和 *Pandoraea pnomenusa* GP3B (GenBank 登录号 EU233279) (陈晓鹏等, 2008) 组成, 7 天对 15mg/L 芘的降解率为 90.6%。

(3) 烷烃降解菌 *Burkholderia cepacia* GS3C (GenBank 登录号 EU282110) (吴仁人等, 2009): 从广州石化总厂污水处理站旁的油泥混合物中分离筛选得到, 能在 4 天内将 750 mg/L 的正十六烷降解至 200mg/L 以内。

2. 原油的测定方法

原油的测定方法同 6.2.1 小节。

3. 石油组分降解菌的降解性能研究方法

取细菌培养液 1mL (单菌或等量混合的混合菌, 降解试验所用菌液均预先在 0.3%原油培养基中活化培养 7 天) 接种入 29 mL BG11 培养基, 培养条件同藻培养条件。原油初始浓度为 0.3%, 培养时间为 7 天, 分别测定单菌、细菌两两混合和三种菌混合对原油降解率的影响。空白对照为只加原油于 BG11 培养基。

4. 单种栅藻/纯栅藻的降解性能研究方法

对单种栅藻同时进行光、暗培养, 有光照条件的培养 (光培养) 方法同 6.1 节。暗培养方法同 6.4 节。将单种栅藻的光、暗培养液及纯栅藻接种至 BG11 培养基, 原油初始体积分数为 0.3%, 萃取降解时间为 7 天的样品, 用 GC-MS 对其测定。

5. 人工藻-菌体系的构建方法

将石油组分降解菌分别与单种栅藻 GH2、纯栅藻 GH2 组合, 构建菌藻体系 (表 6-11)。取细菌 1 mL (单菌或等量混合的混合菌), 2 mL 藻液接种入 27 mL BG11 培养基。原油初始浓度为 0.3%, 培养时间为 7 天, 测定原油降解率。同时, 取 2 mL 萃取后藻菌培养液进行多态性分析, PCR-DGGE 方法同 6.4 节。

表 6-11 菌藻组合

US	组合						
	U1	U2	U3	U4	U5	U6	U7
	GY2B	GP3	GS3C	GY2B+GP3	GY2B+GS3C	GP3+GS3C	GY2B+GP3+GS3C
AS	组合						
	A1	A2	A3	A4	A5	A6	A7
	GY2B	GP3	GS3C	GY2B+GP3	GY2B+GS3C	GP3+GS3C	GY2B+GP3+GS3C

注：US 为单种栅藻 GH2；AS 为纯栅藻 GH2 $U_1 \sim U_7$ 为组合样品名称。

6. 数据统计分析

用 SPSS10.0 对实验数据进行方差分析，采用独立样本 T 检验，分析构建前后原油降解率的显著性差异，显著性水平 $P<0.05$。

6.6.2 人工藻-菌体系的构建结果及降解性能

1. 石油组分降解菌的降解性能

石油组分降解菌对原油各组分降解性能如图 6-32 所示。

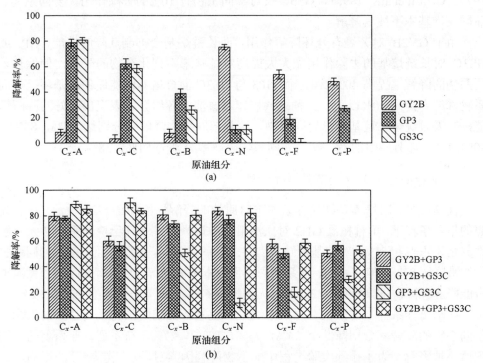

图 6-32 石油组分降解菌对原油中各主要成分的降解率图
C_x-A 表示烷烃；C_x-C 表示烷基环己烷同系物；C_x-B 表示烷基苯同系物；
C_x-N 表示萘同系物；C_x-F 表示芴同系物；C_x-P 表示菲同系物

鞘氨醇单胞菌（*Sphingomonas*）是环境中一类主要的可降解芳烃物质的细菌。*Sphingomonas* GY2B 是以菲为唯一碳源得到的菲高效降解菌（Tao et al.，2007），对原油中的多环芳烃物质，GY2B 表现出较好的降解性能，7 天对萘系列、芴系列和菲系列同系物的去除率分别为 75%、53%和 48%。但 GY2B 不能降解含长链烷基的物质，对烷烃、烷基环己烷、烷基苯系列同系物的去除率均小于 10%（GC-MS 图显示其只能对短链同系物有非常轻微的去除作用）。

GP3 是以芘为唯一碳源得到的（陈晓鹏等，2008），对原油中的多环芳烃物质，GP3 对高环芳烃物质的降解性能优于低环芳烃，7 天降解率为：菲同系物（27%）>芴同系物（18%）>萘同系物（10%）。GP3 属于假单胞菌属，假单胞菌被认为是最重要的烃类降解菌（Baraniecki et al.，2002）。GP3 还可以降解原油中含长链烷基的物质，对烷烃、烷基环己烷同系物、烷基苯同系物的降解率分别为 78%、62%和 38%。

GS3C 是以十六烷为唯一碳源得到的降解菌（吴仁人等，2009），对原油中的烷烃、烷基环己烷、烷基苯系列同系物降解率分别为 80%、58%和 25%。尽管有报道洋葱伯克霍尔德氏菌（*Burkholderia cepacia*）能降解多环芳烃（Bartha et al.，1977；Grifoll et al.，1995），GS3C 仅对萘同系物有 10%的去除作用，芴同系物、菲同系物基本不被其降解。

由于 GY2B 对芳烃有开环降解作用，而长链烷基会抑制其降解性能，GP3 或 GS3C 对长链烷基的去除作用能大大提高对烷基苯系列化合物的降解，使烷基苯同系物的降解率提高 40%以上；而 GP3 与 GS3C 混合培养则能促使烷基环己烷同系物降解率提高 30%以上。三种菌共培养对原油中各组分都表现出较好的降解性能，7 天对烷烃、烷基环己烷同系物、烷基苯同系物降解率分别达 85%，83%，80%；对多环芳烃中的萘、芴、菲同系物降解率分别为 81%，58%，53%。

2. 单种栅藻/纯栅藻的降解性能

栅藻在光、暗培养及纯培养条件下对原油的降解性能如图 6-33 所示。在有光照的培养条件下，单种栅藻 GH2 对原油组分中烷烃和烷基环己烷同系物 7 天降解率分别为 46%和 51%，对烷基苯同系物的去除率为 33%。多环芳烃中萘系列同系物大约被降解 81%，但芴系列、菲系列同系物基本不被降解。尽管有文献报道微藻本身能降解有机物（陈晓鹏等，2008），无菌栅藻 GH2 并不降解原油任何主要成分。

在暗培养条件下，7 天对原油中烷烃、烷基环己烷同系物、烷基苯同系物及萘同系物的降解率分别降低至 24%，23%，10%和 27%，芴系列、菲系列同系物依然不被降解。为了排除实验过程中非生物降解因素（挥发、光降解）的影响，还同时在光、暗培养条件下分别设定空白对照样，并与初始原油样品进行对比：在暗培养条件下，仅 C_{11}、C_{13} 烷烃峰比初始原油样品各降低了 5%、8%。而光照培养条件下的空白样，也只有 C_{11}、C_{12}、C_{13} 物质峰下降约 13%，8%，5%。挥发或者光降解作用只会造成少量轻质组分的轻度损耗，绝大部分物质不受非生物降解因素影响。这说明暗培养条件下，藻的缺失是降解率下降的主要原因，同时也间接证明了藻在原油降解中所起的促进作用。

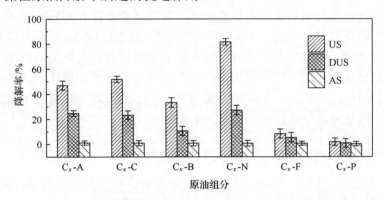

图 6-33　单种栅藻/纯栅藻对原油中各主要成分的降解率图

DUS：单种藻暗培养；AS：纯栅藻

3. 单种栅藻对石油组分降解菌降解性能的影响

将单种栅藻-石油降解菌组合体系的原油降解率与组合前的单种藻体系、菌体系降解率做显著性差异比较，结果如表 6-12 所示。

表 6-12　构建前后对原油降解的显著性差异分析

	原油组分						
	GY2B	GP3	GS3C	GY2B+GP3	GY2B+GS3C	GP3+GS3C	GY2B+GP3+GS3C
烷烃	2.6b^{ns}	−44.3a*	−44.6a*	−50.7a*	−50.8a*	−2.1a^{ns}	−59.3a*
烷基环己烷	−1.7b^{ns}	−20.6a*	−19.6a*	−16.3a*	−16.3a*	3.2a^{ns}	−46.6a*
烷基苯	3.2b^{ns}	−20.4a*	−15.7a*	−39.4a*	−39.4a*	−4.3a^{ns}	−51.3a*
萘同系物	5.3a^{ns}	−4.2a^{ns}	1.6b^{ns}	2.7a^{ns}	2.1a^{ns}	3.7a^{ns}	1.3a^{ns}
芴同系物	−3.7a^{ns}	−0.4a^{ns}	3.2a^{ns}	−3.6a^{ns}	−3.6a^{ns}	−6.1a^{ns}	−1.2a^{ns}
菲同系物	−2.4a^{ns}	−6.2a^{ns}	0.7a^{ns}	−1.9a^{ns}	−1.5a^{ns}	−13.3a*	2.1a^{ns}

注：a 表示该数为单种栅藻菌体系与单种藻体系之间的原油组分降解率均值差；b 表示该数为单种栅藻-菌体系与菌体系之间的原油组分降解率均值差。

*表示该数有显著性差异（$P<0.05$），ns 表示该数无显著性差异。

单种栅藻-GY2B 体系对于原油中烷烃、烷基环己烷同系物、烷基苯同系物的降解率与单种栅藻体系没有显著性差异，同时，对多环芳烃物质的降解与 GY2B

无显著性差异,组合体系并没有改变 GY2B 对多环芳烃物质的降解性能。对于 GP3 而言,与单种栅藻共培养虽然对 GP3 降解多环芳烃物质影响不大,但使烷烃、烷基环己烷同系物、烷基苯同系物降解率显著下降。GS3C 与单种栅藻组合同样导致了烷烃、烷基环己烷同系物、烷基苯同系物降解率显著降低。

对于单种栅藻与混合菌组合体系而言,只要体系中含有 GY2B 或者 GS3C,长链烷基类物质的降解率就会下降。单种栅藻和 GY2B、GS3C 都具备降解长链烷基类物质的性能,但共培养却使各菌株不能有效发挥其降解性能。可能的原因有两个:一是栅藻附生菌可以分泌出一些胞外物质,抑制外加菌株的活性;二是不同的微生物对同样的碳源有不同的降解途径,其中间产物互相抑制了对方的降解活性。其机理值得进一步研究。

4. 纯斜生栅藻对石油组分降解菌降解原油的影响

表 6-13 显示,纯斜生栅藻 GH2 对 GY2B 降解多环芳烃物质有显著促进作用,而对长链烷基类物质降解的促进作用则不明显。纯 GH2 能促进 GS3C 对长链烷基类物质的降解,但组合体系仍不能降解芴同系物和菲同系物。对 GP3 而言,纯 GH2 对各物质的降解都有一定的促进作用。纯斜生栅藻 GH2 能对石油组分降解菌降解性能有促进作用,但并不能改变其降解性能的选择性。

表 6-13 纯斜生栅藻 GH2 对细菌原油降解性能的促进作用

原油组分		GY2B	GP3	GS3C	GY2B+GP3	GY2B+GS3C	GP3+GS3C	GY2B+GP3+GS3C
原油组分	烷烃	$3.1c^{ns}$	$13.2c^*$	$11.9c^*$	$14.7c^*$	$12.3c^*$	$6.1c^{ns}$	$11.8c^*$
	烷基环己烷	$3.7c^{ns}$	$12.2c^*$	$14.7c^*$	$15.9c^*$	$14.6c^*$	$5.9c^{ns}$	$13.4c^*$
	烷基苯	$5.5c^{ns}$	$13.7c^*$	$12.7c^*$	$12.6c^*$	$16.1c^*$	$14.9c^*$	$12.7c^*$
	萘同系物	$15.3c^*$	$17.5c^*$	$6.2c^{ns}$	$12.8c^*$	$16.7c^*$	$17.2c^*$	$13.3c^*$
	芴同系物	$18.2c^*$	$21.7c^*$	$1.3c^{ns}$	$17.6c^*$	$22.3c^*$	$16.1c^*$	$18.3c^*$
	菲同系物	$22.5c^*$	$18.6c^*$	$0.6c^{ns}$	$22.1c^*$	$16.4c^*$	$17.6c^*$	$22.1c^*$

注:c 表示该数为共培养体系和单独细菌培养体系对原油组分降解率的均值差。
*表示该数为有显著性差异($P<0.05$);ns 表示该数为无显著性差异。

纯 GH2 与混合菌组合培养时对各物质的降解有相应的促进作用,对难降解芳烃物质的促进作用更为明显。纯 GH2+GP3+GS3C+GY2B 组合即为构建的原油降解性能最佳的人工藻-菌体系。

5. 藻菌组合体系的生物多态性

1) 藻菌组合体系基因组 DNA 提取

图 6-34 为菌藻组合体系基因组 DNA 提取图,由图可知,对每个菌藻组合的

样品均得到了长度约为 23 kb 的基因组 DNA，可用于下一步的 PCR 扩增研究。

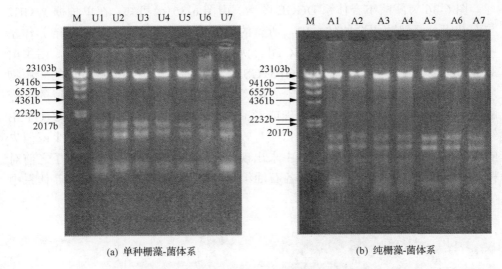

(a) 单种栅藻-菌体系   (b) 纯栅藻-菌体系

图 6-34　藻菌组合体系基因组 DNA 提取图

2) PCR 扩增

图 6-35 为藻菌组合体系基因组 DNA 提取图，由图可知，对每个菌藻组合的样品扩增均得到了长度为 500~600 bp 的目标 DNA 片段，没有出现非特异扩增产物及二聚体，且条带清晰，可用于下一步的 DGGE 实验。

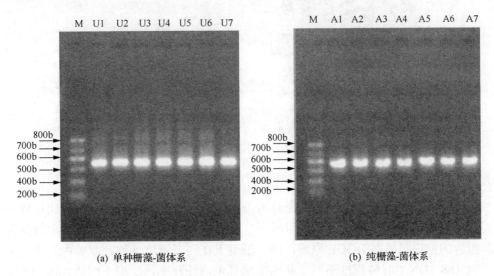

(a) 单种栅藻-菌体系   (b) 纯栅藻-菌体系

图 6-35　藻菌组合体系 16S rDNA PCR 产物

3) 藻菌组合体系 DGGE 图谱及分析

图 6-36 为藻菌组合体系 DGGE 图谱。由图 6-36(a)可知,在单种栅藻 GH2 与石油组分降解菌组合的体系中,所有的附生菌和外加菌株都能在共培养体系中生长,而单种 GH2+GP3+GS3C 组合例外,附生菌 1 和 2 条带消失,附生菌 3、4 条带变淡。其可能的原因是 GP3+GS3C 组合能降解大部分低毒性的碳源物质烷烃和烷基环己烷,一方面与附生菌竞争低毒性碳源,另一方面滞留的难降解高毒性芳烃物质使得附生菌消失或者减少。在单种 GH2+GP3+GS3C+GY2B 组合中,GY2B 能对高毒性芳烃物质有较好的去除作用,故附生菌变少或消失的情况并没有发生。图 6-36(b)中未出现附生菌的条带,同时也证明了之前对栅藻的除菌工作是非常彻底的。各石油组分降解菌都能在与纯藻共培养体系中生长良好。

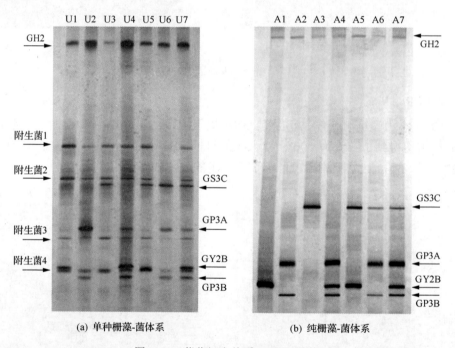

(a) 单种栅藻-菌体系 (b) 纯栅藻-菌体系

图 6-36 藻菌组合体系 DGGE 图谱

图 6-36(a)和图 6-36(b)中均没有污染杂菌的条带,为藻-菌体系的构建过程中无杂菌污染提供了保证,无其他菌污染是分析体系中各成员的作用及找出最佳藻菌组合的前提。根据 DGGE 原理,同一温度下在同一浓度变性剂凝胶中,序列不同的 16S rDNA 解链程度不同,从而影响其电泳迁移率,实现不同的 16S rDNA 在凝胶上分离形成不同的条带(Bewley,1979)。因而变性梯度决定细菌 DNA 在胶的具体位置。图 6-36(a)和图 6-36(b)中同一细菌在不同胶的位置有所差异,图

6-36(b)中细菌条带位置相对图 6-36(a)偏下,主要是由于每次配胶、灌胶时存在实验误差,使得每张胶的梯度范围不能绝对相同,同时 DGGE 图谱也受电泳时间、电压、染色等因素的影响。另外,由于只能用手动数码相机进行拍照,不能控制拍照距离一致,从图片上看胶条带宽度有所差异。

6. 人工/天然斜生栅藻-菌体系降解性能比较

GC-MS 分析人工构建的斜生栅藻-石油组分降解菌体系和天然斜生栅藻-附生菌体系对原油降解性能,由图 6-37~图 6-40 可知,人工体系对原油组分的降解更为高效和全面。

图 6-37 所示为烷烃降解前后对比图,为提取离子片段 $m/z = 57$ 的离子图。由图可知,天然藻-菌体系对 C_{26} 之前的烷烃有一定程度的降解,但碳原子数大于 26 的烷烃基本不被降解。人工藻-菌体系中只有非常微量的 $C_{18}\sim C_{20}$ 支链烷烃峰滞留。

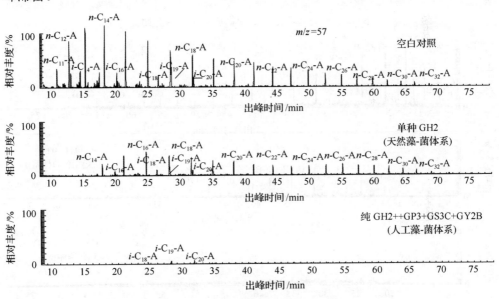

图 6-37 烷烃降解前后对比图

图 6-38 所示为烷基环己烷系列物质降解前后对比图。由图可知,天然藻-菌体系能完全去除 C_5、C_6 烷基环己烷同系物,对 $C_7\sim C_{13}$ 系列同系物都有一定程度的降解。人工藻-菌体系无该系列物质峰残留。

图 6-39 所示为烷基苯系列物质降解前后对比图,为提取离子片段 $m/z=92$ 的离子图。由图可知,天然藻-菌体系能完全去除 C_7 之前的烷基苯同系物,但大于 C_{13} 的同系物则不被降解。人工藻-菌体系降解图中几乎无该系列物质残留峰。

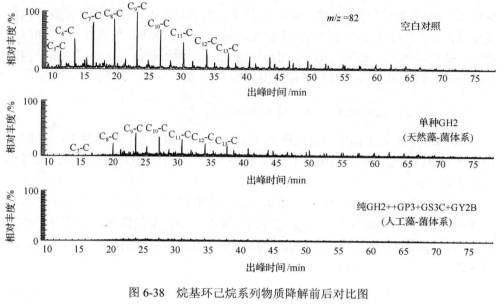

图 6-38 烷基环己烷系列物质降解前后对比图

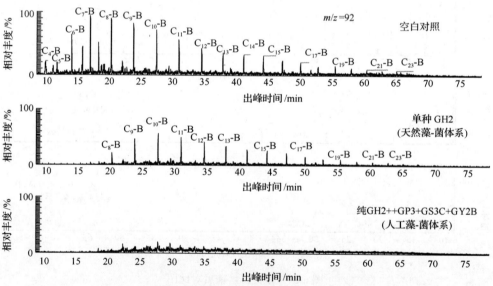

图 6-39 烷基苯系列物质降解前后对比图

图 6-40 所示为多环芳烃物质降解前后对比的总离子流图,在天然藻-菌体系中,萘和甲基萘被完全去除,萘的 C_2、C_3、C_4 同系物大约分别被降解 90%,85% 和 70%;天然体系还能降解 10% 的芴和 15% 的菲,但不能降解芴和菲的甲基取代物。在人工藻-菌体系中,萘、芴、菲能被完全去除,萘的同系物中只有 10% C_4 萘未被降解;大约 90% C_1 和 50% C_2 芴同系物能被降解,C_3 芴同系物则基本被完

全降解；人工体系还能完全去除 C_1 菲同系物，降解大约 40% C_2 菲同系物，C_3、C_4 菲同系物因多甲基、高环而始终不能被降解。

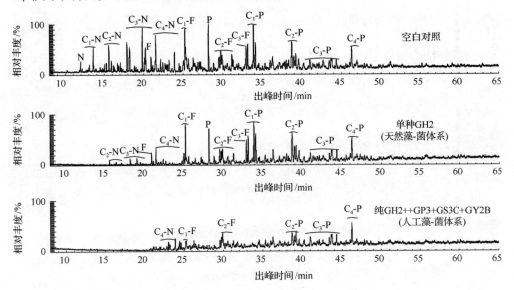

图 6-40 多环芳烃降解前后总离子流图对比

6.7 人工藻-菌体系降解原油过程研究

本节将通过 GC-MS 详细分析原油主要成分的降解过程，同时检测降解过程中体系生物多样性的变化情况，进一步阐明体系中各成员对原油降解的作用。

6.7.1 人工藻-菌体系降解原油过程研究方案

人工藻-菌体系降解原油，可通过以下方案进行研究：取 3 mL 藻菌培养液(纯藻 GH2 2 mL，三种细菌等量混合的混合菌 1 mL，组合而成的菌藻培养液)，接种入 27 mL 无菌 BG11 培养基，原油初始浓度为 0.3%(体积分数)。分别取培养时间为 2 天、3 天、4 天、5 天、7 天、10 天的样品，分析原油中各主要成分的降解情况。同时，取 2 mL 藻菌液(萃取后正己烷相分离的微生物培养液)，用于生物多态性的分析(方法详见 6.4 节)。

6.7.2 人工藻-菌体系降解原油过程

图 6-41～图 6-44 为人工藻-菌体系对原油降解过程图。

图 6-41 为烷烃降解过程图，第 2 天，直链烷烃约降解 24%，第 3 天约降解 73%，到第 4 天完全被去除，而支链烷烃则保持不变。支链烷烃由于其支链的化

学结构而相对难被降解,另外,直链烷烃的存在也会对其降解造成一定的压力。从第 5 天开始,支链烷烃含量有不同程度的降低,到第 10 天基本被完全去除。

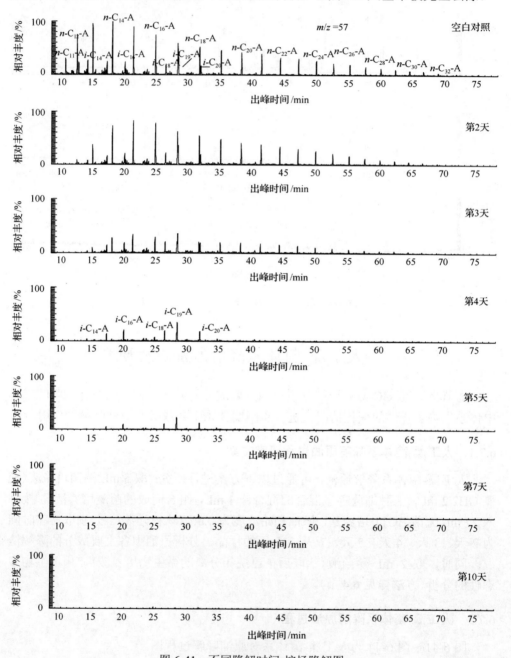

图 6-41　不同降解时间-烷烃降解图

图 6-42 所示为烷基环己烷同系物的降解图。第 2 天,C_9 之前同系物开始被降

解，C_5 同系物被完全去除，C_6 同系物只有少量残留，而 C_{10} 之后长链物质保持不变，总降解率约为 20%。第 3 天开始，长链物质也都开始连续降低，总物质峰约降低 40%。第 4 天和第 5 天降解率约为 65% 和 80%。尽管环烷烃类物质被认为是原油组分中较难降解物质（Sugiura et al., 1997），人工藻-菌体系还是能在 7 天内

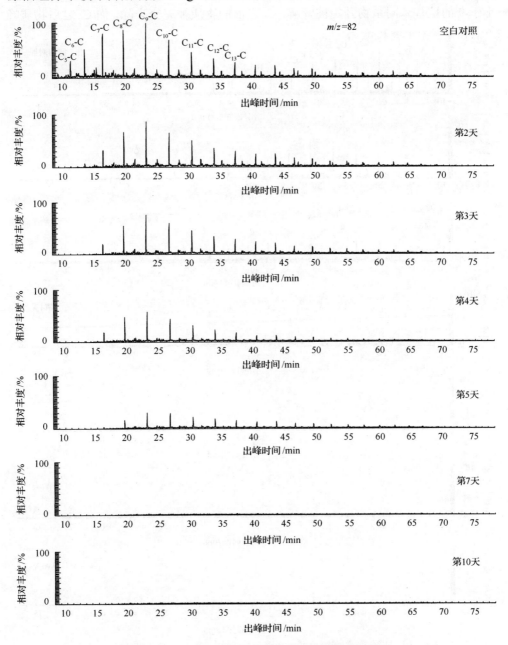

图 6-42 不同降解时间-烷基环己烷同系物降解图

将烷基环己烷系列同系物全部去除，在长链物质的降解过程中未出现短链物质累积的情况。另外，Perry(1984)认为环烷烃比支链烷烃更难以被降解，但本章研究并未发现这种情况。

图 6-43 反映了烷基苯同系物在不同时间阶段的降解情况。第 2 天，C 原子数小于 9 的烷基苯同系物开始被降解，C_6 之前的物质被完全去除，而 C_9 之后物质峰

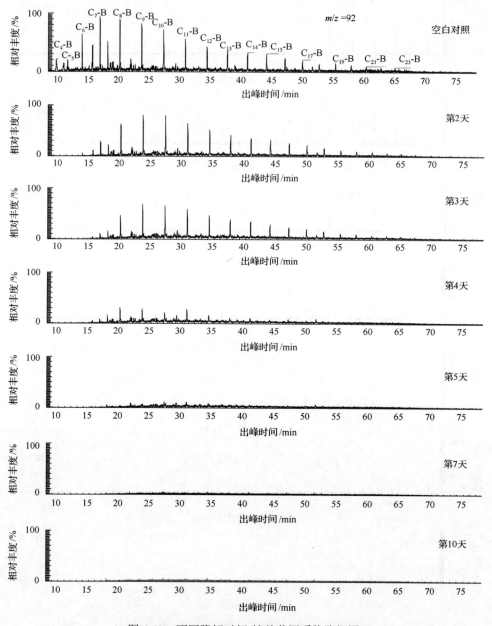

图 6-43　不同降解时间-烷基苯同系物降解图

无变化，总去除率约为 23%。第 3 天，C_{10} 物质峰开始降低，C_7 及其之前的同系物被完全去除，C_{11} 之后的同系物保持不变，总降解率约为 40%。第 4 天，C_{12} 之后的长链物质峰突然急剧降低，总降解率达 90%；短链物质峰有部分残留，可能是长链物质分解成了短链物质。第 7 天，所有的烷基苯系列物质基本被完全去除。

人工藻-菌体系对多环芳烃物质的降解如图 6-44 所示：第 2 天，菲和 C_1 菲分

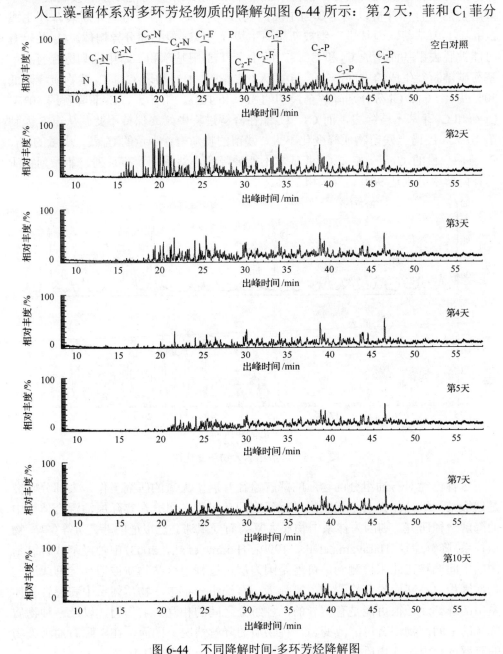

图 6-44 不同降解时间-多环芳烃降解图

别被去除约90%和50%；芴被完全去除，C_2、C_3芴分别被降解45%、35%；萘、C_1萘被完全去除，C_4萘大约减少10%。大量的C_2、C_3萘同分异构体，以及一些其他物质如2-甲基-1-丙基萘、1-丙基萘等出现在第2天的图谱上(图6-45)。这说明多环芳烃在原油混合物体系的降解过程中，碳链或苯环可能发生直接断裂(多个降解前后平行样分析以确定其为中间产物)。例如，甲基菲可能先断裂苯环生成2-甲基-1-丙基萘，丙基进一步被断裂而生成 C_2、C_3萘的同分异构体。C_4萘也有可能被脱去甲基而生成C_2和C_3萘。而1-苄基-3-甲基苯和二苯甲烷则更像芴和甲基芴碳链断裂生成的中间产物。第3天，C_2萘基本被剩余C_3、C_4萘物质峰降低50%以上；C_1、C_3芴分别降解至最初的30%和10%。第5天，C_2菲降解约30%，C_3芴和C_1菲基本被除去，而C_3、C_4菲在降解过程中始终保持不变。从第5天到第10天，图谱上残留物质峰变化不大，残留的物质有：少量的C_4萘，少量的C_1、C_2芴，少量的C_2菲，C_3、C_4菲基本不能被降解。萘系列、芴系列、菲系列物质总体降解率分别达90%、76%和70%。

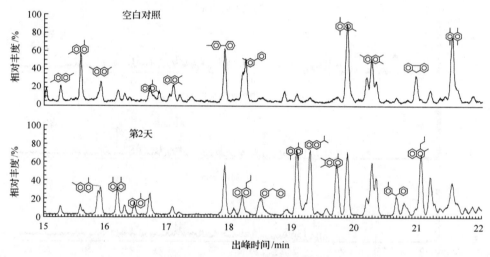

图6-45 降解第2天物质变化图

尽管已经对石油组分的物质的降解途径开展了大量的研究工作，大部分研究是选取某一组分作为典型代表物进行研究的，对于各组分在实际原油混合体系中的降解途径研究，则因为体系中物质太复杂而受阻滞。已报道的菲、芴等(单一物质体系)降解途径(Harayama et al., 1999; Hamme et al., 2003)中带羟基或有氧基团的中间产物在此未检测到，可能是因为层析过程中这些物质被遗弃，抑或这些物质因积累不够而没有检测到。实际上，石油组分在单一物质体系中和混合物体系中的降解途径很可能是有差异的，各组分之间的相互影响作用，以及一种物质降解的中间产物都有可能改变另一种物质的降解情况。因而，在实际石油污染物的降解过程中，各物质的降解途径仍需开展进一步的研究工作。

人工藻-菌体系对多环芳烃物质的降解顺序并不像颤藻体系，遵循低环的、取代基少的物质先被降解的较为普遍的规律。这可能是因为体系中对多环芳烃起主要降解作用的 GY2B 及 GP3 最初均是以高环的菲、芘为唯一碳源筛选得到的，因而菲等高环的芳烃物质能与低环物质同时被降解。

6.7.3 人工藻-菌体系生物多态性变化

1. DNA 提取

图 6-46 是不同培养时间的人工藻-菌体系培养液 DNA 提取图，M 是 DNA marker，2、3、4、5、7、10 表示培养天数。由图可知，对各培养时间的培养液，提取的 DNA 片段长度都在 23 kb 左右，均获得了较完整的总基因组 DNA 片段。

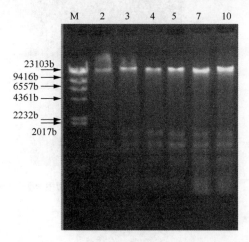

图 6-46　人工藻-菌体系基因组 DNA 电泳图

2. PCR 扩增

图 6-47 是不同培养时间的单种颤藻培养液 16S rDNA PCR 产物琼脂糖电泳图，其扩增出大小为 500~600 bp 的目标 DNA 片段，证实为 16S rDNA V3~V5 区特异片段，没有出现非特异扩增产物及二聚体，且条带清晰，可用于后续的 DGGE 研究。

3. DGGE 结果及分析

图 6-48 是反映人工藻-菌体系生物多态性变化的 DGGE 图，2、3、4、5、7、10 是培养时间(天)，条带分别对应栅藻 GH2 和石油组分降解菌。由图可知，GS3C 和 GP3A 在培养初期条带就比较粗、亮，说明这两个菌株第 2 天开始已经在体系中大量繁殖。由 6.6 节可知，这两个菌株都有降解长链烷基类化合物的功能，对烷烃有较好的降解作用，由图 6-41 可知，第 2 天开始，烷烃就开始被大量降解。

GP3B 则随培养时间由淡逐渐变亮,第 5 天基本达到生长稳定期。GS3C 与 GP3 共培养对烷基环己烷同系物有非常好的协同降解作用(详见 6.6.2 节),烷基环己烷系列同系物在第 5 天到第 7 天全部降解完全(图 6-42)。GY2B 是体系中对多环芳烃降解起主要作用的菌株,第 2 天、第 3 天大量的芳烃物质降解为 GY2B 提供丰富的碳源,使得其条带在第 4 天陡然增亮。同时,GY2B 与 GP3A 或 GS3C 协同作用能促使烷基苯同系物的降解大幅度提高。第 4 天,体系中 GY2B 大量生长使烷基苯同系物中的长链物质一天之内被全部降解。图 6-48 也反映了人工体系中细菌的变化与原油组分的降解存在密切的相关性。

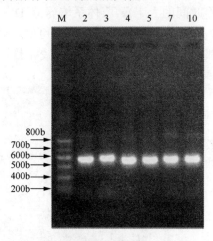

图 6-47　人工藻-菌体系 PCR 产物电泳图

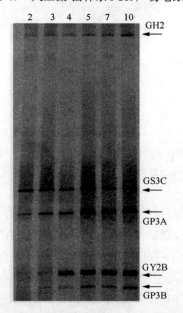

图 6-48　人工藻-菌体系 DGGE 电泳图

第7章 石油污染土壤的生物修复

石油污染除对水体造成大面积的严重污染外，对土壤而言，也是继农药污染的又一重大污染源，对土壤造成的危害引起了广泛关注。然而，由于土壤环境和污染物的复杂性，各种生物或非生物因素常常导致修复效率较低或失败，如土壤条件(pH、含氧量、含水率和营养水平等)、污染物特征(组成、浓度、风化和生物可利用性)和生物因素(竞争和捕食等)(Kästner et al., 1998; Boopathy, 2000; Margesin et al., 2001; Schwartz et al., 2001; Leys et al., 2005; Margesin et al., 2007; Bayat et al., 2015; Ma et al., 2015)。因此，根据不同的污染场地，实施修复时需要考虑多种因素。本章将聚焦我国南方一炼油厂附近石油污染的酸性土壤，利用正交试验设计$[L_9(3^4)]$，分析修复过程中的显著性影响因子和优化修复条件。尽管正交试验已被用于含PAHs土壤/泥浆的研究当中(Chen et al., 2008; Chen et al., 2010a; Simarro et al., 2012)，但是含PAHs泥浆的修复不同于石油污染土壤的修复(Tang et al., 2010)，而且风化了的实际石油污染土壤环境更为复杂，对于如何高效地进行修复，人们的认识还不足。为此，针对炼油厂附近石油污染的酸性土壤，首先，筛选出适宜的混合表面活性剂和固定化混合菌株，其次，通过盆栽实验，分别从改善土壤质地、提高有机污染物生物利用性和增强降解菌活性三方面考虑，实施60天的石油污染土壤修复，以期为石油污染土壤的微生物强化修复技术提供理论参考和技术支撑。

7.1 石油污染土壤的生物修复技术方案

7.1.1 修复土壤及材料选择

1. 待修复土壤

待修复的土壤土样采集自广州市增城区某炼油厂周围的土壤(23°19′10″N，113°33′44″E)，去除碎叶败枝等杂质后，采集5~20 cm深处的土壤，破碎之后装袋运回。风干混合均匀后，过2 mm筛网备用，其理化性质委托广东省土壤与生态研究所测试。土壤理化性质和颗粒组成各粒级含量如表7-1和表7-2所示。该石油污染土壤的pH较低(约4.2)，总石油烃含量较高，属于原油重污染的酸性土壤，质地是沙质黏壤土。该土壤有机质含量也较高，按照土壤有机质的含量约是有机碳含量的1.724倍计算，该土样的C、N、P质量比约为116∶4∶1。

表 7-1　实验所用土壤的理化性质

项目	检测值	分析方法
pH（水土比 2.5∶1）	4.18 ± 0.13	NY/T 1121.2—2006
有机质（质量分数）/%	3.89 ± 0.13	LY/T1237—1999
总氮（质量分数）/%	0.079 ± 0.003	LY/T1228—2015
总磷（质量分数）/%	0.022 ± 0.004	LY/T1232—2015
有效氮/(mg/kg)	63.67 ± 8.96	LY/T1229—2015
有效磷/(mg/kg)	9.07 ± 0.0.90	LY/T1232—2015
总石油烃（TPH）	13755 ± 223	热浸提法
土壤质地（美国制）	砂质黏壤土	LY/T1225—1999

表 7-2　土壤颗粒组成各粒级含量

	2.0~1.0 mm	1.0~0.5 mm	0.5~0.25 mm	0.25~0.05 mm	0.05~0.02 mm	0.02~0.002 mm	<0.002 mm
含量/%	12.14	20.56	14.96	9.54	2.01	13.87	26.92

2. 土壤改良剂

根据以上土壤理化性质和微生物降解所需的营养条件，有必要对污染的土壤进行改良，优化环境因子，以提高生物修复效率。

1) 酸性土壤改良剂

采用钙基工业固体废弃物热分解钾长石生产以 K、Si、Ca、Mg 和 S 为主要养分的酸性土壤专用型调理剂，此调理剂由华南理工大学石林教授提供(He et al., 2012)。该调理剂呈灰白色，颗粒状，pH 为 9.0~10.0，呈弱碱性，重金属含量低于农业用飞灰污染控制标准，主要成分如表 7-3 所示。使用前磨碎为粉末，添加量为 3‰。

表 7-3　酸性土壤改良剂的成分

成分	含量	广东土壤缺失程度
硫酸钾	10.34%~12.0%	钾 90%，硫 50%
枸溶性氧化钙	19.06%~32.28%	钙 50%
枸溶性二氧化硅	10.98%~14.46%	硅 22%
枸溶性氧化镁	1.46%~1.82%	镁 22%
铁、锌、硼和钼等	微量元素	几乎都缺失
pH	9.0~10.0	90%呈酸性，最低 2.8

2) 营养改良剂——无机复合肥

该土壤 C、N、P 比约为 116∶4∶1,而常常认为质量比 120∶14∶3(分子个数比为 100∶10∶1)最适于烃类化合物的生物降解,因此,该土样的氮磷含量相对较少。针对该土壤的营养情况,添加无机复合肥恩泰克(氮、磷、钾质量比为 22∶7∶11,总养分≥40%,含硝态氮,属硫酸钾型),以提高土壤营养成分。施用方式:三个水平分别是 0%、0.5%和 1.0%,即 1.5 kg 的土中施加 0 g、7.5 g 和 10 g 的无机复合肥。其中 7.5 g 和 10 g 的复合肥加入方式为:1/3 磨碎以水溶液方式加入作为速效肥,另外 2/3 以颗粒形式加入作为缓释肥。

3) 结构改良剂——固定化载体木屑

土壤膨松剂可增加土壤的孔隙度,从而有利于土壤内的空气、水分和营养等传递和流通,满足微生物呼吸所需要的氧气量,促进污染物的微生物降解。可选择木屑作为固定化细菌的载体(木屑可生物降解,价格低廉,属于废物回收利用),同时作为土壤膨松剂。本次选用的木屑(20~40 目,即 0.9~0.45 mm)其成分含量如表 7-4 所示。

表 7-4 木屑成分含量   (单位:%)

木屑成分含量				
纤维素	半纤维素	木质素	可萃取物	灰分
50.84	13.64	21.29	15.70	0.65

3. 石油降解菌

本次修复所选用的菌株有十六烷降解菌 GS3C(EU2821101)(吴仁人等,2009)、芘降解菌 GP3(EU233279)(陈晓鹏等,2008)、菲降解菌 GY2B(DQ139343)(陶雪琴等,2006)和稠油降解菌 GS05(贾群超,2011)。

培养菌株所用的无机盐培养基 MSM 和平板培养基 LB 配制如下。

(1) 无机盐培养基(MSM):详见 5.2.1 小节。

(2) 平板培养基(LB):5 g/L 牛肉浸膏,10 g/L 蛋白胨,5 g/L NaCl,18~20 g/L 琼脂,最后调节 pH 为 7.0 左右,高温高压灭菌 20 min,待冷却到 50~60℃倒平板备用。

修复所用原油为奥斯柏格(Oseberg)油(属于轻质油,密度为 0.863 g/cm^3)。原油培养基为含有 2000 mg/L 原油的 1 L MSM,调节 pH 为 7.2 左右。

4. 表面活性剂

为提高土壤中石油的生物可利用性,本次修复采用常用的阴-非离子表面活性剂 SDS-Tween80/TritonX100(曲拉通 100)作为对象并筛选合适的添加浓度和比例,其基本性质如表 7-5 所示。

表 7-5　修复研究中所用表面活性剂的基本性质

表面活性剂	化学式	离子类型	分子量	CMC/(mmol/L)
Tween80	$C_{64}H_{126}O_{26}$	非离子型	1311.68	0.012
TritonX100	$C_8H_{17}C_6H_4(OCH_2CH_2)_{9.5}OH$	非离子型	625	0.29
SDS	$C_{12}H_{25}OSO_3Na$	离子型	288.38	7.8

7.1.2　土壤修复方案设计

1. 阴-非离子混合表面活性剂的筛选

阴-非离子混合表面活性剂对土壤中的有机污染物有较好的增溶洗脱效果，同时又可降低非离子表面活性剂在土壤中的吸附和残留。因此，修复时选择常用的阴离子表面活性剂 SDS 和两种非离子表面活性剂，即 TritonX100 和 Tween80 研究，筛选出对待修复的原油污染土壤较合适的表面活性剂类型和配比。TritonX100 和 Tween80 的浓度均以其相应的临界胶束浓度(critical micelle concentration，CMC)表示，并与 SDS 构成 0.5∶1、1∶1 和 2∶1 的比例(物质的量比，下同)，具体浓度值如表 7-6 所示。

表 7-6　表面活性剂的设计浓度

SDS-TritonX100 体系	TritonX100	SDS		
		0.5∶1[b]	1∶1[b]	2∶1[b]
10[a] $CMC_{TritonX-100}$	2.90[c]	1.45[c]	2.90	5.80
5 $CMC_{TritonX-100}$	1.45	0.725	1.45	2.90
1 $CMC_{TritonX-100}$	0.29	0.145	0.29	0.58
SDS-Tween80 体系	Tween80	SDS		
		0.5∶1[b]	1∶1[b]	2∶1[b]
200 $CMC_{Tween 80}$	2.40	1.20	2.40	4.80
100 $CMC_{Tween 80}$	1.20	0.60	1.20	2.40
50 $CMC_{Tween 80}$	0.60	0.30	0.60	1.20

a. 混合表面活性剂中阴离子表面活性剂的浓度(相对于 CMC 值)；b. SDS 与 TritonX100/Tween80 的物质的量比；c. 例如，10 $CMC_{TritonX-100}$ 0.5∶1 指当 TritonX-100 的浓度是 10 $CMC_{TritonX-100}$ 时，即 2.9 mmol/L 时，SDS 的浓度是 1.45 mmol/L，SDS 和 TritonX-100 的物质的量比是 0.5∶1。

洗脱的具体操作步骤如下：①称取 2 g 待修复的石油污染的土样(干重)置于玻璃离心管中；②按照表 7-6 所示的浓度系列，配制混合表面活性剂溶液；③取 20 mL 配制好的混合表面活性剂溶液于离心管中，盖紧盖子，置于 25℃恒温摇床中 160 r/min 振荡 24 h；④取出离心管，4000 r/min 离心 10 min；⑤将 10 mL 上层清液转移至干净的离心管中，加入 10 mL 正己烷，振荡均匀，超声萃取 30 min 之后，4000 r/min 离心 10 min，取上面一层有机相过无水硫酸钠，并定容至 25 mL；⑥紫外分光光度计检测(224 nm)，并根据标线，计算原油被洗脱出的浓度。

2. 单菌株的筛选方法

原油是一种混合物，由直链烷烃、支链烷烃、环烷烃、芳香烃、沥青质及非烃类物质等组成，而一种微生物只能降解其中一种或几种成分，因此，本次修复将稠油降解菌 GS05 作为主要研究对象，与原油组分降解菌组合，构建高效原油降解混合菌。菌株间的组合和配比如表 7-7 所示。

表 7-7 菌株组合和配比

编号	菌株组合	配比
H1	GS05+GS3C	1：1
H2	GS05+GY2B	1：1
H3	GS05+GP3B	1：1
H4	GS05+GS3C+GY2B	1：1：1
H5	GS05+GS3C+GP3B	1：1：1
H6	GS05+GY2B+GP3B	1：1：1
H7	GS05+GY2B+GP3B+GS3C	1：1：1：1
H8	GY2B+GP3B+GS3C	1：1：1

单菌株筛选的具体步骤如下：①从平板上分别挑取单菌株菌落至相应的富集培养基中，培养 24 h；②离心收集菌体，并用生理盐水洗涤 2 遍，重悬在生理盐水中，使得菌悬液密度 OD_{600}=0.5；③按照表 7-7 中的组合和配比，制备混合菌菌液，以 4%比例将菌液加入相应的原油培养基中(30 mL 体系，原油初始浓度为 2000 mg/L)，30℃恒温摇床中 160 r/min 培养；④培养 96 h 和 192 h 时取出相应的样品，测定原油的残余浓度。

3. 混合菌的固定化

混合菌的固定化方法如下：①将单菌株分别在 30 mL 原油培养基中培养 5 天；②将 4%的上述培养液转移至新鲜的 LB 培养基中，富集培养 24 h；③离心收集菌体并用生理盐水洗涤 2 遍，最后重悬在生理盐水中，使 OD_{600} 为 0.5；④准备的单菌株 GS3C、GY2B 和 GP3B 以摩尔浓度比为 1：1：1 混合；⑤将 H8 菌液与灭菌过的干木屑在无菌环境下以 3：2 的比例(体积/质量)搅拌混合均匀，并用纱布密封，置于无菌环境下，室温(20～30℃)孵育 48 h，使用前于 4℃冰箱短期保存(不超过一周)。稀释平板计数固定化菌剂上的菌落数。

4. 正交试验设计

由于原油和土壤环境的复杂性,原油污染土壤的生物修复过程受到来自各方面的限制,除了受到污染土壤理化参数的影响,还涉及所添加的菌剂自身活性的问题(Boopathy, 2000)。因此,关键影响因子和最优操作条件的确定将有利于生物修复过程,使其更高效。如表 7-8 所示,本次修复选择四因素三水平正交表,总计 9 个试验进行修复处理,每个处理三个平行,以此优化原油污染土壤的修复过程(图 7-1)。

表 7-8　正交试验设计表 $[L_9(3^4)]$

	影响因子水平		
	1	2	3
菌剂的总添加量(质量分数)	2%	4%	6%
菌落数/(CFU/g 干土 [a])	5.97×10^6	1.19×10^7	1.79×10^7
菌剂的添加方式	1 次性	分 2 次	分 3 次
混合表面活性剂的量(体积/质量)/%	0%	3%	6%
无机复合肥的质量分数	0%	0.5%	1%

a. 菌落数(CFU/g 干土)是根据添加的固定化菌剂的量和菌剂上的菌落数计算得到的,与菌剂的总添加质量相对应,其中菌剂上的菌落数为 2.98×10^8 CFU/g 木屑。

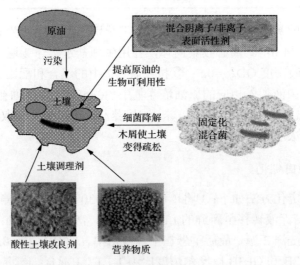

图 7-1　生物修复过程的示意图

IM 代指固定化菌和土著菌

修复所用容器为花盆(上口径/下口径/高分别为 170 mm/120 mm/150 mm),每个花盆中装 1.5 kg(干重)待修复的土壤,并按照以下步骤进行操作。

(1) 酸性改良剂(3‰,质量分数)提前一周加入土壤,使土壤酸性环境得以改善。

(2) 相应水平上的无机复合肥,取其中 2/3 的颗粒状复合肥直接与土壤搅拌,作为缓释肥,另外 1/3 的复合肥磨碎后,溶解至蒸馏水,用注射器缓慢且均匀地加入土壤,作为速效肥。

(3) 将配制好的阴-非离子混合表面活性剂按照相应的水平缓慢且均匀地注入土壤。

(4) 按照相应的水平和添加方式(1 次性、分 2 次和分 3 次,分别是指在初始、第 7 天和第 14 天时添加),将固定化混合菌加入土壤,并搅拌均匀。例如,6%的总菌剂量分三次添加就是在实验开始时先添加 2%的菌剂,第 7 天和第 14 天再相继添加 2%的菌剂至土壤中。再如,2%的总菌剂量分 2 次添加,即在实验开始时先添加 1%的菌剂,第 7 天再添加另外 1%的菌剂至土壤中。

每个花盆中的土样均含有相同质量的木屑(6%,不足的样品加入灭菌过的无菌木屑补足),以保证所有体系具有一致的土壤孔隙度。空白对照(BK)土样中含有 3‰酸性改良剂和 6%的木屑。修复过程中,将花盆置于室温(27~34℃)下,空气中的相对湿度为 40%~70%,每隔两天浇一次水,使花盆中土壤的含水率维持在 25%左右,并随机变换花盆位置,以减少其他未知因素对修复的影响。

7.1.3 修复效果分析方法

1. 水体中原油的萃取和检测方法

菌株筛选时,培养 96 h 和 192 h 后,取出相应的样品,检测 TPH 的残留浓度,具体步骤如下:①每个锥形瓶中加入 10 mL 正己烷,振荡均匀;②300 W 处超声 30 min(水浴温度低于 35℃);③静置片刻,将上面一层有机相转移至离心管中,4000 r/min 离心 10 min;④取上面有机相过无水硫酸钠干燥之后,至 25 mL 容量瓶;⑤再次将 10 mL 正己烷加入锥形瓶中,振荡,超声萃取,离心和过无水硫酸钠干燥,转移至同一容量瓶中,最后定容至 25 mL;⑥利用紫外分光光度计在 224 nm 处检测所萃取的 TPH 浓度,根据标线可检测的浓度范围,所萃取的原油样品视情况进行稀释,之后再检测。

2. 土壤中原油的萃取和检测方法

盆栽试验过程中,分别在第 7、14 和 60 天时取样,采用五点法进行取样,每个盆中取约 20 g 的土样。将取得的土壤样品冷冻干燥后,进行磨碎和过 60 目

(0.3 mm)的筛网,以备萃取和分析 TPH,具体方法如下。

(1) 取 5 g 土样置于 50 mL 玻璃管中,加入 20 mL 二氯甲烷,密封,置于 38℃热浸 12 h 左右。

(2) 振荡片刻,将样品置于超声池中,300 W 处超声 30 min(水浴温度低于 35℃)。

(3) 4000 r/min 离心 15 min 之后,收集上层清液至 100 mL 的鸡心瓶中。

(4) 沉淀再加 20 mL 二氯甲烷,超声萃取,离心收集上层清液,重复 2 次。

(5) 合并上层清液至同一鸡心瓶中,旋转蒸发溶剂二氯甲烷,浓缩为 1 mL 左右,放置通风橱中,使得残余的二氯甲烷挥发。

(6) 用少量正己烷溶解鸡心瓶中的残油(可密闭超声片刻,充分溶解,多次润洗鸡心瓶),过无水硫酸钠(400℃活化 4 h)。

(7) 滤液用重蒸过的正己烷稀释并定容至 25 mL。

(8) 利用紫外分光光度计在 224 nm 处检测所萃取的 TPH 浓度,根据标线($R^2=0.9997$)可检测的浓度范围,所萃取的原油样品视情况进行稀释,之后再检测。最后根据下面的公式,计算土壤样品中的 TPH 浓度值及土壤中 TPH 的去除率。

$$M=\frac{AnV}{m} \tag{7-1}$$

$$R=\frac{M}{M_0}\times 100\% \tag{7-2}$$

式中,M(mg TPH/kg 干土)是计算得到的土壤中 TPH 浓度值;A(mg/L)是在 224 nm 处根据标线得到的 TPH 检测值;n 是稀释倍数;V 是容量瓶刻度,即 25 mL;m(g)是干土质量;R 是 TPH 的去除率;M_0 是土壤中初始 TPH 浓度值,即 13755 mg/kg。

3. 土壤中含水率、pH 和盐度的检测方法

(1) 土壤含水率的测定:称取少量土样至恒重的铝盒内,105℃烘 12 h 以上,直至恒重并称量,根据烘干前后的质量差和土样的干重,计算水分的含量。

(2) 土壤 pH 的测量:将土样过 2 mm 的筛网,称取少量过筛后的土样至烧杯中,加入蒸馏水,使水土质量比为 2.5∶1,搅拌均匀,边搅拌边用 pH 计测量 pH,所得值即为土壤的 pH。

(3) 土壤盐度的测量:使用便携式土壤盐度计 HI 993310 在线测量,即在花盆中,将探头插入土壤,直接读数,并多点测量($N\geqslant 5$),最后取平均值。

4. 数据分析方法

正交试验的显著性分析采用软件 SPSS 13.0(SPSS Inc. Illinois,USA)进行分析。

7.2 石油污染土壤的生物修复效果

7.2.1 表面活性剂的筛选结果

表面活性剂增效修复(surfactant enhanced remediation, SER)是常见的土壤有机污染修复技术，即利用表面活性剂等增效试剂的增溶作用，将有机污染物从土壤中洗脱出来，并提高其生物可利用性，促进生物降解。阴离子表面活性剂的沉淀及非离子表面活性剂在土壤上的吸附都将降低表面活性剂在液相中的有效浓度，从而降低表面活性剂的增溶-洗脱效率。同时，阴离子表面活性剂可大大降低非离子表面活性剂在黏土矿物上的吸附。因此，使用阴-非离子混合表面活性剂可降低土壤对非离子表面活性剂的吸附，从而提高非离子表面活性剂在液相中的浓度及表面活性剂的增溶洗脱效率，同时降低阴离子表面活性剂的用量，减少二次污染(Mao et al.，2015)。

本修复选择 SER 中常用的三种表面活性剂 Tween80、TritonX100 和 SDS 进行筛选。TritonX100 分别在 10 CMC、5 CMC 和 1CMC 浓度下与 SDS 构成 0.5∶1、1∶1 和 2∶1 的比例，Tween80 分别在 50 CMC、100 CMC 和 200 CMC 浓度下与 SDS 构成 0.5∶1、1∶1 和 2∶1 的比例，使 SDS 的物质的量在同一个范围，比较不同配比对土壤中石油的洗脱效果，以期得到最佳表面活性剂的类型和配比。

结果如图 7-2 所示。在 SDS-TritonX100 体系中，混合表面活性剂浓度对其影响较大，随着表面活性剂浓度的增加，从原油污染的土壤中洗脱出的 TPH 浓度提高，即洗脱效果提高。在 TritonX100 浓度为 10 CMC 时，洗脱量近乎浓度为 5 CMC 时的 2 倍，浓度为 1 CMC 时的 4 倍。但在同一 TritonX100 浓度下，SDS

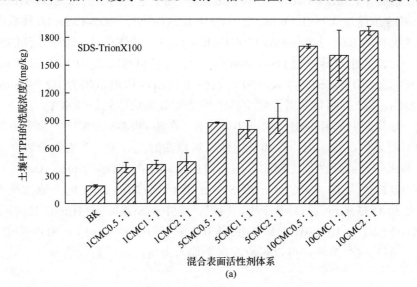

(a)

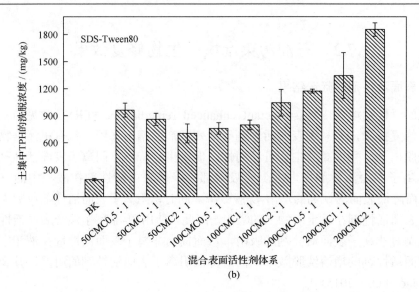

图 7-2　不同混合表面活性剂体系对原油污染土壤的洗脱效果

与 TritonX100 的比例对洗脱效果影响不大。在 SDS-Tween80 体系中，当 Tween80 浓度为 50 $CMC_{Tween80}$ 和 100 $CMC_{Tween80}$ 时，从原油污染的土壤中洗脱出的 TPH 的量无显著性差异，也不受 SDS 与 Tween80 比例的影响；在高浓度时，即 200 $CMC_{Tween-80}$ 时，其洗脱效果随着 SDS 比例的增加而提高。

对 SDS 在体系中的浓度大小进行分析，得出如下结果：①SDS-TritonX100 体系中 SDS 浓度为 0.15～0.58 mmol/L（1 $CMC_{TritonX100}$）时，SDS-Tween80 体系中相似 SDS 浓度范围为 0.3～1.2 mmol/L（50 $CMC_{Tween80}$），此时 SDS-Tween80 体系对原油的洗脱效果比 SDS-Tween100 体系效果好，几乎是它的 2 倍。②SDS-TritonX100 体系中 SDS 浓度为 0.7～2.9 mmol/L（5 $CMC_{TritonX100}$）时，SDS-Tween80 体系中相似 SDS 浓度范围为 0.6～2.4 mmol/L（100 $CMC_{Tween80}$），两体系对土壤中原油的洗脱效果相似，无显著性差异。③SDS-TritonX100 体系中 SDS 浓度为 1.45～5.8 mmol/L（10 $CMC_{TritonX100}$）时，SDS-Tween80 体系中相似 SDS 浓度范围为 1.2～4.8 mmol/L（200 $CMC_{Tween80}$），两体系对土壤中原油的洗脱效果均达到最佳水平。

进一步进行归类和分组，如表 7-9 所示。在相同 SDS 浓度下，除 I 组洗脱效果差距不明显外，II、III、IV 和 V 组体系对原油的洗脱量均随着混合表面活性剂浓度和非离子表面活性剂比例的升高而增加。最终在 SDS-TritonX100 体系中，TritonX100 浓度为 10 CMC 且 $n(SDS):n(TritonX100)=2:1$ 时，原油洗脱效果最佳，达到 1873.9 mg TPH/kg 干土。所以，选择 $n(SDS):n(TritonX100)=2:1$，TritonX100 浓度为 10 CMC，即 TritonX100 浓度为 2.9 mmol/L，SDS 浓度为 5.8 mmol/L，配制成水溶液，再以相应的水平加入土壤，用于后续的修复实验。

表 7-9 归类和分析不同阴-非离子混合表面活性剂体系对待修复土壤的洗脱量

分组	混合表面活性剂体系	n(SDS) : n(TritonX100/Tween80)	SDS 浓度/(mmol/L)	洗脱量/(mg/kg)
I	50 CMC$_{Tween80}$	1 : 1	0.60	859.7 ± 68.1
	100 CMC$_{Tween80}$	0.5 : 1	0.60	758.6 ± 64.2
II	50 CMC$_{Tween80}$	2 : 1	1.2	702.9 ± 105.0
	100 CMC$_{Tween80}$	1 : 1	1.2	797.1 ± 53.2
	200 CMC$_{Tween80}$	0.5 : 1	1.2	1174.1 ± 21.0
III	5 CMC$_{TritonX100}$	1 : 1	1.45	803.5 ± 94.8
	10 CMC$_{TritonX100}$	0.5 : 1	1.45	1706.5 ± 21.3
IV	100 CMC$_{Tween80}$	2 : 1	2.4	1043.0 ± 148.2
	200 CMC$_{Tween80}$	1 : 1	2.4	1345.7 ± 254.2
V	5 CMC$_{TritonX100}$	2 : 1	2.9	924.9 ± 163.6
	10 CMC$_{TritonX100}$	1 : 1	2.9	1607.6 ± 273.9
VI	10 CMC$_{TritonX100}$	2 : 1	5.8	1873.9 ± 47.5

综上所述,表面活性剂在 CMC 值以上时,能显著增加原油的表观溶解度。混合表面活性剂对石油产生协同增溶作用主要是因为阴离子表面活性剂与非离子表面活性剂形成混合胶束和混合吸附层,使原来带负电荷的表面活性剂间的排斥作用减弱,胶束更易形成,从而使混合表面活性剂的 CMC 值较单一表面活性剂有较大程度降低。

7.2.2 单菌株的筛选结果

1. 单菌株的筛选

如图 7-3 所示,共培养 36 h 和 96 h 后,单菌株和混合菌株对原油的去除效果均不明显,去除率均不超过 20%。但是共培养 192 h 之后,不同处理对原油的去除效果显现出差别,其中添加烷烃降解菌 GS3C 菌株的处理中,原油的去除率为 26.75%,混合菌株 H2、H5、H7 和 H8 处理中,原油的去除率分别为 25.6%、33.8%、34.3%和 50.9%。效果较好的 H5、H7 和 H8 处理中,均含有三种或以上菌株,其中 H8 是由烷烃降解菌 GS3C、菲降解菌 GY2B 和芘降解菌 GP3B 组成,对原油的去除效果最佳,这与何丽媛等(2010)的研究结果一致。然而其他处理对原油去除效果不明显,均低于 20%。尽管 GS05 是稠油降解菌,但是其对本修复体系中 2000 mg/L 的轻质油的降解效果却不佳,与其他原油组分降解菌组合之后(如 H1、H3 和 H6),对原油的去除效果并没得到改善,反而有的效果更差。

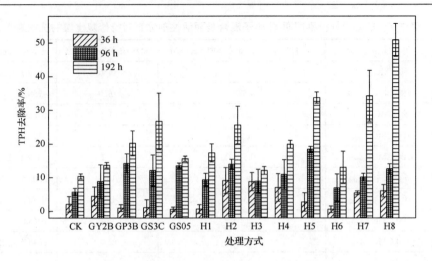

图 7-3　单菌株和混合菌株对水体中原油的去除率

培养过程中混合菌株在平板上的生长情况见表 7-10 所示，可得出如下结论。

表 7-10　平板上菌株的生长情况

编号	同一平板上菌株的生长情况(96 h)	同一平板上菌株的生长情况(192 h)	原油去除率(192 h)
H1	GS05 占优势	GS05 无	17.4%
	GS3C 很少	GS3C 铺满	
H2	GS05 相对少	GS05 相对少	25.6%
	GY2B 相对多	GY2B 相对多	
H3	GS05 占优势	GS05 占优势	12.1%
	GP3B 很少	GP3B 很少	
H4	GS05 相对少	GS05 相对少	19.9%
	GS3C 无	GS3C 无	
	GY2B 占优势	GY2B 占优势	
H5	GS05 占优势	GS05 占优势	33.8%
	GS3C 无	GS3C 无	
	GP3B 相对少	GP3B 相对少	
H6	GS05 较多	GS05 较多	13.1%
	GY2B 较多	GY2B 较多	
	GP3B 较少	GP3B 较少	
H7	GS05 较多	GS05 较多	34.3%
	GS3C 无	GS3C 无	
	GP3B 较少	GP3B 较少	
	GY2B 较多	GY2B 较多	
H8	GS3C 占优势	GS3C 占优势	50.9%
	GP3B 较少	GP3B 较多	
	GY2B 较多	GY2B 较多	

(1) 稠油降解菌 GS05 总是抑制烷烃降解菌 GS3C 的生长，GS05 菌株主要降解原油中的烃类化合物，而 GS3C 菌株同样主要以烷烃类化合物为碳源，菌株 GS05 与 GS3C 之间可能存在竞争关系，相互竞争碳源和营养物质。总之，在原油培养基中，GS05 菌株对原油的降解能力不如 GS3C 菌株，但是在平板上，当两者共存时，GS05 菌株总是抑制 GS3C 菌株的生长。

(2) GS05 菌株可以与 GY2B 菌株在平板上良好共存。

(3) 稠油降解菌 GS05 与芘降解菌 GP3B 也可以在平板上共存，但是菌株 GS05 占主要优势。

(4) 烷烃降解菌 GS3C、芘降解菌 GP3B 和菲降解菌 GY2B 三者之间可以在平板上良好共存，此环境下对原油的去除效果最佳。在 96 h 时，总菌的菌落数较多，菌株 GS3C 占优势，主要是利用原油中的烷烃成分，到了后期 192 h 时，菲降解菌 GY2B 和芘降解菌 GP3B 较多，此时，可能主要是利用原油中较难降解的 PAHs。

综上所述，并不是所有混合菌都能强化原油的去除效果，也并不是菌株组合越多越能达到更好的效果（如 H7 和 H8）。菌株之间可共生，且可降解原油中不同组分的混合菌 H8（GS3C+GY2B+GP3B）对原油的去除效果最佳，去除率达到 50.9%。

2. 菌株降解原油的特点

在菌株驯化培养过程中，发现不同菌株与水体中原油的作用所呈现出的现象是不同的。菌株 GS05、GS3C、GP3B 和 GY2B 在原油培养基中的初期时（共培养的前 2 天），原油基本是漂浮在水面上或黏附在瓶壁上，但是到了中后期（5 天之后），不同的菌株与培养基中的原油相互作用后呈现出的现象不同。例如，添加 GS05 菌株的处理中，原油漂浮于水面并呈现一个个小的原油油圈；添加 GS3C 菌株的处理中，原油呈现薄层片状，漂浮于水面；添加 GP3B 菌株的处理中，原油呈现腐泥状，结块漂浮在水面上或黏附在瓶壁上；添加 GY2B 菌株的处理中，原油部分呈现黑色球状小液滴漂浮在水面，部分同 GP3B 类似。这可能与菌株在代谢原油组分的过程中分泌的胞外物质有关，也可能与原油组分代谢产物有关。四种菌株中对原油去除效果较好的是 GS3C 菌株，这可能与原油呈现薄层片状并漂浮于水面有关，原油在水中的表面增加更有利用于菌株接触原油，从而强化了原油的去除效率。

7.2.3 正交试验修复结果及应用

1. 正交试验修复情况分析

1) 修复效果

如图 7-4 所示，待修复的原油污染的土壤中初始 TPH 含量为（13755±223）mg/kg。7 天后，样品 II（一次性添加 4% 的总菌剂）和样品 IV（2% 的总菌剂分 2 次添加，及 3% 的表面活性剂）中的 TPH 浓度开始显著性地下降，TPH 去除率分别为 23.7% 和 16.9%。然而，其他处理中的 TPH 含量并无明显变化。在第 14 天时，空白对照中的 TPH 去除率增加到 34.1%，但是样品Ⅱ和样品Ⅳ中的 TPH 从第 7 天到第 14 天时却不再明显变化，此时，其他处理中的 TPH 去除情况变化均不显著。

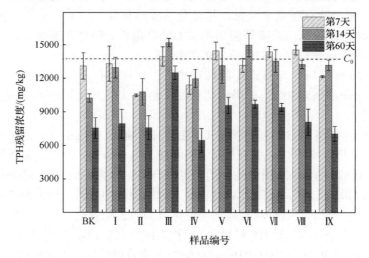

图 7-4　不同处理中土壤中原油分别在第 7、14 和 60 天的残留浓度

如表 7-11 所示，经过 60 天的修复，大部分处理中的 TPH 含量有了显著降低，尤其是样品Ⅳ。样品Ⅳ、Ⅸ(6%的总菌剂分 3 次添加，及 6%的表面活性剂)、空白对照和Ⅱ中 TPH 的去除率相对较高，经过 60 天的处理，分别达到 53.0%、48.7%、45.1%和 44.9%。这 4 个处理的共同特点是它们均没添加无机盐复合肥(0%)。值得注意的是，即使是空白对照样品中的 TPH，其去除率在第 60 天时也达到了 45.1%，仅比 TPH 去除效果较好的样品Ⅸ低一点。相反，样品Ⅲ、Ⅴ和Ⅶ含有最高水平的无机盐复合肥(1%)，其 TPH 去除率却较低。因此，用来提高土壤营养水平的无机盐复合肥并没有促进原油的去除，反而抑制了本次修复中所用原油污染土壤(初始 C、N、P 质量比为 116∶4∶1)的修复。

表 7-11　正交试验在 60 天时 TPH 的去除率

样品编号	菌剂总量质量分数/%	菌剂添加方式	表面活性剂总量/%(体积/质量)	无机复合肥的总量质量分数/%	TPH 在 60 天时的去除率/%
BK	0	1 次性	0	0	45.1
Ⅰ	2	1 次性	6	0.5	42.3
Ⅱ	4	1 次性	0	0	44.9
Ⅲ	6	1 次性	3	1	9.0
Ⅳ	2	分 2 次	3	0	53.0
Ⅴ	4	分 2 次	6	1	30.2
Ⅵ	6	分 2 次	0	0.5	29.3
Ⅶ	2	分 3 次	0	1	31.4
Ⅷ	4	分 3 次	3	0.5	41.0
Ⅸ	6	分 3 次	6	0	48.7

2. 土壤盐度对修复效果的影响

由以上修复试验可知，含有最高水平无机盐复合肥的处理中，其 TPH 去除率却较低。因此，对样品中的盐度进行检测，结果如图 7-6 所示。空白对照、样品 Ⅱ (菌剂总量 4%，一次性添加)、样品 Ⅳ (菌剂总量 2%，分两次添加，3%的表面活性剂) 和样品 Ⅸ (菌剂总量 6%，分三次添加，6%的表面活性剂) 这四个处理中的土壤盐度分别为 0.56、0.73、0.76 和 0.76。它们的共同特点是没有添加无机盐复合肥，具有相对较低的土壤盐度和相对较高的原油去除率。样品 Ⅶ (菌剂总量 2%，分三次添加，1%的无机盐复合肥)、样品 Ⅲ (菌剂总量 6%，一次性添加，3%的表面活性剂和 1%的无机盐复合肥) 和样品 Ⅴ (菌剂总量 4%，分两次添加，6%的表面活性剂和 1%的无机盐复合肥) 这三个处理含有最高水平的无机盐复合肥，同时检测到含有较高的土壤盐度 (分别为 1.10、1.25 和 1.29) 和较低的原油去除率。因此，土壤盐度、原油去除率和无机盐复合肥三者之间有着密切的关系。

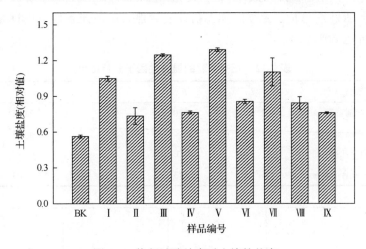

图 7-6 修复试验结束时土壤的盐度

原油污染的土壤中常常因为含有较高的碳源，导致氮磷等营养的相对缺失，从而影响生物修复的效力。因此，添加氮磷等营养物质成为生物修复常用的技术手段 (Tyagi et al., 2010)。在本修复中，添加菌剂进行处理时，部分原油去除率达到 40%以上，但是有些条件下的去除效果却不理想。例如，添加最高水平 (1%) 无机盐复合肥的处理中，具有较高的土壤盐度和较低的原油去除率。基于微生物细胞的组成成分和一般微生物碳源转化效率 (carbon conversion efficiency, CCE)，理论计算得 C、N、P 的质量比为 120∶14∶3 (分子个数比为 100∶10∶1) 时最有利于微生物的代谢，此比例常被推荐用于生物修复中 (Leys et al., 2005)。但修复试验结果却表明，土壤中的 C、N、P 质量比为 116∶4∶1，额外添加无机盐复合将样品Ⅳ修复前和修复后的情况进行对比,修复前的土壤散发出一股刺鼻的气味,土壤总细菌量很少(大约 10^4 CFU/g),土壤板结,蓬松度较差,pH 较低,为 4.1~4.3。修复后的土壤,刺鼻气味消失,总细菌量达到 10^6 CFU/g 以上,土壤较蓬松湿润,pH 提高到 5.6,更有利于微生物多样性的恢复和作物的生长。

2) 显著性分析和最优条件

基于样品在第 60 天时的 TPH 去除率,进行正交试验因素间的方差分析,如表 7-12 所示。在 TPH 的去除过程中,无机复合肥是最显著性的影响因子($P = 0.000$,$P \ll 0.05$),其次是菌剂总量($P = 0.001$)和菌剂添加方式($P = 0.035$),而表面活性剂总量对 TPH 的去除影响不大($P = 0.117$)。总之,无机复合肥总量、菌剂总量和菌剂添加方式这三个因素显著性地影响了所用原油污染的酸性土壤的修复效果。对同一因素的水平效应进行分析,如图 7-5 所示,生物修复本实验所用的原油污染酸性土壤的最佳条件为 2%的固定化混合菌菌剂总量(5.97×10^6 CFU/g 干土)分三次添加(初始,第 7 天和第 14 天)和 6%(体积/质量)的阴-非离子混合表面活性剂总量,无须添加无机盐复合肥,在最佳条件下进行修复,TPH 的去除率可达 60%以上。

表 7-12 正交试验的显著性因子分析结果

影响因子	F	P
菌剂总量	10.70	0.001
菌剂添加方式	4.08	0.035
表面活性剂总量	2.43	0.117
无机复合肥总量	36.73	0.000

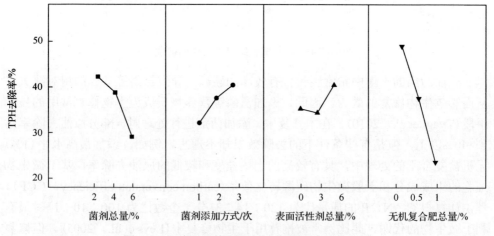

图 7-5 影响因子的不同水平对 TPH 去除的影响

肥可导致过高的土壤盐度和抑制土壤中原油的去除,可能的原因是过高盐度的环境不利于细菌的存活,抑制了细菌对原油的代谢活性(Leys et al.,2005;Thavasi et al.,2011)。Kästner 等(1998)曾报道将细菌和无机盐一起加入体系,碳氢化合物的降解是被抑制的,但如果将无机盐换成水,细菌却可以很好地利用碳氢化合物。这些结果表明,在实际修复过程中,应根据具体特定环境考虑是否需要加入无机盐复合肥。当土壤中的可用氮源和磷源确实贫瘠时,添加氮磷营养可能是有效的。其他研究者也建议(Chen et al.,2010a;Komilis et al.,2010),降解碳氢化合物的环境中的盐度应在一定的范围内,才有利于生物修复。

3. 修复中的措施讨论及建议

生物强化修复原油污染的土壤,即添加具有降解能力的微生物到污染的场地,可增加目标污染物的降解速率和范围。然而,在实际应用中,外源菌加入土壤后常常很快就失去代谢活性或死亡,达不到生物强化的目的(Van Veen et al.,1997;Tyagi et al.,2010;de la Cueva et al.,2016)。除了受非生物因素如土壤中的含水率、pH、营养状况、土壤类型和可用基质等的影响,生物因素也会显著性地影响添加菌的存活率和代谢活性,如添加菌本身固有的生理特征、外源菌和土著菌之间的竞争和原生动物的捕食等。因此,可以采取以下措施增加添加菌的存活率和代谢活性,从而提高土壤中目标污染物的降解。

(1)利用混合菌 H8(既可降解脂肪族又可降解芳香族碳氢化合物),而不是单一菌株。一般来说,一种类型微生物仅可降解原油组分中的一部分化合物,而原油是复杂的混合物,主要包括直链和支链烷烃、环烷烃和芳香烃等。笔者实验室的前期研究结果表明(Tang et al.,2010):十六烷降解菌 GS3C 可以降解链烷烃和烷基-环烷烃,不可以降解烷基-芴/菲;菲降解菌 GY2B 可以降解烷基-萘/芴/菲,但是降解链烷烃和烷基-环烷烃却不足10%。其他研究结果也表明,混合菌株可提供较丰富的代谢多样性和菌株间的协同效应,因此可以高效地去除复杂的混合物(Sathishkumar et al.,2008;Xu et al.,2013)。

(2)将混合菌株 H8 固定在多孔性的载体上,而不是简单地以游离的菌液状态加入土壤。固定化基质为添加菌提供一个有利于其存活的友好环境,保护其远离原生动物的捕食、与土著菌群竞争、环境条件变化(如温度、pH 和水分等)和有毒化合物(Tyagi et al.,2010;Bayat et al.,2015;Paisio et al.,2016)。另外,固定化载体材料可以吸附并富集有机污染物,缩短固定化菌与目标污染物的距离,从而克服一定的传质限制。固定化载体也可作为土壤膨松剂,增加土壤孔隙度,从而更有利于基质、营养、水分和氧气在基质内传递和扩散(Kauppi et al.,2011)。

如图 7-4 所示,尽管空白对照中只加了土壤酸性改良剂和木屑,并没有添加降解菌,空白对照中 TPH 去除率(60 天)仍高达 45.1%。这说明土壤中的土著菌可能被土壤添加剂激活。相反,如表 7-11 所示,样品Ⅲ(菌剂总量 6%,一次性添加,3%的表面活性剂和 1%的无机盐复合肥)中 TPH 去除率(60 天)却只有 9.0%,尽管样品Ⅲ和空白对照中含有相同数量的土壤酸性改良剂和木屑。这种现象的可能原因是高水平的添加菌、中等水平的表面活性剂和高水平的无机盐复合肥三者之间的共存显著地相互影响并抑制了原油的去除。因此,木屑作为土壤膨松剂和固定化菌的载体,具有较好的应用前景,常被推荐作为经济环保的吸附材料和固定化载体材料(Ma et al.,2016)。Obuekwe 等(Fan et al.,1995)的研究结果表明,木屑固定化的菌剂具有较好的稳定性和恢复力,将其置于液体培养基中六周,仍具有较好的代谢活性,即使是在 45℃高温条件下。

(3)考虑添加不同的生物量,即菌剂的大小。菌剂的大小不仅对污染物的去除有较大的影响,而且还关系着生物修复的成本。在本次修复研究中,菌剂的添加总量对去除土壤中的原油具有显著的影响($P = 0.001$)。确实,菌剂的大小可能在微生物加入土壤后的适应期、添加菌对污染物的耐受性和污染物的降解效率等方面有一定的影响。一些研究表明,外源菌的存活和在土壤中的定殖确实受到菌剂大小的影响(Chen et al.,2001;Chen et al.,2008;Xu et al.,2010;Simarro et al.,2012)。影响的程度可能取决于所处生态体系的复杂性,如原生动物捕食、菌种间竞争、添加菌的固有生理特征、污染物水平和性质、营养物质的不足等各种生物和非生物压力因子(Ramadan et al.,1990;Van Veen et al.,1997)。另外,在实施生物修复时,$10^6 \sim 10^8$ CFU/g 土的菌剂量被建议是比较理想的(Dejonghe et al.,2001)。在本研究中,并不是添加越多的菌剂,修复效果就越好,添加 2%的固定化菌剂就足以达到 5.97×10^6 CFU/g 干土的水平。

(4)采取不同的添加方式,即在不同时间点重复多次添加菌剂,而不是在实验初始时一次性加入土壤。本次修复试验结果表明,菌剂的添加方式对土壤中原油的去除具有显著性影响($p = 0.035$),而且多次添加菌剂比在实验初始时一次性添加菌剂更有效。例如,固定化混合菌菌剂如果以最低水平 2%(5.97×10^6 CFU/g 干土)分三次添加(分别在初始、第 7 天和第 14 天)至土壤中,TPH 的去除率最高可到 60%。其他研究者(Ma et al.,2015;Schwartz et al.,2001)也报道多次添加小剂量的菌剂确实可以增加污染物的矿化率,可能是因为这种方式诱导了微生物代谢酶的持续产生或提供了较新鲜的降解基因。

(5)利用阴-非离子混合表面活性剂,而不是单一表面活性剂。一般而言,人们认为生物降解土壤中的疏水性有机污染物(hydrophobic organic contaminants,HOCs)主要受限于溶解在水相中的 HOCs 部分(Johnsen et al.,2005)。阴-非离子混合表面活性剂被认为可以促进 HOCs 从土壤固相中解吸到土壤水相中,从而提高 HOCs 的生物可利用性,供微生物降解(Johnsen et al.,2005)。然而,土壤基质具有空间异质性,很多实验室的研究是基于饱和水状态下筛选最优的表面活性剂。

因此，实验室研究和场地修复之间存在一定的差异。由 7.2.1 小节可知：在饱和水状态下洗脱实验所用原油污染的酸性土壤，最佳的表面活性剂浓度和组合为 TritonX100 浓度为 10 CMC 时，即 TritonX100 浓度为 2.9 mmol/L，$n(SDS):n(TritonX100)=2:1$。然而，在接下来的土壤修复过程中，当土壤的含水率为最大持水量的 60%~70%，即 20%~25%时，使用此表面活性剂浓度和组合对土壤中原油的去除并没有起到积极的作用，表面活性剂的量并不具有显著性的影响。

综上所述，生物修复土壤(包括生物强化和生物刺激)是利用具有降解污染物能力的微生物达到去除给定环境中污染物毒性的目的。在土壤生物修复的三维空间里，涉及多维度多层次的影响因素，包括微生物的代谢维度、污染物的化学维度和土壤环境的非生物维度(De Lorenzo, 2008)，分别对应图 7-7 所示的"微生物"、"原油化合物"和"土壤颗粒"，不同维度之间的相互作用错综复杂。本次石油污染土壤的生物修复，分别从这三个维度中筛选主要因子，通过正交试验，探索生物修复的可行性措施。随着系统生物学的发展，生物修复技术将成为一种生态友好、经济适用和高效的原位修复技术。

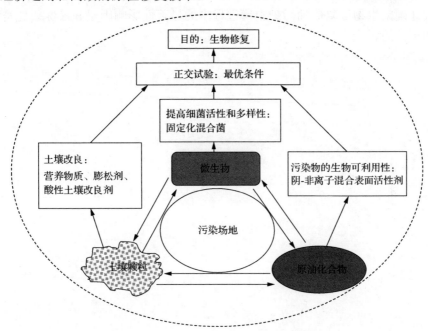

图 7-7　在原油污染土壤基质中土壤颗粒、原油化合物和微生物三者之间关系示意图
外圈虚线附近代表外界环境，内圈代表原油污染土壤的现状和修复，土壤颗粒、原油化合物和微生物之间的箭头代表它们之间可能发生的相互作用，如吸附、解吸、污染、降解、毒害、解毒、生态平衡被破坏和恢复等。

4. 正交试验的生物修复应用

生物修复原油污染的土壤是一个复杂的过程，受限于各种各样的因子，其中包括污染物的本性、土壤微环境和微生物的代谢活性等。正交试验设计结合统计分析方法已经成功应用于很多科学领域，以检测主要影响因子的显著性和优化操作条件。如表7-13总结了正交试验设计在有机物污染环境中的应用实例，可以看出不同的体系受限的影响因子是不同的，因此，生物修复过程需要具体问题具体分析。实地修复实施前，可以在实验室或模拟场地通过正交试验设计进行可行性研究，确定从土壤中去除污染物的最优措施，以节省大规模修复的时间和成本(Balba et al.，1998；Tyagi et al.，2010)。

在本修复试验中，为了修复高浓度原油污染的酸性土壤，选择了4个主要影响因子及其3个水平，通过正交试验设计实施了9个不同处理的小试实验，并最终确定了显著性的影响因子和最优的条件。如果利用传统的完全析因设计达到同样的目的，需要实施64(4^3)个实验体系。显然，正交试验设计可以显著降低工作量。然而，正交试验设计的一个限制是它仅仅考虑一阶效应，不考虑因素间的交互作用。Salanitro等(1997)报道在风化了的原油污染土壤中，部分原油组分的去除常常遵循一级动力学方程，因此，上面提到的限制可以忽略。总之，利用正交试验设计确定生物修复原油污染土壤过程中的显著性影响因子和最优条件是经济高效和可行的。

表 7-13 正交试验设计在生物修复有机物污染环境中的应用实例

体系 [a]	添加菌	正交设计	显著性因子	参考文献
水溶液：锥形瓶中加 50 mL 溶液；溶液中分别加入 0.1 g/L 的 Dib、Phe 和 Pyr	混合菌：Enterobacter, Pseudomonas, Stenotrophomonas	$L_{18}(3^7)(2^1)$	对细胞生长有显著性影响的因子：温度、碳源和菌剂接种量 对污染物降解有显著性影响的因子：仅碳源	Simarro 等 (2012)
底泥泥浆 1：锥形瓶中加 100 g 底泥和 100 mL 灭菌蒸馏水；其中底泥中添加 Phe 的浓度为 50 mg/kg 或 100 mg/kg	纯菌：Sphingomonas sp. 或 Mycobacterium sp.	$L_9(3^4)$	对 Phe 降解有显著性影响的因子：底泥类型、添加菌的种类和盐度 非显著性因子：其他 PAHs（Fl 和 Pyr）的共存	Chen 等 (2010)
底泥泥浆 2：锥形瓶中加 100 g 底泥和 100 mL 灭菌蒸馏水；其中底泥中添加 Phe 的浓度为 5~55 mg/kg	纯菌：Sphingomonas sp.	$L_{16}(4^5)$	对 Phe 降解有显著性影响的因子：污染物浓度、营养浓度 非显著性因子：盐度和温度	Chen 等 (2008)
污泥：烧杯中加 60 g 干重的油泥；油泥 TPH 含量为 (334766 ± 7001) mg/kg	无	$L_9(3^4)$	对 TPH 去除和 CO_2 产量有显著影响的因子：含水率、氮源和表面活性剂 非显著性因子：氧化剂	Castorena-Cortés 等 (2009)
泥浆：锥形瓶中添加 5 g 土壤和 15 mL 水，其中土壤中添加 Flu 的浓度为 20 mg/kg	纯菌：Herbaspirillum chlorophenolicum sp.	$L_{18}(3^6)$	对 Flu 降解有显著性影响的因子依次为：Flu 浓度、菌剂接种量、盐度、表面活性剂浓度、水土比和氮磷比	Xu 等 (2010)
土壤 1：烧杯中添加 10 g 土壤，其中土壤中添加原油 50 mL/kg	混合菌：三株 Pseudomonas 1:1:1 混合	$L_{18}(3^7)(2^1)$	对原油去除有显著性影响的因子：曝气和菌剂接种量，其次是碳源浓度、氮源和湿度 非显著性因子：活性污泥和堆肥的添加	Aghamiri 等 (2011)
土壤 2：玻璃瓶中添加 25 g 土壤；其中土壤中添加 40 g/kg 柴油	无	$L_8(2^{4-1})$	对 CO_2 产量、碳氢降解菌群和原油去除有显著性影响的因子依次为：废弃物类型和含量、碳氮比和含水率	Molinabarahona 等 (2004)
土壤 3：花盆中添加 1500 g 实际原油污染的土壤；土壤中含 TPH 13755 mg/kg	构建的混合菌株并固定在木屑上	$L_9(3^4)$	对原油去除有显著性影响的因子：无机复合肥、菌剂接种量和接种频率 非显著性因子：表面活性剂	本书

注：Phe 为菲；Pyr 为芘；Fl 为芴；Dib 为氧芴；Flu 为荧蒽；Chr 为䓛。

参 考 文 献

阿特拉斯 R M. 1991. 石油微生物学. 黄第藩, 谭实译. 北京: 石油工业出版社.
奥斯伯 F M, 金斯顿 R E, 塞德曼 J G, 等. 2001. 精编分子生物学实验指南. 马学军, 舒跃龙, 等译. 北京: 科学出版社.
波钦诺克 X H. 1981. 植物生物化学分析方法. 荆家海, 丁钟荣, 译. 北京: 科学出版社.
曹亚莉, 田沈, 赵军, 等. 2003. 固定化微生物细胞技术在废水处理中的应用. 微生物学通报, 30(3): 77-81.
陈广银, 郑正, 罗艳, 等. 2010. 碱处理对秸秆厌氧消化的影响. 环境科学, 31(9): 2208-2213.
陈莉. 2009. 石油降解菌及其混合处理对原油降解特性的研究. 南京: 南京农业大学硕士学位论文.
陈卫民. 2003. 作物秸秆主要处理技术的研究. 宁夏农林科技, (6): 86-87.
陈嘉兮, 李堃宝, 李道棠. 2001. 低温微生物及其在生物修复领域中的应用. 自然杂志, 23(3): 163-167.
陈晓浪, 胡书春, 周祚万. 2010. 改性处理对水稻秸秆纤维结构和性能的影响. 功能材料, 41(Z2): 275-277.
陈晓鹏, 易筱筠, 陶雪琴, 等. 2008. 石油污染土壤中芘高效降解菌群的筛选及降解特性研究. 环境工程学报, 2(3): 413-417.
陈学榕, 黄彪, 江茂生, 等. 2006. 生态型木纤维吸油材料的制备与研究. 福州大学学报(自然科学版), 34(3): 383-387.
陈勇民. 2002. 港口水域石油污染生物降解及生物修复技术的基础研究. 西安: 长安大学硕士学位论文.
崔丽虹. 2009. 石油烃降解菌的筛选、鉴定及复合菌群降解效果的研究. 北京: 中国农业科学院硕士学位论文.
崔明超, 陈繁忠, 傅家谟, 等. 2003. 固定化微生物技术在废水处理中的研究进展. 化工环保, 23(5): 261-264.
单国荣, 徐萍英, 翁志学, 等. 2003. 单一化学交联与物理-化学复合交联高吸油树脂的比较. 高分子学报, 1(1): 52-56.
丁明宇, 黄健, 李永祺. 2001. 海洋微生物降解石油的研究. 环境科学学报, 21(1): 84-88.
杜青平, 黄彩娜, 贾晓珊. 2007. 1,2,4-三氯苯对斜生栅藻的毒性效应及其机制研究. 农业环境科学学报, 26(4): 1375-1379.
范媛媛, 袁妙葆, 邓梅峰, 等. 2007. 高浓度氮、磷胁迫对伊乐藻 SOD、POD 和 CAT 活性的影响. 氨基酸和生物资源, 29(3): 38-41.
封严, 肖长发. 2005. 半互穿网络共聚甲基丙烯酸酯纤维制备及其交联结构研究. 天津工业大学学报, 24(6): 5-7.
付亚娟. 2002. 高吸油性树脂的合成及性能研究. 哈尔滨: 哈尔滨工程大学硕士学位论文.
付亚娟, 王亚平. 2001. 高吸油性树脂综述、应用技术, (4): 33-34.
甘居利. 1998. 一种独特的生物降解海上溢油方式. 海洋技术, (1): 73-75.
高宝玉, 岳钦艳, 程小冬. 1999. 固定化细胞在废水处理中的应用. 山东环境, (2): 7-9.
高廷耀, 顾国维. 1999. 水污染控制工程(上册). 北京: 高等教育出版社.
龚利萍, 张甲耀, 罗宇煊. 2001. 土壤微生物降解石油污染物. 上海环境科学, (4): 201-202, 206.
苟敏, 曲媛媛, 杨桦, 等. 2008. 鞘氨醇单胞菌:降解芳香化合物的新型微生物资源. 应用与环境生物学报, 14(2): 276-282.
谷庆宝, 吴兵, 李发生, 等. 2002. 可生物降解吸油材料发展现状与研究进展. 石油化工环境保护, (2): 23-25.
管亚军, 梁凤来, 张心平, 等. 2001. 混合菌群对原油的降解作用. 南开大学学报(自然科学版), 34(4): 82-85, 90.
郭静仪, 尹华, 彭辉, 等. 2005. 木屑固定除油菌处理含油废水的研究. 生态科学, 24(2): 154-157.
国家海洋局. 2007. 海洋监测规范. GB17378—2007.

国土资源部, 环境保护部. 2014. 环境保护部和国土资源部发布全国土壤污染状况调查公报. 油气田环境保护, (3):26-27.

哈丽丹·买买提, 库尔班江·肉孜, 阿不利米提, 等. 2010. 纤维素接枝甲基丙烯酸烷基酯制备吸油材料. 石油化工, 39(6): 664-668.

韩梅, 吴兵, 陈学军, 等. 2001. 新型 PHBV 吸油材料与传统聚丙烯吸油材料的性能比较研究. 交通环保, 22(6): 12-14.

郝秀阳, 封严. 2009. 吸油纤维. 合成纤维, (2): 6-8, 16.

何丽媛. 2010. 高效石油降解菌群的构建及其固定化研究. 广州: 华南理工大学硕士学位论文.

何丽媛, 党志, 唐霞. 2010. 混合菌对原油的降解及其降解性能的研究. 环境科学学报, 30(6): 1220-1227.

何良菊, 魏德洲, 张维庆. 1999. 土壤微生物处理石油污染的研究. 环境科学进展, (3): 111-116.

胡鸿钧, 魏印心. 2006. 中国淡水藻类——系统分类及生态. 北京: 科学出版社.

胡涛, 陈静, 周素芹, 等. 2006. 吸油材料的应用与研究. 内蒙古科技与经济, (20): 97-99.

黄魁. 2007. 藻类去除污水中氮磷及其机理的研究. 南昌: 南昌大学硕士学位论文.

黄艺, 礼晓, 蔡佳亮. 2009. 石油污染生物修复研究进展. 生态环境学报, 18(1): 361-367.

黄昱, 王林山, 邢莹, 等. 2010. 非木材植物纤维改性研究进展. 化学工程, 38(10): 21-25.

黄振华, 刘晓娟, 胡章喜, 等. 2007. 湛江等鞭金藻对抗生素的反应及无菌化培养. 生态科学, 26(2): 120-121, 125.

贾群超. 2011. 高效稠油降解菌的筛选、鉴定及其降解特性研究. 广州: 华南理工大学硕士学位论文.

江茂生, 黄彪, 蔡向阳, 等. 2007. 红麻杆高吸油材料吸油特性的研究. 中国麻业科学, 29(6): 344-348.

焦海华, 黄占斌, 白志辉. 2012. 石油污染土壤修复技术研究进展. 农业环境与发展, 29(2): 48-56.

孔淑琼, 魏力, 佘跃惠, 等. 2009. 渤海稠油的微生物降解特性. 油田化学, 26(4): 432-435, 428.

李广贺, 张旭, 黄巍. 2000. 石油污染包气带中降解微生物的分布特性. 环境科学, 21(4): 61-64.

李慧, 陈冠雄, 杨涛, 等. 2005. 沈抚灌区含油污水灌溉对稻田土壤微生物种群及土壤酶活性的影响. 应用生态学报, 16(7): 1355-1359.

李静华. 2017. 固定化微生物强化修复石油污染土壤的研究. 广州: 华南理工大学博士学位论文.

李丽, 张利平, 张元亮. 2001. 石油烃类化合物降解菌的研究概况. 微生物学通报, 28(5): 89-92.

李如亮. 1998. 生物化学实验. 武汉: 武汉大学出版社.

李文利, 王忠彦, 胡永松. 1999. 土壤和地下水石油污染的生物治理. 重庆环境科学, 21(2): 37-39, 46.

李言涛. 1996. 海上溢油的处理与回收. 海洋湖沼通报, (1): 73-83.

廖有贵. 2007. 高效石油降解菌去除石油污染土壤中的油. 湘潭: 湘潭大学硕士学位论文.

林伟. 2000. 几种海洋微藻的无菌化培养. 海洋科学, (10): 4-6.

刘和, 王晓云, 陈英旭. 2003. 固定化微生物技术处理含酚废水. 中国给水排水, 19(5): 53-55.

刘华. 2004. 藻与酞酸酯类化合物相互作用特性研究. 天津: 天津大学硕士学位论文.

刘健, 宋雪英, 孙瑞莲, 等. 2014. 胜利油田采油区土壤石油污染状况及其微生物群落结构. 应用生态学报, 25(3): 850-856.

刘金雷, 夏文香, 赵亮, 等. 2006. 海洋石油污染及其生物修复. 海洋湖沼通报, (3): 50-55.

刘五星, 骆永明, 王殿玺. 2011. 石油污染场地土壤修复技术及工程化应用. 环境监测管理与技术, 23(3): 47-51.

刘永定, 范晓, 胡征宇. 2001. 中国藻类学研究. 武汉: 武汉大学出版社.

柳婷婷, 田珊珊. 2006. 海上溢油事故处理及未来发展趋势. 中国水运(理论版), 4(11): 27-29.

陆晶晶, 周美华. 2002. 吸油材料的发展. 东华大学学报(自然科学版), 28(1): 126-130.

路建美, 朱秀林. 1995. 二元共聚高吸油性树脂的合成及研究. 高分子材料科学与工程, (2): 41-45.

毛丽华, 吕华, 李子君. 2006. 石油污染土壤生物强化修复的机制与实施途径. 有色金属, 58(1): 92-96.

彭丹. 2013. 生物改性木质纤维素材料制备溢油吸附剂的特性和机理研究. 广州: 华南理工大学博士学位论文.

彭金良, 严同安, 沈国兴, 等. 2001. α-萘酚胁迫对普通小球藻生长及抗氧化酶活性的影响. 武汉大学学报(理学版), 47(4): 449-452.

齐水冰, 罗建中, 乔庆霞, 等. 2002. 固定化微生物技术处理废水. 上海环境科学, (3): 185-188, 195.

齐永强, 王红旗, 刘敬奇, 等. 2003. 土壤中石油污染物微生物降解过程中各石油烃组分的演变规律. 环境科学学报, 23(6): 834-836.

屈建航. 2004. 5种绿藻对几种常用抗生素的敏感性. 大连轻工业学院学报, 23(2): 111-113.

任磊, 黄廷林. 2000. 土壤的石油污染. 农业环境保护, 19(6): 360-363.

阮志勇. 2006. 石油降解菌株的筛选、鉴定及其石油降解特性的初步研究. 北京: 中国农业科学院硕士学位论文.

邵娟, 尹华, 彭辉, 等. 2006. 秸秆固定化石油降解菌降解原油的初步研究. 环境污染与防治, 28(8): 565-568.

沈德中. 2002. 污染环境的生物修复. 北京: 化学工业出版社.

沈耀良, 黄勇, 赵单. 2002. 固定化微生物污水处理技术. 北京: 化学工业出版社.

宋志文, 夏文香, 曹军. 2004. 海洋石油污染物的微生物降解与生物修复. 生态学杂志, 23(3): 99-102.

苏荣国, 牟伯中, 王修林, 等. 2001. 微生物对石油烃的降解机理及影响因素. 化工环保, 21(4): 205-208.

苏莹. 2008. 海洋石油降解菌的筛选及其降解特性的研究. 南京: 南京农业大学硕士学位论文.

孙培艳, 周青, 李光梅, 等. 2008. 原油中多环芳烃内标法指纹分析. 分析测试学报, 27(4): 344-348.

孙晓然, 张秀玲. 2003. 丙烯酸酯-苯乙烯共聚物高吸油树脂的合成与性能. 塑料工业, 31(7): 7-8, 13.

唐学玺, 李永祺, 李春雁, 等. 1995. 有机磷农药对海洋微藻致毒性的生物学研究Ⅰ. 四种海洋微藻对久效磷的耐受力与其SOD活性的相关性. 海洋环境科学, (2): 1-5.

陶雪琴, 卢桂宁, 党志, 等. 2006. 菲降解菌株GY2B的分离鉴定及其降解特性. 中国环境科学, 26(4): 478-481.

田雷, 白云玲, 钟建江. 2000. 微生物降解有机污染物的研究进展. 工业微生物, 30(2): 46-50.

田立杰, 张瑞安. 1999. 海洋油污染对海洋生态环境的影响. 海洋湖沼通报, (2): 65-69.

汪星, 周明, 廖兴盛, 等. 2006. 邻苯二甲酸二丁酯对蓝藻生长的影响. 武汉理工大学学报, 28(12): 48-51.

王冰. 1998. 固定化栅藻对市政污水中的氮、磷营养盐深度处理的研究. 大连: 辽宁师范大学硕士学位论文.

王成彦, 武装, 魏明岩, 等. 2009. 膨胀石墨除油机理及影响因素研究. 环境科学与管理, (4): 84-86, 93.

王海峰, 包木太, 韩红, 等. 2009. 一株枯草芽孢杆菌分离鉴定及其降解稠油特性. 深圳大学学报(理工版), 34(3): 221-227.

王辉, 赵春燕, 李宝明, 等. 2005. 微生物降解阿特拉津的研究进展. 土壤通报, 26(5): 153-156.

王建龙. 2002. 生物固定化技术与水污染控制. 北京: 科学出版社.

王晓林, 张西玉, 白方文, 等. 2011. 高效降解秸秆纤维素菌株的筛选鉴定及产酶条件优化. 四川师范大学学报(自然科学版), 34(1): 105-109.

王新, 李培军, 宋守志, 等. 2005. 固定化微生物技术在环境工程中的应用研究进展. 环境污染与防治, 27(7): 535-537.

王勇, 吴胜万, 万涛. 2004. 膨胀石墨-酚醛活性炭复合材料处理污油的研究. 武汉理工大学学报, 26(1): 15-18.

魏德洲, 秦煜民. 1997. H_2O_2在石油污染土壤微生物治理过程中的作用. 中国环境科学, (5): 46-49.

魏德洲, 秦煜民. 1998. 表面活性剂对石油污染物生物降解的影响. 东北大学学报, 1982(2): 18-20.

温和瑞, 朱建飞. 1998. 吸油材料及其应用. 江苏化工, (3): 45-46.

吴发远. 2009. 黑曲霉发酵生产纤维素酶条件的研究. 中国农学通报, 25(9): 74-77.

吴仁人, 党志, 易筱筠, 等. 2009. 氨基酸对烷烃降解菌GS3C降解性能的影响. 环境科学研究, 22(6): 702-706.

武金装, 刘红玉, 曾光明, 等. 2008. 柴油降解菌的筛选及其降解特性研究. 农业环境科学学报, 27(5): 1742-1746.

夏文香. 2005. 海水—沙滩界面石油污染与净化过程研究. 青岛: 中国海洋大学博士学位论文.

谢鲲鹏, 宫正, 赵慧, 等. 2005. 高效原油降解菌的筛选及其降解能力的研究. 辽宁师范大学学报(自然科学版), 28(2): 228-231.
谢树莲, 张峰, 凌元洁. 1999. 中国栅藻属植物数量分类初探. 水生生物学报, 23(3): 257-263.
邢新会, 刘则华. 2004. 环境生物修复技术的研究进展. 化工进展, 23(6): 579-584.
熊建华, 王双飞, 叶志青, 等. 2004. 纤维素的改性技术及进展. 西南造纸, (6): 24-26.
徐恒刚, 姚秀清, 李倩, 等. 2006. 两种高效原油降解菌降解率测定方法的对比研究. 化学与生物工程, 23(9): 43-44, 53.
徐金兰, 黄廷林, 唐智新, 等. 2007, 高效石油降解菌的筛选及石油污染土壤生物修复特性的研究. 环境科学学报, 27(4): 622-628.
徐萌. 2007. 基于天然高分子吸油材料的制备与表征. 兰州: 兰州大学硕士学位论文.
徐萍英, 单国荣, 翁志学, 等. 2002. 吸油树脂中的物理交联. 功能材料, 33(6): 601-604, 608.
徐世平, 孙永革. 2006. 一种适用于沉积有机质族组分分离的微型柱色谱法. 地球化学, 35(6): 681-688.
徐玉林. 2004. 石油污染土壤降解与土壤的环境关系. 农机化研究, (6): 86-88.
许春华, 周琪. 2001. 高效藻类塘的研究与应用. 环境保护, (8): 41-43.
严志宇, 殷佩海. 2000. 溢油风化过程研究进展. 海洋环境科学, 19(1): 75-80.
杨朝晖. 2007. 基于分子生态学技术的环境微生物群落结构与功能的研究. 长沙: 湖南大学博士学位论文.
杨锟. 2007. 植物纤维原料改性制备吸油材料的研究. 南京: 南京林业大学硕士学位论文.
张从, 夏立江. 2000. 污染土壤生物修复技术. 北京: 中国环境科学出版社.
张冬宝, 隋正红, 茅云翔, 等. 2007. 8种抗生素对塔玛亚历山大藻生长的影响. 海洋学报(中文版), 29(2): 123-130.
张高奇, 周美华. 2002. 高吸油树脂的研究与发展趋势. 化工新型材料, 30(1): 29-31.
张红莲, 张锐. 2004. 农作物秸秆饲料处理技术研究进展. 畜牧与饲料科学, 25(3): 18-22.
张辉, 李培军, 王桂燕, 等. 2008. 固定化混合菌修复油污染地表水的研究. 环境工程学报, 2(12): 1613-1617.
张甲耀, 李静, 夏威林, 等. 1996. 生物修复技术研究进展. 应用与环境生物学报, (2): 193-199.
张璐. 2008. 高效石油烃降解菌的分离、鉴定、菌群构建及其在生物修复中的强化作用的研究. 南京: 南京农业大学硕士学位论文.
张士璀, 范晓, 马军英. 1997. 海洋生物技术和应用. 北京: 海洋生物技术出版社.
张婉月. 2012. 改性丙烯酸酯系高吸油性树脂的合成及性能研究. 秦皇岛: 燕山大学硕士学位论文.
张相如, 庄源益, 朱坦, 等. 1997. 吸附法处理含油废水和水面溢油的吸附剂研究进展. 环境科学进展, (1): 76-81.
张秀霞, 耿春香, 房苗苗, 等. 2008. 固定化微生物应用于生物修复石油污染土壤. 石油学报(石油加工), 24(4): 409-414.
张昀, 王先友, 陈霞, 等. 2002. 高吸油性树脂的合成方法及性能研究. 化学研究, 13(2): 45-48.
章慧. 2013. 生物表面活性剂协同菲降解菌增强电动力去除砂土中的菲. 广州: 华南理工大学硕士学位论文.
赵荫薇, 王世明, 张建法. 1998. 微生物处理地下水石油污染的应用研究. 应用生态学报, 9(2): 209-212.
赵云英, 杨庆霄. 1997. 溢油在海洋环境中的风化过程. 海洋环境科学, (1): 49-56.
郑文君. 1987. 处理海域溢油的吸油材料. 海洋通报, (1): 80-85.
郑西来, 刘孝义, 席临平. 1999. 多孔介质吸附对石油污染物运移的阻滞效应研究. 长春科技大学学报, (1): 53-55.
郑晓红, 郑晓霖. 2001. 水中油类监测分析方法研究. 仪器仪表与分析监测, (): 1-3.
周海霞, 单爱琴, 王莉淋, 等. 2008. 石油降解菌的筛选及其降解效率的研究. 环境科学与技术, 31(10): 56-58.
周洪洋, 侯影飞, 李春虎, 等. 2009. 吸附剂在含油废水处理中的应用研究进展. 工业水处理, 29(2): 1-5.
朱超飞. 2012. 玉米秸秆的化学改性、表征及吸油性能的研究. 广州: 华南理工大学硕士学位论文.

Abbas A, Koc H, Liu F. 2005. Fungal degradation of wood: initial proteomic analysis of extracellular proteins of phanerochaete chrysosporium grown on oak substrate. Current Genetics, 47(1): 49-56.

Abdullah M A, Rahmah Anisa Ur, Man Z. 2010. Physicochemical and sorption characteristics of Malaysian *Ceiba pentandra* (L.) Gaertn. as a natural oil sorbent. Journal of Hazardous Materials, 177(1-3): 683-691.

Abed R M M, Koster J. 2005. The direct role of aerobic heterotrophic bacteria associated with cyanobacteria in the degradation of oil compounds. International Biodeterioration and Biodegradation, 55(1): 29-37.

Aboul-Gheit A K, Khalil F H, Abdel-Moghny T. 2006. Adsorption of spilled oil from seawater by waste plastic. Oil and Gas Science and Technology, 61(2): 259-268.

Adebajo M O, Frost R L, Kloprogge J T. 2003. Porous materials for oil spill cleanup: A review of synthesis and absorbing properties. Journal of Porous Materials, 10(3): 159-170.

Ael-A S, Ludwick A G, Aglan H A. 2009. Usefulness of raw bagasse for oil absorption: A comparison of raw and acylated bagasse and their components. Bioresource Technology, 100(7): 2219-2222.

Aghamiri S, Kabiri K, Emtiazi G. 2011. A novel approach for optimization of crude oil bioremediation in soil by the taguchi method. Journal of Petroleum and Environmental Biotechnology, 02(2): S33-S47.

Ahmaruzzaman M. 2008. Adsorption of phenolic compounds on low-cost adsorbents: a review. Advances in Colloid and Interface Science, 143(1-2): 48-67.

Albaiges J, Morales-Nin B, Vilas F. 2006. The prestige oil spill: A scientific response. Marine Pollution Bulletin, 53(5-7): 205-207.

Albergaria J T, Alvim-Ferraz M D C M. 2008. Soil vapor extraction in sandy soils: influence of airflow rate. Chemosphere, 73(9): 1557-1561.

Alcalde M, Ferrer M, Plou F J. 2006. Environmental biocatalysis: From remediation with enzymes to novel green processes. Trends in Biotechnology, 24(6): 281-287.

Alihosseini A, Taghikhani V, Safekordi A A. 2010. Equilibrium sorption of crude oil by expanded perlite using different adsorption isotherms at 298.15 K. International Journal of Environmental Science and Technology, 7(3): 591-598.

Al-Majed A A, Adebayo A R, Hossain M E. 2012. A sustainable approach to controlling oil spills. Journal of Environmental Management, 113(1): 213-217.

Alxander M. 1994. Biodegradation and Bioremediation. Berlin: Springer-Verlag Berlin Heidelberg.

Al-Zuhair S. 2008. The effect of crystallinity of cellulose on the rate of reducing sugars production by heterogeneous enzymatic hydrolysis. Bioresource Technology, 99(10): 4078-4085.

Andric P, Meyer A S, Jensen P A. 2010. Reactor design for minimizing product inhibition during enzymatic lignocellulose hydrolysis: II. quantification of inhibition and suitability of membrane reactors. Biotechnology Advances, 28(3): 407-425.

Angelova D, Uzunov I, Uzunova S. 2011. Kinetics of oil and oil products adsorption by carbonized rice husks. Chemical Engineering Journal, 172(1): 306-311.

Arica M Y, Bayramoglu G. 2007. Biosorption of reactive red-120 dye from aqueous solution by native and modified fungus biomass preparations of lentinus sajor-caju. Journal of Hazardous Materials, 149(2): 499-507.

Atlas R M. 1981. Microbial degradation of petroleum hydrocarbons: an environmental perspective. Microbiological Review, 45(1): 180-209.

Ayotamuno M J, Kogbara R B. 2006. Bioremediation of a crude-oil polluted agricultural soil at port harcourt, nigeria. Applied Energy, 83(11): 1249-1257.

Bailey M J, Biely P, Poutanen K. 1992. Interlaboratory testing of methods for assay of xylanase activity. Journal of Biotechnology, 23(3): 257-270.

Bak J S, Ko J K, Choi I G. 2009. Fungal pretreatment of lignocellulose by phanerochaete chrysosporium to produce ethanol from rice straw. Biotechnology and Bioengineering, 104(3): 471-482.

Balba M T, Al-Awadhi N, Al-Daher R. 1998. Bioremediation of oil-contaminated soil: Microbiological methods for feasibility assessment and field evaluation. Journal of Microbiological Methods, 32(2): 155-164.

Banerjee, Joshi S S, Jayaram M V. 2006. Treatment of oil spill by sorption technique using fatty acid grafted sawdust. Chemosphere, 64(6): 1026-1031.

Baraniecki C A, Aislable J, Foght J M. 2002. Characterization of *Sphingomonas* sp. Ant 17, an aromatic hydrocarbon-degrading bacterium isolated from antarctic soil. Microbial Ecology, (43): 44-54.

Barrington S, Kim J W. 2008. Response surface optimization of medium components for citric acid production by *Aspergillus niger* NRRL 567 grown in peat moss. Bioresource Technology, 99(2): 368-377.

Bartha R, Atlas R M. 1977. The microbiology of aquatic oil spills. Advances in Applied Microbiology, 22: 225-266.

Bauer M, Kube M, Teeling H, et al. 2006. Whole genome analysis of the marine Bacteroidetes "*Gramella forsetii*" reveals adaptations to degradation of polymeric organic matter. Environmental Microbiology, 8(12): 2201-2213.

Bayat A, Aghamiri S F, Moheb A. 2005. Oil spill cleanup from sea water by sorbent materials. Chemical Engineering and Technology, 28(12): 1525-1528.

Bayat Z, Hassanshahian M, Cappello S. 2015. Immobilization of microbes for bioremediation of crude oil polluted environments: A mini review. Open Microbiology Journal, 9: 48-54.

Beauchamp C, Fridovich I. 1971. Superoxide dismutase: Improved assays and an assay applicable to acrylamide gels. Analytical Biochemistry, 44(1): 276-287.

Berlin A, Maximenko V, Gilkes N, et al. 2007. Optimization of enzyme complexes for lignocellulose hydrolysis. Biotechnology and Bioengineering, 97(2): 287-296.

Bewley T D. 1979. Physiological aspects of desiccation tolerance. Annuale Review of Plant Physiology, 30: 195-238.

Bhatnagar A, Sillanpää M. 2010. Utilization of agro-industrial and municipal waste materials as potential adsorbents for water treatment-a review. Chemical Engineering Journal, 157(2-3): 277-296.

Bingol D, Hercan M, Elevli S. 2012. Comparison of the results of response surface methodology and artificial neural network for the biosorption of lead using black cumin. Bioresource Technology, 112(112): 111-115.

Blumer M, Sass J. 1972. Oil pollution: Persistence and degradation of spilled fuel oil. Science, 176(4039): 112-1122.

Bokhamy M, Adler N, Pulgarin C, et al. 1994. Degradation of sodium anthraquinone sulphonate by free and immobilized bacterial cultures. Applied Microbiology and Biotechnology, 41(1): 110-116.

Boopathy R. 2000. Factors limiting bioremediation technologies. Bioresource Technology, 74(1): 63-67.

Bose S, Armstrong D W, Petrich J W. 2010. Enzyme-catalyzed hydrolysis of cellulose in ionic liquids: A green approach toward the production of biofuels. Journal of Physical Chemistry B, 114(24): 8221-8227.

Bossert L, Bartha R. 1984. The Fate of Petroleum in Soil Ecosystems. New York (USA): Macmillan.

Bouxin F, Baumberger S, Pollet B, et al. 2010. Acidolysis of a lignin model: Investigation of heterogeneous catalysis using montmorillonite clay. Bioresource Technology, 101(2): 736-744.

Braggs J R, Prince R C, Harrier E J, et al. 1994. Effectiveness of bioremediation for the exxon val dez oil spill. Nature International Weekly Journal of Science, 368(6470): 413-418.

Bubner P, Plank H, Nidetzky B. 2013. Visualizing cellulase activity. Biotechnology and Bioengineering, 110(6): 1529-1549.

Cai D, Tien M. 1993. Lignin-degrading peroxidases of phanerochaete chrysosporium. Journal of Biotechnology, 30(1): 79-90.

Cao X Z, Wu Y J, Wang Z. 2008. Study on optimization production process of porous starch with high capacity of adsorption for oil. Journal of Sichuan University of Science and Engineering, 01.

Cao Y, Tan H. 2005. Study on crystal structures of enzyme-hydrolyzed cellulosic materials by X-ray diffraction. Enzyme and Microbial Technology, 36(2-3): 314-317.

Carrott P J M, Carrott M M L R. 2007. Lignin—from natural adsorbent to activated carbon: A review. Bioresource Technology, 98(12): 2301-2312.

Castorena-Cortés G, Roldán-Carrillo T, Zapata-Peñasco I. 2009. Microcosm assays and taguchi experimental design for treatment of oil sludge containing high concentration of hydrocarbons. Bioresource Technology, 100(23): 5671-5677.

Cathala B, Monties B. 2001. Influence of pectins on the solubility and the molar mass distribution of dehydrogenative polymers (DHPs, lignin model compounds). International Journal of Biological Macromolecules, 29(1): 45-51.

Cathala B, Saake B, Faix O. 2003. Association behaviour of lignins and lignin model compounds studied by multidetector size-exclusion chromatography. Journal of Chromatography A, 1020(2): 229-239.

Cerniglia C E, Van Baalen C, Gibson D T. 1980b. Oxidation of biphenyl by the cyanobacterium *Oscillatoria* sp., strain JCM. Archives of Microbiology, 125(3): 203-207.

Cerniglia C E, Van Baalen C, Gibson D T. 1980a. Metabolism of naphthalene by the cyanobacterium *Oscillatoria* sp., strain JCM. Microbiology, 116(2): 485-494.

Ceylan D, Dogu S, Karacik B, et al. 2009. Evaluation of butyl rubber as sorbent material for the removal of oil and polycyclic aromatic hydrocarbons from seawater. Environmental Science & Technology, 43(10): 3846-3852.

Chakraborty S, Chowdhury S, Das Saha P. 2011. Adsorption of crystal violet from aqueous solution onto naoh-modified rice husk. Carbohydrate Polymers, 86(4): 1533-1541.

Chance B, Maehly A C. 1995. Assay of catalase and peroxidase. Methods in Enzymology, 2: 764.

Chandel A K, Chandrasekhar G, Silva M B. 2012. The realm of cellulases in biorefinery development. Critical Reviews in Biotechnology, 32(3): 187-202.

Chao A. 2004. Enzymatic grafting of carboxyl groups on to chitosan-to confer on chitosan the property of a cationic dye adsorbent. Bioresource Technology, 91(2): 157-162.

Chen G Q, Zou Z J, Zeng G M. 2011. Coarsening of extracellularly biosynthesized cadmium crystal particles induced by thioacetamide in solution. Chemosphere, 83(9): 1201-1207.

Chen J L, Au K C, Wong Y S. 2010a. Using orthogonal design to determine optimal conditions for biodegradation of phenanthrene in mangrove sediment slurry. Journal of Hazardous Materials, 176(1-3): 666-671.

Chen J L, Wong M H, Wong Y S, et al. 2008. Multi-factors on biodegradation kinetics of polycyclic aromatic hydrocarbons (PAHs) by *Sphingomonas* sp. a bacterial strain isolated from mangrove sediment. Marine Pollution Bulletin, 57(6-12): 695-702.

Chen P Y, Brian K K. 2001. Mycobacterium diversity and pyrene mineralization in petroleum contaminated soils. Applied and Environmental Microbiology, 67(5): 2222-2229.

Chen Q, Bao M, Fan X. 2013. Rhamnolipids enhance marine oil spill bioremediation in laboratory system. Marine Pollution Bulletin, 71(1-2): 269-275.

Chen Y, Dong B, Qin W, et al. 2010b. Xylose and cellulose fractionation from corncob with three different strategies and separate fermentation of them to bioethanol. Bioresource Technology, 101(18): 7005-7010.

Cheng M, Zeng G, Huang D, et al. 2016. Hydroxyl radicals based advanced oxidation processes (AOPs) for remediation of soils contaminated with organic compounds: A review. Chemical Engineering Journal, 284: 582-598.

Chiang P C, Chang E E, Wu J S. 1997. Comparison of chemical and thermal regeneration of aromatic compounds on exhausted activated carbon. Water Science and Technology, 35(7): 279-285.

Chien Y C. 2012. Field study of *in situ* remediation of petroleum hydrocarbon contaminated soil on site using microwave energy. Journal of Hazardous Materials, 199-200(2): 457-461.

Cho J C, Kim S J. 2001. Detection of mega plasmid from polycyclic aromatic hydrocarbon-degrading *Sphingomonas* sp. strain KS14. Journal of Molcular Microbiology and Biotechnology, 3(4): 503-506.

Choi H M, Cloud R M. 1992. Natural sorbents in oil spill cleanup. Environmental Science & Technology, 26(4): 772-776.

Chu Y, Pan Q M. 2012. Three-dimensionally macroporous Fe/C nanocomposites as highly selective oil-absorption materials. Acs Applied Materials and Interfaces, 4(5): 2420-2425.

Churchill P F, Dudley R J, Churchill S A. 1995. Surfactant-enhanced bioremediation. Waste Management, 15(15): 371-377.

Colwell R R, Walker D J. 1977. Ecolo icrobial degradation of petroleum in the marine environment. Crc Critical Reviews in Microbiology, 5(4): 423-445.

Conrad K, Bruun Hansen H C. 2007. Sorption of zinc and lead on coir. Bioresource Technology, 98(1): 89-97.

Contesini F J, Lopes D B, Macedo G A. 2010. *Aspergillus* sp. lipase: Potential biocatalyst for industrial use. Journal of Molecular Catalysis B: Enzymatic, 67(3): 163-171.

Costa S M, Goncalves A R, Esposito E. 2005. Ceriporiopsis subvermispora used in delignification of sugarcane bagasse prior to soda/anthraquinone pulping. Applied Biochemistry and Biotechnology, 122(1-3): 695-706.

Coulon F, Pelletier E, Gourhant L. 2005. Effects of nutrient and temperature on degradation of petroleum hydrocarbons in contaminated sub-antarctic soil. Chemosphere, 58(10): 1439-1448.

Dashtban M, Schraft H, Qin W. 2009. Fungal bioconversion of lignocellulosic residues; opportunities & perspectives. International Journal of Biological Sciences, 5(6): 578-595.

De la Cueva S C, Rodríguez C H, Cruz N O S, et al. 2016. Changes in bacterial populations during bioremediation of soil contaminated with petroleum hydrocarbons. Water Air and Soil Pollution, 227(3): 1-12.

De Lorenzo V. 2008. Systems biology approaches to bioremediation. Current Opinion in Biotechnology, 19(6): 579-589.

De Oteyza T G, Grimalt J O, Diestra E, et al. 2004. Changes in the composition of polar and apolar crude oil fractions under the action of microcoleus consortia. Applied Microbiology and Biotechnology, 66(2): 226-232.

De Oteyza T G, Grimalt J O, Llirós M, et al. 2006. Microcosm experiments of oil degradation by microbial mats. Science of the Total Environment, 357(1-3): 12-24.

Dejonghe W, Boon N, Seghers D, et al. 2001. Bioaugmentation of soils by increasing microbial richness: missing links. Environmental Microbiology, 3(10): 649-657.

Deng H, Yang L, Tao G, et al. 2009. Preparation and characterization of activated carbon from cotton stalk by microwave assisted chemical activation-application in methylene blue adsorption from aqueous solution. Journal of Hazardous Materials, 166(2-3): 1514-1521.

Deng L, Geng M, Zhu D, et al. 2012. Effect of chemical and biological degumming on the adsorption of heavy metal by cellulose xanthogenates prepared from eichhornia crassipes. Bioresource Technology, 107(3): 41-45.

Deschamps G, Caruel H, Borredon M E, et al. 2003. Oil Removal from water by selective sorption on hydrophobic cotton fibers. 1. study of sorption properties and comparison with other cotton fiber-based sorbents. Environmental Science & Technology, 37(5): 1013-1015.

Ding Y, Jing D, Gong H. 2012. Biosorption of aquatic cadmium(Ⅱ) by unmodified rice straw. Bioresource Technology, 114: 20-25.

Dinis M J, Bezerra R M, Nunes F, et al. 2009. Modification of wheat straw lignin by solid state fermentation with white-rot fungi. Bioresource Technology, 100(20): 4829-4835.

Dixon R A, Chen F, Guo D. 2001. The biosynthesis of monolignols: A "Metabolic Grid", or independent pathways to guaiacyl and syringyl units? Phytochemistry, 32(39): 1069-1084.

Dizhbite T, Zakis G, Kizima A, et al. 1999. Lignin: A useful bioresource for the production of sorption-active materials. Bioresource Technology, 67(3): 221-228.

Dogaris I, Mamma D, Kekos D. 2013. Biotechnological production of ethanol from renewable resources by neurospora crassa: An alternative to conventional yeast fermentations? Applied Microbiology and Biotechnology, 97(4): 1457-1473.

Doick K J, Klingelmann E, Burauel P, et al. 2005. Long-term fate of polychlorinated biphenyls and polycyclic aromatic hydrocarbons in an agricultural soil. Environmental Science & Technology, 39(10): 3663-3670.

Dong Y C, Wang W, Hu Z C, et al. 2012. The synergistic effect on production of lignin-modifying enzymes through submerged co-cultivation of phlebia radiata, dichomitus squalens and ceriporiopsis subvermispora using agricultural residues. Bioprocess and Biosystems Engineering, 35(5): 751-760.

Esteghlalian A R, Mansfield S D, Saddler J. 2002. Cellulases: agents for fiber modification or bioconversion? The effect of substrate accessibility on cellulose enzymatic hydrolyzability. Progress in Biotechnology, 21(2): 21-36.

Fahy A, Ball A S, Lethbridge G, et al. 2008. Isolation of alkali-tolerant benzene-degrading bacteria from a contaminated aquifer. Letters in Applied Microbiology, 47(1): 60-66.

Fan C Y, Krishnamurthy S. 1995. Enzymes for enhancing bioremediation of petroleum-contaminated soils: A brief review. Journal of the Air and Waste Management Association, 45(6): 453-460.

Feng X H, Ou L T, Orgam A. 1997. Plasmid-mediated mineralization of carbofuran by *Sphingomonas* sp. strain CF06. Applied and Environmental Microbiology, 63(4): 1332-1337.

Fernandes D L, Silva C M, Xavier A M, et al. 2012. Fractionation of sulphite spent liquor for biochemical processing using ion exchange resins. Journal of Biotechnology, 162(4): 415-421.

Franca A S, Oliveira L S, Nunes A A, et al. 2010. Microwave assisted thermal treatment of defective coffee beans press cake for the production of adsorbents. Bioresource Technology, 101(3): 1068-1074.

Francoeur S N, Schaecher M, Neely R K, et al. 2006. Periphytic photosynthetic stimulation of extracellular enzyme activity in aquatic microbial communities associated with decaying typha litter. Microbial Ecology, 52(4): 662-669.

Fredrickson J K, Balkwill D L, Drake G R, et al. 1995. Aromatic-degrading *Sphingomonas* isolates from the deep subsurface. Applied and Environmental Microbiology, 61(5): 1917-1922.

Fujishiro T, Ogawa T, Matsuoka M, et al. 2004. Establishment of a pure culture of the hitherto uncultured unicellular cyanobacterium aphanothece sacrum and phylogenetic position. Applied and Environmental Microbiology, 70(6): 3338-3345.

Galin T, McDowell C, Yaron B. 1990. The effect of volatilization on the mass flow of a non-aqueous pollutant liquid mixture in an inert porous medium: experiments with kerosene. European Journal of Soil Science, 41(4): 6331-6341.

Gan S, Lau E, Ng H. 2009. Remediation of soils contaminated with polycyclic aromatic hydrocarbons (PAHs). Journal of Hazardous Materials, 172(2-3): 532-549.

Ganner T, Bubner P, Eibinger M, et al. 2012. Dissecting and reconstructing synergism: *In situ* visualization of cooperativity among cellulases. The Journal of Biological Chemistry, 287(52): 43215-43222.

Geboers J, Van de Vyver S, Carpentier K, et al. 2010. Efficient catalytic conversion of concentrated cellulose feeds to hexitols with heteropoly acids and Ru on carbon. Chemical Communications, 46(20): 3577-3579.

Gold M H, Alic M. 1993. Molecular biology of the lignin-degrading basidiomycete phanerochaete chrysosporium. Microbiological Reviews, 57(3): 605-622.

Gomes H I, Dias-Ferreira C, Ribeiro A B. 2012. Electrokinetic remediation of organochlorines in soil: Enhancement techniques and integration with other remediation technologies. Chemosphere, 87(10): 1077-1090.

Gomez F, Sartaj M. 2013. Field scale *ex-situ* bioremediation of petroleum contaminated soil under cold climate conditions. International Biodeterioration and Biodegradation, 85(7): 375-382.

Gong Z, Alef K, Wilke B M, et al. 2007. Activated carbon adsorption of PAHs from vegetable oil used in soil remediation. Journal of Hazardous Materials, 143(1-2): 372-378.

Gonzalez J J, Vinas L, Franco M, et al. 2006. Spatial and temporal distribution of dissolved/dispersed aromatic hydrocarbons in seawater in the area affected by the prestige oil spill. Marine Pollution Bulletin, 53(5-7): 250-259.

Gonzini O, Plaza A, Palma L D, et al. 2010. Electrokinetic remediation of gasoil contaminated soil enhanced by rhamnolipid. Journal of Applied Electrochemistry, 40(6): 1239-1248.

Grifoll M, Selifonov S A, Gatlin C V, et al. 1995. Actions of a versatile fluorine-degrading bacterial isolate on polycyclic aromatic compounds. Applied and Environmental Microbiology, (61): 3711-3723.

Grimberg S J, Stringfellow W T, Altken M D. 1996. The biodegradation of phenanthrene by *Pseudomonas stutzeri* P16 in the presence of a nonionic surfactant. Applied Environmental Microbiology, 62(7): 22387-2392.

Grosser R J, Warshewsky D, Robie V J. 1991. Indigenous and enhanced mineralization of pyrene, benzo(a)pyrene and carbazole in soil. Applied and Environmental Microbiology, 57(12): 3462-3469.

Gui X, Li H, Wang K, et al. 2011. Recyclable carbon nanotube sponges for oil absorption. Acta Materialia, 59(12): 4798-4804.

Gunji Y, Yasueda H. 2006. Enhancement of l-lysine production in methylotroph methlophilus methylotrophus by introducing a mutant lyse exporter. Journal of Biotechnology, 127(1): 1-13.

Haapea P, Tuhkanen T. 2006. Integrated treatment of PAH contaminated soil by soil washing, ozonation and biological treatment. Journal of Hazardous Materials, 136(2): 244-250.

Hall M, Bansal P, Lee J H, et al. 2010. Cellulose crystallinity: A key predictor of the enzymatic hydrolysis rate. Febs Journal, 277(6): 1571-1582.

Hamme J D V, Singh A, Ward O P. 2003. Recent advances in petroleum microbiology. Microbiology and Molecular Biology Reviews, 67(4): 503-549.

Harayama S, Kishira H, Kasai Y, et al. 1999. Petroleum biodegradation in marine environments. Journal of Molecular Microbiology and Biotechnology, 1(1): 63-70.

Haritash A, Kaushik C. 2009. Biodegradation aspects of polycyclic aromatic hydrocarbons(PAHs): A review. Journal of Hazardous Materials, 169(1-3): 1-15.

Harman G E, Herrera-Estrella A H, Horwitz B A, et al. 2012. Special issue: *Trichoderma*-from basic biology to biotechnology. Microbiology, 158(1): 1-2.

Harmita H, Karthikeyan K G, Pan X. 2009. Copper and cadmium sorption onto kraft and organosolv lignins. Bioresource Technology, 100(24): 6183-6191.

He J Y, Shi L. 2012. Modified flue gas desulfurization residue (MFGDR): A new type of acidic soil ameliorant and its effect on rice planting. Journal of Cleaner Production, 24(3): 159-167.

Helmi S, Khalil A I, Tahoun M K, et al. 1991. Induction of mutation in aspergillus niger for conversion of cellulose into glucose. Applied Biochernistry and Biotechnology, 28-29(1): 203-210.

Henriksson G, Johansson G, Pettersson G. 2000. A critical review of cellobiose dehydrogenases. Journal of Biotechnology, 78(2): 93-113.

Ho B T, McIsaac W M, Tansey L W. 1969. Hydroxyindole-o-methyltransferase I: Substrate binding. Journal of Pharmaceutical Sciences, 58(1): 130-131.

Ho Y S, McKay G. 1999. Pseudo-second order model for sorption processes. Process Biochemistry, 34(5): 451-465.

Ho Y S, Ofomaja A E. 2006. Pseudo-second-order model for lead ion sorption from aqueous solutions onto palm kernel fiber. Journal of Hazardous Materials, 129(1-3): 137-142.

Horowitz A, Altas R M. 1977. Continuous open flow-through system as a model for oil degradation in the arctic ocean. Applied and Environmental Microbiology, 33(3): 647-653.

Hu W J, Harding S A, Lung J, et al. 1999. Repression of lignin biosynthesis promotes cellulose accumulation and growth in transgenic trees. Nature Biotechnology, 17(8): 808-812.

Huang D L, Zeng G M, Feng C L, et al. 2008. Degradation of lead-contaminated lignocellulosic waste by *Phanerochaete chrysosporium* and the reduction of lead toxicity. Environmental Science & Technology, 42(13): 4946.

Huang D L, Zeng G M, Feng C L, et al. 2010. Mycelial growth and solid-state fermentation of lignocellulosic waste by white-rot fungus *Phanerochaete chrysosporium* under lead stress. Chemosphere, 81(9): 1091-1097.

Husseien M, Amer A A, El-Maghraby A, et al. 2009a. A comprehensive characterization of corn stalk and study of carbonized corn stalk in dye and gas oil sorption. Journal of Analytical and Applied Pyrolysis, 86(2): 360-363.

Husseien M, Amer A A, El-Maghraby A, et al. 2009b. Availability of barley straw application on oil spill clean up. International Journal of Environmental Science and Technology, 6(1): 123-130.

Hussein M, Amer A A, Sawsan I I. 2011. Heavy oil spill cleanup using law grade raw cotton fibers: Trial for practical application. Journal of Petroleum Technology and Alternative Fuels, 2(8): 132-140.

Ibrahim S, Ang H M, Wang S. 2009. Removal of emulsified food and mineral oils from wastewater using surfactant modified barley straw. Bioresource Technology, 100(23): 5744-5749.

Ibrahim S, Wang S B, Ang H M. 2010. Removal of emulsified oil from oily wastewater using agricultural waste barley straw. Biochemical Engineering Journal, 49(1): 78-83.

Ijah U J J. 1998. Studies on relative capabilities of bacterial and yeast isolates from tropical soil in degrading crude oil. Waste Management, 18(5): 293-299.

Inagaki M, Kawahara A, Konno H. 2002. Sorption and recovery of heavy oils using carbonized fir fibers and recycling. Carbon, 40(1): 105-111.

Inagaki M, Kawahara A, Konno H. 2004. Recovery of heavy oil from contaminated sand by using exfoliated graphite. Desalination, 170(1): 77-82.

Jeoh T, Ishizawa C I, Davis M F, et al. 2007. Cellulase digestibility of pretreated biomass is limited by cellulose accessibility. Biotechnology and bioengineering, 98(1): 112-122.

Ji F, Li C L, Dong X Q, et al. 2009. Separation of oil from oily wastewater by sorption and coalescence technique using ethanol grafted polyacrylonitrile. Journal of Hazardous Materials, 164(2-3): 1346-1351.

Johnsen A R, Wick L Y, Harms H. 2005. Principles of microbial pah-degradation in soil. Environmental Pollution, 133(1): 71-84.

Kaksonen A H, Jussila M M, Lindstro K, et al. 2006. Rhizosphere effect of galega orientalis in oil-contaminated soil. Soil Biology and Biochemistry, 38(4): 817-827.

Kasana R C, Gulati A. 2011. Cellulases from psychrophilic microorganisms: A review. Journal of Basic Microbiology, 51(6): 572-579.

Kästner M, Breuer Jammali M, Mahro B. 1998. Impact of inoculation protocols, salinity, and ph on the degradation of polycyclic aromatic hydrocarbons (PAHs) and survival of PAH-degrading bacteria introduced into soil. Applied and Environmental Microbiology, 64(1): 359-362.

Kauppi S, Sinkkonen A, Romantschuk M. 2011. Enhancing bioremediation of diesel-fuel-contaminated soil in a boreal climate: comparison of biostimulation and bioaugmentation. International Biodeterioration and Biodegradation, 65(2): 359-368.

Kerley M S, Fahey G C Jr, Berger L L, et al. 1985. Alkaline hydrogen peroxide treatment unlocks energy in agricultural by-products. Science, 230(4727): 280-282.

Kerley M S, Fahey G C Jr, Berger L L, et al. 1986. Effects of alkaline hydrogen peroxide treatment of wheat straw on site and extent of digestion in sheep. Journal of Animal Science, 63(8): 868-878.

Kerley M S, Fahey G C Jr, Berger L L, et al. 1987. Effects of treating wheat straw with ph-regulated solutions of alkaline hydrogen peroxide on nutrient digestion by sheep. Journal of Dairy Science, 70(10): 2078-2084.

Kerley M S, Fahey G C Jr, Berger L L, et al. 1988. Effects of alkaline hydrogen peroxide treatment of cotton and wheat straw on cellulose crystallinity and on composition and site and extent of disappearance of wheat straw cell wall phenolics and monosaccharides by sheep. Journal of Animal Science, 66(12): 3235-3244.

Khan E, Virojnagud W, Ratpukdi T. 2004. Use of biomass sorbents for oil removal from gas station runoff. Chemosphere, 57(7): 681-689.

Khan F I, Husain T, Hejazi R. 2004. An overview and analysis of site remediation technologies. Journal of Environmental Management, 71(2): 95-122.

Khan S R, Kumar J N, Kumar R N, et al. 2013. Physicochemical properties, heavy metal content and fungal characterization of an old gasoline-contaminated soil site in Anand, Gujarat, India. Environmental and Experimental Biology, 11: 137-143.

Kiesele L U. 1997. Efficient and cost-effective purification of groundwater polluted by polycyclic aromatic hydrocarbons experience with a cokeplant hazardous waste site. Altlasten Spektrum, 6(5): 214-217.

Kim S J, Chun J, Bae K S. 2000. Polyphasic assignment of an aromatic degrading *Pseudomonas* sp., strain DJ77, in the Genus *Sphingomonas* as *Sphingomonas chungbukensis* sp. nov. International Journal of Systematic and Evolutionary Microbiology, 50 Pt 4(4): 1641-1647.

Kim S, Holtzapple M T. 2005. Lime pretreatment and enzymatic hydrolysis of corn stover. Bioresource Technology, 96(18): 1994-2006.

Kim S, Holtzapple M T. 2006. Effect of structural features on enzyme digestibility of corn stover. Bioresource Technology, 97(4): 583-591.

Kirk T K, Tien M, Faison B D. 1984. Biochemistry of the oxidation of lignin by phanerochaete chrysosporium. Biotechnology Advances, 2(2): 183-199.

Komilis D P, Vrohidou A E K, Voudrias E A. 2010. Kinetics of aerobic bioremediation of a diesel-contaminated sandy soil: effect of nitrogen addition. Water Air and Soil Pollution, 208(1-4): 193-208.

Kuppusamy S, Palanisami T, Megharaj M, et al. 2016b. *Ex-situ* remediation technologies for environmental pollutants: A critical perspective. Reviews of Environmental Contamination and Toxicology, 236: 117-192.

Kuppusamy S, Palanisami T, Megharaj M, et al. 2016a. *In-situ* remediation approaches for the management of contaminated sites: A comprehensive overview. Reviews of Environmental Contamination and Toxicology, 236(18): 1-115.

Lal B, Khanna S. 1996. Degradation of crude oil by acinetobacter calcoaceticus and aicaligenes odorans. Applied Bacterial Genetics, 81(4): 355-362.

Lambo A J, Patel T R. 2007a. Biodegradation of polychlorinated biphenyls in aroclor 1232 and production of metabolites from 2, 4, 4'-trichlorobiphenyl at low temperature by psychrotolerant *Hydrogenophaga* sp. strain IA3-A. Journal of Applied Microbiology, 102(5): 1318-1329.

Lambo A J, Patel T R. 2007b. Temperature-dependent biotransformation of 2,4'-dichlorobiphenyl by psychrotolerant *Hydrogenophaga* strain IA3-A: Higher temperatures prevent excess accumulation of problematic meta-cleavage products. Letters in Applied Microbiology, 44(4): 447-453.

Leahy G J, Colwell R R. 1990 Microbial degradation of hydrocarbons in environment. Microbiological Reviews, 54(9): 305-315.

Lebedeva E V, Fogden A. 2011. Wettability alteration of kaolinite exposed to crude oil in salt solutions. Colloids and Surfaces: A Physicochemical and Engineering Aspects, 377(1-3): 115-122.

Lee B G, Lee H J, Shin D Y, et al. 2008. Oil removal using diethyl ether extracted and ground kenaf core. Materials Science Forum, 569(10): 229-232.

Leys N M, Bastiaens L, Verstraete W, et al. 2005. Influence of the carbon/nitrogen/phosphorus ratio on polycyclic aromatic hydrocarbon degradation by *Mycobacterium* and *Sphingomonas* in soil. Applied Microbiology and Biotechnology, 66(6): 726-736.

Li D, Quan X, Zhang Y, et al. 2008. Microwave-induced thermal treatment of petroleum hydrocarbon-contaminated soil. Soil and Sediment Contamination: An International Journal, 17(5): 486-496.

Li D, Zhang Y, Quan X, et al. 2009. Microwave thermal remediation of crude oil contaminated soil enhanced by carbon fiber. Journal of Environmental Sciences, 21(9): 1290-1295.

Li D, Zhu F Z, Li J Y, et al. 2013a. Preparation and characterization of cellulose fibers from corn straw as natural oil sorbents. Industrial and Engineering Chemistry Research, 52(1): 516-524.

Li J, Luo M, Zhao C J, et al. 2013b. Oil removal from water with yellow horn shell residues treated by ionic liquid. Bioresource Technology, 128(1): 673.

Li M, Foster C, Kelkar S, et al. 2012. Structural characterization of alkaline hydrogen peroxide pretreated grasses exhibiting diverse lignin phenotypes. Biotechnology for Biofuels, 5(1): 38.

Li P J, Wang X, Stagnitti F, et al. 2005. Degradation of phenanthrene and pyrene in slurry reactors with immobilized bacteria *Zoogloea* sp. Environmental Engineeringence, 22(3): 390-399.

Lim T T, Huang X. 2007. Evaluation of kapok (*Ceiba pentandra* (L.) Gaertn.) as a natural hollow hydrophobic-oleophilic fibrous sorbent for oil spill cleanup. Chemosphere, 66(5): 955-963.

Lin C, Hong Y J, Hu A H. 2010. Using a composite material containing waste tire powder and polypropylene fiber cut end to recover spilled oil. Waste Management, 30(2): 263-267.

Lin J, Shang Y, Ding B, et al. 2012. Nanoporous polystyrene fibers for oil spill cleanup. Marine Pollution Bulletin, 64(2): 347-352.

Lin Q, Mendelssohn I A, Bryner N P. 2005. *In situ* burning of oil in coastal marshes. 1. vegetation recovery and soil temperature as a function of water depth, oil type, and marsh type. Environmental Science & Technology, 39(6): 1848-1854.

Lin Q, Mendelssohn I A, Carney K, et al. 2005. *In-situ* burning of oil in coastal marshes. 2. oil spill cleanup efficiency as a function of oil type, marsh type, and water depth. Environmental Science & Technology, 39(6): 1855-1860.

Lin W, Guo C, Zhang H, et al. 2016. Electrokinetic-enhanced remediation of phenanthrene-contaminated soil combined with *Sphingomonas* sp. GY2B and biosurfactant. Applied Biochemistry and Biotechnology, 178(7): 1325-1338.

Liu C F, Sun R C. 2006a. Structural and thermal characterization of sugarcane bagasse cellulose succinates prepared in ionic liquid. Polymer Degradation and Stability, 91(12): 3040-3047.

Liu C F, Xu F, Sun J X, et al. 2006b. Physicochemical characterization of cellulose from perennial ryegrass leaves (*Lolium perenne*). Carbohydrate Research, 341(16): 2677-2687.

Liu C, Ngo H H, Guo W, et al. 2012. Optimal conditions for preparation of banana peels, sugarcane bagasse and watermelon rind in removing copper from water. Bioresource Technology, 119(7): 349-354.

Liu J, Wang M L, Tonnis B, et al. 2013. Fungal pretreatment of switchgrass for improved saccharification and simultaneous enzyme production. Bioresource Technology, 135(2): 39-45.

Liu L, Sun J, Li M, et al. 2009. Enhanced enzymatic hydrolysis and structural features of corn stover by $FeCl_3$ pretreatment. Bioresource Technology, 100(23): 5853-5858.

Ma J, Yang Y, Dai X, et al. 2016. Effects of adding bulking agent, inorganic nutrient and microbial inocula on biopile treatment for oil-field drilling waste. Chemosphere, 150: 17-23.

Ma X K, Ding N, Peterson E C. 2015. Bioaugmentation of soil contaminated with high-level crude oil through inoculation with mixed cultures including *Acremonium* sp. Biodegradation, 26(3): 259-269.

Madsen E L. 1991. Determining *in Situ* biodegradation. Environmental Science & Technology, 25(10): 1663-1672.

Mahvi A H. 2008. Application of agricultural fibers in pollution removal from aqueous solution. International Journal of Environmental Science and Technology, 5(2): 275-285.

Mancera A, Fierro V, Pizzi A, et al. 2010. Physicochemical characterisation of sugar cane bagasse lignin oxidized by hydrogen peroxide. Polymer Degradation and Stability, 95(4): 470-476.

Manonmani H K, Sreekantiab K R. 1987. Saccharification of sugar cane bagasse with enzymes from *Aspergillus ustus* and *Trichoderma viride*. Enzyme and Microbial Technology, 9(8): 484-488.

Mao X, Jiang R, Xiao W, et al. 2015. Use of surfactants for the remediation of contaminated soils: A review. Journal of Hazardous Materials, 285: 419-435.

Margesin R, Hammerle M, Tscherko D. 2007. Microbial activity and community composition during bioremediation of diesel-oil-contaminated soil: Effects of hydrocarbon concentration, fertilizers, and incubation time. Microbial Ecology, 53(2): 259-269.

Margesin R, Schinner F. 1997. Effect of temperature on oil degradation by a psychrotrophic yeast in liquid culture and in soil. Fems Microbiology Ecology, 24(3): 243-249.

Margesin R, Schinner F. 2001. Biodegradation and bioremediation of hydrocarbons in extreme environments. Applied Microbiology and Biotechnology, 56(5-6): 650-663.

Martins L F, Kolling D, Camassola M, et al. 2008. Comparison of *Penicillium echinulatum* and *Trichoderma reesei* cellulases in relation to their activity against various cellulosic substrates. Bioresource Technology, 99(5): 1417-1424.

Mary M P, Christopher L P. 2002. Electroremediation of contaminated soils. Journal of Environmental Engineering, 128(3): 208-219.

Ming T. 1987. Properties of ligninase from phanerochaete chrysosporium and their possible applications. Critical Reviews in Microbiology, 15(2): 141-168.

Mohan S V, Kisa T, Ohkuma T, et al. 2006. Bioremediation technologies for treatment of PAH-contaminated soil and strategies to enhance process efficiency. Reviews in Environmental Science and Bio/Technology, 5(4): 347-374.

Molinabarahona L, Rodriguezvazquez R, Hernandezvelasco M, et al. 2004. Diesel removal from contaminated soils by biostimulation and supplementation with crop residues. Applied Soil Ecology, 27(2): 165-175.

Moreira L R S, Milanezi N V, Filho E X F. 2011. Enzymology of Plant Cell Wall Breakdown: An Update. New York: Springer.

Muñoz R, Guieysse B. 2006. Algal-bacterial processes for the treatment of hazardous contaminants: A review. Water Research, 40(15): 2799-2815.

Nanseu-Njiki C P, Dedzo G K, Ngameni E. 2010. Study of the removal of paraquat from aqueous solution by biosorption onto ayous (*Triplochiton schleroxylon*) sawdust. Journal of Hazardous Materials, 179(1-3): 63-71.

Narro M L, Cerniglia C E, Van Baalen C, et al. 1992. Evidence for an NIH shift in oxidation of naphthalene by the marine cyanobacterium *Oscillatoria* sp. strain JCM. Applied and Environmental Microbiology, 58(4): 1351-1359.

Nduka J K, Ezenweke L O, Ezenwa E T. 2008. Extension of comparison of the mopping ability of chemically modified and unmodified biological wastes on crude oil and its lower fractions. Bioresource Technology, 99(16): 7902-7905.

Ng I S, Wu X, Yang X, et al. 2013. Synergistic effect of *Trichoderma reesei* cellulases on agricultural tea waste for adsorption of heavy metal Cr(VI). Bioresource Technology, 145(4): 297-301.

Ng L T, Nguyen D, Adeloju S B. 2005. Photoinitiator-free UV grafting of styrene, a weak donor, with various electron-poor vinyl monomers to polypropylene film. Polymer International, 54(1): 202-208.

Nishi Y, Dai G Z, Iwashita N, et al. 2002a. Evaluation of sorption behavior of heavy oil into exfoliated graphite by wicking test. Materials Science Research International, 8(4): 243-248.

Nishi Y, Dai G Z, Iwashita N, et al. 2009. Evaluation of sorption behavior of heavy oil into exfoliated graphite by wicking test. Journal of the Society of Materials Science Japan, 51(12 Appendix): 243-248.

Nishi Y, Iwashita N, Sawada Y, et al. 2002b. Sorption kinetics of heavy oil into porous carbons. Water Research, 36: 5029-5036.

Nübel U, Garcia-Pichel F, Muyzer G. 1997. PCR primers to amplify 16S rRNA genes from cyanobacteria. Applied and Environmental Microbiology, 63(8): 3327-3332.

Oduguwa O O, Edema M O, Ayeni A O. 2008. Physico-chemical and microbiological analyses of fermented corn cob, rice bran and cowpea husk for use in composite rabbit feed. Bioresource Technology, 99(6): 1816-1820.

Ofori-Sarpong G, Osseo-Asare K, Tien M. 2011. Fungal pretreatment of sulfides in refractory gold ores. Minerals Engineering, 24(6): 499-504.

Ofori-Sarpong G, Tien M, Osseo-Asare K. 2010. Myco-hydrometallurgy: Coal model for potential reduction of preg-robbing capacity of carbonaceous gold ores using the fungus, phanerochaete chrysosporium. Hydrometallurgy, 102(1-4): 66-72.

Oh Y S, Sim D S, Kim S J. 2001. Effects of nutrients on crude oil biodegradation in the upper intertidal zone. Marine Pollution Bulletin, 42(12): 1367-1372.

Okoh A I, Babalola G O, Bakare M K. 1996. Microbial densities and physicochemical quality of some crude oil flow stations' saver pit effluents in the niger delta areas of nigeria. Science of Total Environment, 187(2): 73-78.

Op D B B, Geboers J, Van L J, et al. 2013. Conversion of (ligno) cellulose feeds to isosorbide with heteropoly acids and ru on carbon. Chemsuschem, 6(3): 199-208.

Orth A B, Denny M, Tien M. 1991. Overproduction of lignin-degrading enzymes by an isolate of phanerochaete chrysosporium. Applied and Environmental Microbiology, 57(9): 2591-2596.

Orth A B, Royse D J, Tien M. 1993. Ubiquity of lignin-degrading peroxidases among various wood-degrading fungi. Applied and Environmental Microbiology, 59(12): 4017-4023.

Othman M R, Akil H M, Kim J. 2008. Carbonaceous *Hibiscus cannabinus* L. for treatment of oil- and metal-contaminated water. Biochemical Engineering Journal, 41(2): 171-174.

Oudot J, Merlin F X, Pinvidic P. 1998. Weathering rates of oil components in a bioremediation experiment in estuarine sediments. Marine Environmental Research, 45(2): 113-125.

Paisio C E, Talano M A, González P S, et al. 2016. Biotechnological tools to improve bioremediation of phenol by *Acinetobacter* sp. RTE1. 4. Environmental Technology, 37(18): 2379.

Pandey G, Paul D, Jain R K. 2005. Conceptualizing "suicidal genetically engineered microorganisms" for bioremediation applications. Biochemical and Biophysical Research Communications, 327(3): 637-639.

Pandey K K, Pitman A J. 2003. FTIR studies of the changes in wood chemistry following decay by brown-rot and white-rot fungi. International Biodeterioration and Biodegradation, 52(3): 151-160.

Pandey K K. 1999. A study of chemical structure of soft and hardwood and wood polymers by FTIR spectroscopy. Journal of Applied Polymer Science, 71(12): 1969-1975.

Parawira W. 2012. Enzyme research and applications in biotechnological intensification of biogas production. Critical Reviews in Biotechnology, 32(2): 172-186.

Paul F K. 2002. Long-term environmental impact of oil spills. Spill Science and Technology Bulletin, 7(1-2): 53-61.

Pavan R, Jain S, Shraddha, et al. 2012. Properties and therapeutic application of bromelain: A review. Biotechnology Research International, 2012(2012): 976203.

Pawlak Z, Pawlak A S. 1997. A review of infrared spectra from wood and wood components following treatment with liquid ammonia and solvated electrons in liquid ammonia. Applied Spectroscopy Reviews, 32(4): 349-383.

Payne J. R, Phillips C R. 1985. Photochemistry of petroleum in water. Environmental Science & Technology, 19(7): 569-579.

Peacock E E, Nelson R K, Solow A R, et al. 2005. The west falmouth oil spill: 100 kg of oil found to persist decades later. Environmental Forensics, 6(3): 273-281.

Pei X H, Zhan X H, Wang S M, et al. 2010. Effects of a biosurfactant and a synthetic surfactant on phenanthrene degradation by a *Sphingomonas* strain. Pedosphere, 20(6): 771-779.

Percival Zhang Y H, Himmel M E, Mielenz J R. 2006. Outlook for cellulase improvement: Screening and selection strategies. Biotechnology Advances, 24(5): 452-481.

Pérez J, Muñoz-Dorado J, De I R T, et al. 2002. Biodegradation and biological treatments of cellulose, hemicellulose and lignin: An overview. International Microbiology the Official Journal of the Spanish Society for Microbiology, 5(2): 53-63.

Perry J J. 1984. Microbial Metabolism of Cyclic Alkanes. New York: Macmillan.

Petruzzi L, Bevilacqua A, Ciccarone C, et al. 2010. Use of microfungi in the treatment of oak chips: Possible effects on wine. Journal of the Science of Food and Agriculture, 90(15): 2617-2626.

Pinholt Y, Struwe S, Kjøller A. 1979. Microbial changes during oil decomposition in soil. Ecography, 2(3): 195-200.

Ponte P I, Lordelo M M, Guerreiro C I, et al. 2008. Crop beta-glucanase activity limits the effectiveness of a recombinant cellulase used to supplement a barley-based feed for free-range broilers. British Poultry Science, 49(3): 347-359.

Potumarthi R, Baadhe R R, Jetty A. 2012. Mixing of acid and base pretreated corncobs for improved production of reducing sugars and reduction in water use during neutralization. Bioresource Technology, 119(7): 99-104.

Quek E, Ting Y P, Tan H M. 2006. *Rhodococcus* sp. F92 immobilized on polyurethane foam shows ability to degrade various petroleum products. Bioresource Technology, 97(1): 32-38.

Radetić M M, Jocić D M, Jovančić P M, et al. 2003. Recycled wool-based nonwoven material as an oil sorbent. Environmental Science & Technology, 37(5): 1008-1012.

Radetic M, Llic V, Radojevic D, et al. 2008. Efficiency of recycled wool-based nonwoven material for the removal of oils from water. Chemosphere, 70(3): 525-530.

Radwan S S, Alhasan R H. 2000. Oil pollution and cyanobacteria//Whitton B A, Potts M. The Ecology of Cyanobacteria. Dordrecht: Springer.

Radwan S S. 2005. Oil-consuming microbial consortia floating in the arabian gulf. International Biodeterioration and Biodegradation, 56(1): 28-33.

Rahman K S M, Thahira-Rahman J, Lakshmanaperumalsamy P, et al. 2002. Towards efficient crude oil degradation by a mixed bacterial consortium. Bioresource Technology, 85(3): 257-261.

Ramadan M A E L, El-Tayeb O M, Alexander M. 1990. Inoculum size as a factor limiting success of inoculation for biodegradation. Applied and Environmental Microbiology, 56(5): 1392-1396.

Reddy C A. 1993. An overview of the recent advances on the physiology and molecular biology of lignin peroxidases of phanerochaete chrysosporium. Journal of Biotechnology, 30(1): 91-107.

Reddy N, Yang Y. 2007. Preparation and characterization of long natural cellulose fibers from wheat straw. Journal of Agricultural and Food Chemistry, 55(21): 8570-8575.

Rengasamy R S, Das D, Karan C P. 2011. Study of oil sorption behavior of filled and structured fiber assemblies made from polypropylene, kapok and milkweed fibers. Journal of Hazardous Materials, 186(1): 526-532.

Ribeiro T H, Smith R W, Rubio J. 2000. Sorption of oils by the nonliving biomass of a *Salvinia* sp. Environmental Science & Technology, 34(24): 5201-5205.

Ribeiro T. 2003. A dried hydrophobic aquaphyte as an oil filter for oil/water emulsions. Spill Science and Technology Bulletin, 8(5-6): 483-489.

Riegert U, Heiss G, Kuhm A E, et al. 1999. Catalytic properties of the 3-chlorocatechol-oxidizing 2,3-dihydroxybiphenyl 1,2-dioxygenase from *Sphingomonas* sp. strain BN6. Journal of Bacteriology, 181(16): 4812-4817.

Rippka R. 1989. Methods in Enzymology. San Diego: Academic Press.

Rivas F J. 2006. Polycyclic aromatic hydrocarbons sorbed on soils: A short review of chemical oxidation based treatments. Journal of Hazardous Materials, 138(2): 234-251.

Robert R L. 1995. Influence of salinity on biodegradation of oil in soil. Environmental Pollution, 90(1): 127-130.

Rodriguez-Gomez D, Hobley T J. 2013. Is an organic nitrogen source needed for cellulase production by *Trichoderma reesei* rut-C30? World Journal of Microbiology and Biotechnology, 29(11): 2157-2165.

Rowell R M, Banks W B. 1987. Tensile strength and toughness of acetylated pine and lime flakes. Polymer International, 19(5): 479-482.

Rowell R M, Young R A, Rowell J. 1997. Filters, sorbents, and geotextiles//Paper and Composites from Agro-Based Resources. Boca Raton: Lewis Publishers.

Saha P, Krishnamurthi S, Mayilraj S, et al. 2005. *Aquimonas voraii* gen. nov., sp. nov., a novelgammaproteobacterium isolated from a warm spring of Assam, India. International Journal of Systematic and Evolutionary Microbiology, 55(4): 1491-1495.

Saha T, Chakraborty T K, Saha R, et al. 2005. Interference of laccase in determination of cellobiose dehydrogenase activity of pleurotus ostreatus (Florida) using dichlorophenol indophenol as the electron acceptor. Journal of Basic Microbiology, 45(2): 142-146.

Salanitro J P, Dorn P B, Huesemann M H, et al. 1997. Crude oil hydrocarbon bioremediation and soil ecotoxicity assessment. Environmental Science and Technology, 31(6): 1769-1776.

Sanchez C. 2009. Lignocellulosic residues: Biodegradation and bioconversion by fungi. Biotechnology Advances, 27(2): 185-194.

Sánchez O, Diestra E, Esteve I. 2005. Molecular characterization of an oil-degrading cyanobacterial consortium. Microbial Ecology, 50(4): 580-585.

Sánchez O, Ferrera I, Vigués N, et al. 2006. Role of cyanobacteria in oil biodegradation by microbial mats. International Biodeterioration and Biodegradation, 58(3-4): 186-195.

Sangnark A, Noomhorm A. 2004. Chemical, physical and baking properties of dietary fiber prepared from rice straw. Food Research International, 37(1): 66-74.

Sathishkumar M, Binupriya A R, Baik S H, et al. 2008. Biodegradation of crude oil by individual bacterial strains and a mixed bacterial consortium isolated from hydrocarbon contaminated Areas. Clean-Soil, Air, Water, 36(1): 92-96.

Sato S, Feltus F A, Iyer P, et al. 2009. The first genome-level transcriptome of the wood-degrading fungus phanerochaete chrysosporium grown on red oak. Current Genetics, 55(3): 273-286.

Schrader J, Schilling M, Holtmann D, et al. 2009. Methanol-based industrial biotechnology: Current status and future perspectives of methylotrophic bacteria. Trends in Biotechnology, 27(2): 107-115.

Schultz T P, Glasser W G. 1986. Quantitative structural analysis of lignin by diffuse reflectance fourier transform spectrometry. Holzforschung, 40: 37-44.

Schuster A, Schmoll M. 2010. Biology and biotechnology of *Trichoderma*. Applied Microbiology and Biotechnology, 87(3): 787-799.

Schwartz E, Scow K M. 2001. Repeated inoculation as a strategy for the remediation of low concentrations of phenanthrene in soil. Biodegradation, 12(3): 201-207.

Sederoff R R, MacKay J J, Ralph J, et al. 1999. Unexpected variation in lignin. Current Opinion in Plant Biology, 2(2): 145-152.

Shan G R, Xu P Y, Weng Z, et al. 2003. Oil-absorption function of physical crosslinking in the high-oil-absorption resins. Journal of Applied Polymer Science, 90(14): 3945-3950.

Shan Y J, Jia Y, Liu J,et al. 2002. Two *Pseudomonas* act on hydrocarbon and their synergistic effect. Microbiology, 29(4): 55-58.

Sharma S K, Kalra K L, Grewal H S. 2002. Fermentation of enzymatically saccharified sunflower stalks for ethanol production and its scale up. Bioresource Technology, 85(1): 31-33.

Shi J, Sharma-Shivappa R R, Chinn M S. 2009. Microbial pretreatment of cotton stalks by submerged cultivation of phanerochaete chrysosporium. Bioresource Technology, 100(19): 4388-4395.

Sidik S M, Jalil A A, Triwahyono S, et al. 2012. Modified oil palm leaves adsorbent with enhanced hydrophobicity for crude oil removal. Chemical Engineering Journal, 203(5): 9-18.

Sidorov D G, Borzenkov I A, Ibatullin R R, et al. 1997. A field experiment on decontamination of oil polluted soil employing hydrocarbon-oxidizing microorganisms. Applied Biochemistry and Microbiology, 33(5): 497-502.

Simarro R, González N, Bautista L F, et al. 2012. Evaluation of the influence of multiple environmental factors on the biodegradation of dibenzofuran, phenanthrene, and pyrene by a bacterial consortium using an orthogonal experimental design. Water Air and Soil Pollut, 223(6): 3437-3444.

Singanan M. 2011. Removal of lead(II) and cadmium(II) ions from wastewater using activated biocarbon. ScienceAsia, 37: 115-119.

Singh J S, Abhilash P C, Singh H B, et al. 2011. Genetically engineered bacteria: An emerging tool for environmental remediation and future research perspectives. Gene, 480(1-2): 1-9.

Soares A A, Albergaria J T, Domingues V F, et al. 2010. Remediation of soils combining soil vapor extraction and bioremediation: Benzene. Chemosphere, 80(8): 823-828.

Sokker H H, El-Sawy N M, Hassan M A, et al. 2011. Adsorption of crude oil from aqueous solution by hydrogel of chitosan based polyacrylamide prepared by radiation induced graft polymerization. Journal of Hazardous Materials, 190(1-2): 359-365.

Spigno G, Pizzorno T, De Faveri D M. 2008. Cellulose and hemicelluloses recovery from grape stalks. Bioresource Technology, 99(10): 4329-4337.

Stark N M, Matuana L M. 2007. Characterization of weathered wood plastic composite surfaces using FTIR spectroscopy, contact angle, and XPS. Polymer Degradation and Stability, 92(10): 1883-1890.

Sternberg D, Vijayakumar P, Reese E T. 1977. Beta-glucosidase: Microbial production and effect on enzymatic hydrolysis of cellulose. Canadian Journal of Microbiology, 23(2): 139-147.

Stricker A R, Mach R L, de Graaff L H. 2008. Regulation of transcription of cellulases- and hemicellulases-encoding genes in *Aspergillus niger* and *Hypocrea jecorina* (*Trichoderma reesei*). Applied Microbiology and Biotechnology, 78(2): 211-220.

Sud D, Mahajan G, Kaur M P. 2008. Agricultural waste material as potential adsorbent for sequestering heavy metal ions from aqueous solutions: A review. Bioresource Technology, 99(14): 6017-6027.

Sugiura K, Ishihara M, Shimauchi A T, et al. 1997. Physicochemical properties and biodegradability of crude oil. Environmental Science and Technology, 31(1): 45-51.

Sun F H, Li J, Yuan, Y X, et al. 2011. Effect of biological pretreatment with *Trametes hirsuta* yj9 on enzymatic hydrolysis of corn stover. International Biodeterioration and Biodegradation, 65(7): 931-938.

Sun J Q, Yang X R, Zheng T, et al. 2007. An efficient method to obtain axenic cultures of alexandrium tamarense: A psp-producing dinoflagellate. Journal of Microbiological Methods, 69(3): 425-430.

Sun J X, Sun X F, Zhao H, et al. 2004a. Isolation and characterization of cellulose from sugarcane bagasse. Polymer Degradation and Stability, 84(2): 331-339.

Sun R C, Sun X F, Sun J X, et al. 2004b. Effect of tertiary amine catalysts on the acetylation of wheat straw for the production of oil sorption-active materials. Comptes Rendus Chimie, 7(2): 125-134.

Sun R C, Sun X F, Wen J L. 2001. Fractional and structural characterization of lignins isolated by alkali and alkaline peroxide from barley straw. Journal of Agricultural and Food Chemistry, 49(11): 5322-5330.

Sun R C, Sun X F. 2002. Structural and thermal characterization of acetylated rice, wheat, rye, and barley straws and poplar wood fibre. Industrial Crops and Products, 16(3): 225-235.

Sun X F, Sun R C, Fowler P, et al. 2004. Isolation and characterisation of cellulose obtained by a two-stage treatment with organosolv and cyanamide activated hydrogen peroxide from wheat straw. Carbohydrate Polymers, 55(4): 379-391.

Sun X F, Sun R C, Sun J X. 2002. Acetylation of rice straw with or without catalysts and its characterization as a natural sorbent in oil spill cleanup. Journal of Agricultural and Food Chemistry, 50(22): 6428-6433.

Sun X F, Sun R C, Sun J X. 2004. Acetylation of sugarcane bagasse using NBS as a catalyst under mild reaction conditions for the production of oil sorption-active materials. Bioresource Technology, 95(3): 343-350.

Suni S, Kosunen A L, Hautala M, et al. 2004. Use of a by-product of peat excavation, cotton grass fibre, as a sorbent for oil-spills. Marine Pollution Bulletin, 49(11-12): 916-921.

Suzuki T, Takahashi E, Oishi S, et al. 2004. Evaluation of inter-particle space network of carbon material using capillary rise of liquid. Carbon, 42(12): 2771-2773.

Tadonléké R D, Brigitte L, Francois P, et al. 2009. Responses of lake bacterioplankton activities and composition to the herbicide diuron. Aquatic Toxicology, (94): 103-113.

Takeuchi M, Kawai F, Shimada Y, et al. 1993. Taxonomic study of polyethylene glycol-utilizing bacteria: Emended description for the genus *Sphingomonas* and new descriptions of *Sphingomonas macrogoltabidus* sp. nov., *Sphingomonas sanguis* sp. nov. and *Sphingomonas terrae* sp. nov. Systematic and Applied Microbiology, 16(2): 227-238.

Tang X, He L Y, Tao X Q, et al. 2010. Construction of an artificial microalgal-bacterial consortium that efficiently degrades crude oil. Journal of Hazardous Materials, 181(1-3): 1158-1162.

Tao X Q, Lu G N, Dang Z, et al. 2007a. A phenanthrene-degrading strain *Sphingomonas* sp. GY2B isolated from contaminated soils. Process Biochemistry, 42(3): 401-408.

Tao X Q, Lu G N, Dang Z, et al. 2007b. Isolation of phenanthrene-degrading bacteria and characterization of phenanthrene metabolites. World Journal of Microbiology and Biotechnology, 23(5): 647-654.

Tavisto M. 2003. Wetting and wicking of fibre plant straw fractions. Industrial Crops and Products, 18(1): 25-35.

Teas C, Kalligeros S, Zanikos F, et al. 2001 Investigation of the effectiveness of absorbent materials in oil spills clean up. Desalination, 140(3): 259-264.

Tseng R L, Wu F C, Juang R S. 2010. Characteristics and applications of the Lagergren's first-order equation for adsorption kinetics. Journal of the Taiwan Institute of Chemical Engineers, (41): 661-669.

Thavasi R, Jayalakshmi S, Banat I M. 2011. Effect of biosurfactant and fertilizer on biodegradation of crude oil by marine isolates of *Bacillus megaterium*, *Corynebacterium kutscheri* and *Pseudomonas aeruginosa*. Bioresource Technology, 102(2): 772-778.

Thompson N E, Emmanuel G C, Adagadzu K J, et al. 2010. Sorption studies of crude oil on acetylated rice husks. Archives of Applied Science Research, 2: 142-151.

Tiehm A, Fritssehe C. 1995. Utilization of solubilized and crytalline mixtures of polycyclic aromatic hydrocarbons by a *Mycobacterium* sp. Applied Microbiology and Biotechnology, 42(6): 964-968.

Tien M, Kirk T K. 1983. Lignin-degrading enzyme from the hymenomycete phanerochaete chrysosporium burds. Science, 9(4): 317-318.

Tien M, Kirk T K. 1984. Lignin-degrading enzyme from phanerochaete chrysosporium: purification, characterization, and catalytic properties of a unique H_2O_2-requiring oxygenase. Proceedings of the National Academy of Sciences of the United States of America, 81(8): 2280-2284.

Tomei M C, Daugulis A J. 2013. *Ex situ* bioremediation of contaminated soils: An overview of conventional and innovative technologies. Critical Reviews in Environmental Science and Technology, 43(20): 2107-2139.

Toyoda M, Aizawa J, Inagaki M. 1998. Sorption and recovery of heavy oil by using exfoliated graphite. Desalination, 8(5): 467-474.

Toyoda M, Inagaki M. 2000. Heavy oil sorption using exfoliated graphite: New application of exfoliated graphite to protect heavy oil pollution. Carbon, 38(2): 199-210.

Trindade P V O, Sobral L G, Rizzo A C L. 2005. Bioremediation of a weathered and a recently oil-contaminated soils from brazil: A comparison study. Chemosphere, 58(4): 515-522.

Tsitonaki A, Petri B, Crimi M. 2010. In situ chemical oxidation of contaminated soil and groundwater using persulfate: A review. Critical Reviews in Environmental Science and Technology, 40(1): 55-91.

Tyagi M, Da Fonseca M M, De Carvalho C C, et al. 2010. Bioaugmentation and biostimulation strategies to improve the effectiveness of bioremediation processes. Biodegradation, 22(2): 231-241.

Usman M, Chaudhary A, Biache C, et al. 2015. Effect of thermal pre-treatment on the availability of pahs for successive chemical oxidation in contaminated soils. Environmental Science and Pollution Research, 23(2): 1-10.

Valderrama C, Alessandri R, Aunola T, et al. 2009. Oxidation by fenton's reagent combined with biological treatment applied to a creosote-comtaminated soil. Journal of Hazardous Materials, 166(2-3): 594-602.

van de Vyver S, Geboers J, Dusselier M, et al. 2010. Selective bifunctional catalytic conversion of cellulose over reshaped Ni particles at the tip of carbon nanofibers. Chemsuschem, 3(6): 698-701.

van Veen J A, Van Overbeek L S, van Elsas J D. 1997. Fate and activity of microorganisms introduced into soil. Microbiology and Molecular Biology Reviews, 61(2): 121-135.

Vazquez-Martineza, Rodriguez M H, Hernandez-Hernandez Fidel, et al. 2004. Strategy to obtain axenic cultures from field-collected samples of the cyanobacterium *Phormidium* animalis. Journal of Microbiological Methods, 57(1): 115-121.

Venny, Gan S, Ng H K. 2012. Current status and prospects of fenton oxidation for the decontamination of persistent organic pollutants (pops) in soils. Chemical Engineering Journal, 213(12): 295-317.

Ververis C. 2004. Fiber Dimensions, Lignin and cellulose content of various plant materials and their suitability for paper production. Industrial Crops and Products, 19(3): 245-254.

Vilchez C, Garbayo I, Lobato M V, et al. 1997. Microalgae-mediated chemicals production and wastes removal. Enzyme and Microbial Technology, 20(8): 562-572.

Virkutyte J, Sillanpää M, Latostenmaa P. 2002. Electrokinetic soil remediation: Critical overview. Science of the Total Environment, 289(1-3): 97-121.

Walker J D, Colwell R R. 1975. Factors affecting enumeration and isolation of actinomycetes from Chesapeake bay and southeastern atlantic ocean sediments. Marine Biology, 30(3): 193-201.

Wan C X, Li Y B. 2010a. Microbial delignification of corn stover by *Ceriporiopsis subvermispora* for improving cellulose digestibility. Enzyme and Microbial Technology, 47(1-2): 31-36.

Wan C, Du M, Lee D J, et al. 2011a. Electrokinetic remediation and microbial community shift of β-cyclodextrin-dissolved petroleum hydrocarbon-contaminated soil. Applied Microbiology and Biotechnology, 89(6): 2019-2025.

Wan C, Li Y. 2010a. Microbial pretreatment of corn stover with ceriporiopsis subvermispora for enzymatic hydrolysis and ethanol production. Bioresource Technology, 101(16): 6398-6403.

Wan C, Li Y. 2011b. Effectiveness of microbial pretreatment by ceriporiopsis subvermispora on different biomass feedstocks. Bioresource Technology, 102(16): 7507-7512.

Wan Z, Fingas M, Owens E H, et al. 2004. Long-term fate and persistence of the spilled metula oil in a marine salt marsh environment: Degradation of petroleum biomarkers. Journal of Chromatography A, 926(2): 275-290.

Wang J, Zheng Y, Wang A. 2012. Effect of kapok fiber treated with various solvents on oil absorbency. Industrial Crops and Products, 40(3): 178-184.

Wang Z, Fingas M, Blenkinsopp S, et al. 1998. Comparisons of oil composition changes due to biodegradation and physical weathering in different oils. Journal of Chromatography A, 809(1-2): 89-107.

Watanapokasin R, Sawasjirakij N, Usami S, et al. 2007. Polyploid formation between *Aspergillus niger* and *Trichoderma viride* for enhanced citric acid production from cellulose. Applied Biochemistry and Biotechnology, 143(2): 176-186.

Watson J S, Jones D M, Swannell R P J, et al. 2002. Formation of carboxylic acids during aerobic biodegradation of crude oil and evidence of microbial oxidation of hopanes. Organic Geochemistry, 33(10): 1153-1169.

Wei Q F, Mather R R, Fotheringham A F. 2003. Evaluation of nonwoven polypropylene oil sorbents in marine oil-spill recovery. Marine Pollution Bulletin, 46(6): 780-783.

Wei Q F, Mather R R, Fotheringham A F. 2005. Oil removal from used sorbents using a biosurfactant. Bioresource Technology, 96(3): 331-334.

Wen Z, Liao W, Chen S. 2005. Production of cellulase/β-glucosidase by the mixed fungi culture *Trichoderma reesei* and *Aspergillus phoenicis* on dairy manure. Applied Biochemistry and Biotechnology, 121-124: 93-104.

Wenck A R, Quinn M, Whetten R W, et al. 1999. High-efficiency agrobacterium-mediated transformation of norway spruce (*Picea abies*) and loblolly pine (*Pinus taeda*). Plant Molecular Biology, 39: 407-416.

Westmeier F, Rehm H J. 1987. Degradation of 4-chlorophenol in municipal wastewater by adsorptive immobilized *Alcaligenes* sp. A7-2. Applied Microbiology and Biotechnology, 26(1): 78-83.

Wick L Y, Shi L, Harms H. 2007. Electro-bioremediation of hydrophobic organic soil-contaminants: A review of fundamental interactions. Electrochimica Acta, 52(10): 3441-3448.

Wilson D B. 2009. Cellulases and biofuels. Current Opinion in Biotechnology, 20(3): 295-299.

Wu J, Zhang X, Wan J, et al. 2011. Production of fiberboard using corn stalk pretreated with white-rot fungus trametes hirsute by hot pressing without adhesive. Bioresource Technology, 102(24): 11258-11261.

Xia Y, Min H, Rao G, et al. 2005. Isolation and characterization of phenanthrene-degrading *Sphingomonas paucimobilis* strain ZX4. Biodegradation, 16(5): 393-402.

Xu H X, Wu H Y, Qiu Y P, et al. 2010. Degradation of fluoranthene by a newly isolated strain of herbaspirillum chlorophenolicum from activated sludge. Biodegradation, 22(2): 335-345.

Xu N, Bao M, Sun P, et al. 2013. Study on bioadsorption and biodegradation of petroleum hydrocarbons by a microbial consortium. Bioresource Technology, 149(12): 22-30.

Xu Y, Sun G D, Jin J H, et al. 2014. Successful bioremediation of an aged and heavily contaminated soil using a microbial/plant combination strategy. Journal of Hazardous Materials, 264(2): 430-438.

Yabuuchi E, Yano I, Oyaizu H, et al. 1990. Proposals of *Sphingomonas paucimobilis* gen. nov. and comb. nov., *Sphingomonas parapaucimobilis* sp. nov., *Sphingomonas yanoikuyae* sp. nov., *Sphingomonas adhaesiva* sp. nov., *Sphingomonas capsulata comb.* nov., and two genospecies of the Genus *Sphingomonas*. Microbiology and Immunology, 34(2): 99-119.

Yang H, Wang K, Wang W, et al. 2013. Improved bioconversion of poplar by synergistic treatments with white-rot fungus trametes velutina d10149 pretreatment and alkaline fractionation. Bioresource Technology, 130(6): 578-583.

Yang S, Ding W, Chen H. 2009. Enzymatic hydrolysis of corn stalk in a hollow fiber ultrafiltration membrane reactor. Biomass and Bioenergy, 33(2): 332-336.

Yang Y, Shu L, Wang X L, et al. 2010. Effects of composition and domain arrangement of biopolymer components of soil organic matter on the bioavailability of phenanthrene. Environmental Science and Technology, 44(9): 3339-3344.

Yap C L, Gan S, Ng H K. 2011. Fenton based remediation of polycyclic aromatic hydrocarbons-contaminated soils. Chemosphere, 83(11): 1414-1430.

Yuan S Y, Wei S H, Chang B V. 2000. Biodegradation of polycyclic aromatic hydrocarbons by a mixed culture. Chemosphere, 41(9): 1463-1468.

Zaveri M D. 2004. Absorbency Characteristics of Kenaf Core Particles. North Carolina: North Carolina State University.

Zeng G, Yu M, Chen Y, et al. 2010. Effects of inoculation with phanerochaete chrysosporium at various time points on enzyme activities during agricultural waste composting. Bioresource Technology, 101(1): 222-227.

Zhang M L, Fan Y T, Xing Y, et al. 2007. Enhanced biohydrogen production from cornstalk wastes with acidification pretreatment by mixed anaerobic cultures. Biomass and Bioenergy, 31(4): 250-254.

Zhang Z N, Zhou Q X, Peng S W, et al. 2010. Remediation of petroleum contaminated soils by joint action of pharbitis l. and its microbial community. Science of the Total Environment, 408(22): 5600-5605.

Zhao L, Cao G L, Wang A J, et al. 2011. Fungal pretreatment of cornstalk with phanerochaete chrysosporium for enhancing enzymatic saccharification and hydrogen production. Bioresource Technology, 114(3): 365-369.

Zheng L C, Dang Z, Yi X Y, et al. 2010. Equilibrium and kinetic studies of adsorption of Cd(II) from aqueous solution using modified corn stalk. Journal of Hazardous Materials, 176(1-3): 650-656.

Zheng L C, Dang Z, Zhu C F, et al. 2010. Removal of cadmium(II) from aqueous solution by corn stalk graft copolymers. Bioresource Technology, 101(15): 5820-5826.

Zhou M H, Cho W J. 2003. Oil absorbents based on styrene-butadiene rubber. Journal of Applied Polymer Science, 89(7): 1818-1824.

Zhu H T, Qiu S S, Jiang W, et al. 2011. Evaluation of electrospun polyvinyl chloride/polystyrene fibers as sorbent materials for oil spill cleanup. Environmental Science & Technology, 45(10): 4527-4531.

Zuyi T, Taiwei C. 2000. On the applicability of the langmuir equation to estimation of adsorption equilibrium constants on a powdered solid from aqueous solution. Journal of Colloid and Interface Science, 231(1): 8-12.